设备电气控制与应用

SHE BEI DIAN QI KONG ZHI YU YING YONG

张建锐 著

中国水利水电出版社
www.waterpub.com.cn
·北京·

内 容 提 要

随着电子技术、计算机技术、控制技术的迅猛发展，机电控制技术已经成为当前工业领域的关键技术。本书吸取了最新的技术成果，介绍了有关机械电气控制方面的新技术。本书内容包括：常用低压电气介绍、电气控制线路基本环节、电气控制电路的设计方法、可编程控制器控制的设计、可编程控制器在机械设备中的应用等。

本书从机械电气控制的实际情况出发，突出科学性和系统性，可供设备电气控制专业以及有关人员参阅，也可供本科院校相关学科师生参考。

图书在版编目（CIP）数据

设备电气控制与应用 / 张建锐著 .-- 北京：中国水利水电出版社，2019.1（2024.10重印）
ISBN 978-7-5170-7457-1

Ⅰ. ①设… Ⅱ. ①张… Ⅲ. ①机械设备—电气控制
Ⅳ. ① TM921.5

中国版本图书馆 CIP 数据核字 (2019) 第 031174 号

责任编辑：陈 洁　　　封面设计：王 伟

书　　名	设备电气控制与应用 SHEBEI DIANQI KONGZHI YU YINGYONG
作　　者	张建锐　著
出版发行	中国水利水电出版社 （北京市海淀区玉渊潭南路1号D座　100038） 网址：www.waterpub.con.cn E-mail：mchannel@263.net（万水） 　　　　sales@waterpub.con.cn 电话：（010）68367658（营销中心）、82562819（万水）
经　　售	全国各地新华书店和相关出版物销售网点
排　　版	北京万水电子信息有限公司
印　　刷	三河市元兴印务有限公司
规　　格	170mm×240mm　16开本　19.75印张　345千字
版　　次	2019年4月第1版　2024年10月第4次印刷
印　　数	0001—3000册
定　　价	89.00元

凡购买我社图书，如有缺页、倒页、脱页的，本社营销中心负责调换

版权所有·侵权必究

前　言

随着电子技术、计算机技术、控制技术的迅猛发展，机电控制技术已经成为当前工业领域的关键技术。同时，机械产品性能日益提高，控制功能越来越趋向于自动化，从而使设备电气与 PLC 技术被赋予了更新的技术内容和内涵，成为设备控制与应用的重要技术。

本书吸取了最新的技术成果，介绍了有关机械电气控制方面的新技术，如电气逻辑控制系统的分析、设计方法，先进、实用的 PLC 典型功能电路，数控机床的电气控制系统等。

本书从机械电气控制的实际情况出发，突出科学性和系统性，理论联系实际，实用性强，内容新颖、系统和详尽，原理介绍深入浅出，图文并茂，难易适度，便于自学和实践。

全书共分十二章，主要包括：常用低压电器的工作原理及选用，机械电气控制设备的基本电路，电气控制电路的设计方法，常用机床、桥式起重机的电气控制电路，可编程控制器及其工作原理，FX 系列可编程控制器的编程元件及基本指令和功能指令系统，可编程控制器控制设计方法及其在机械设备控制中的典型应用等。

在本书编写过程中，参阅了大量相关文献资料，在此一并表示衷心感谢。由于编者水平所限，加之时间仓促，书中不足之处在所难免，敬请批评指正。

张建锐

2018 年 10 月

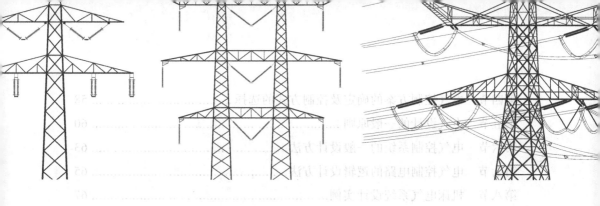

目 录

前 言 01

第一章 绪 论 1
第一节　电气控制技术的发展概况 3
第二节　设备电力拖动的基本概念 4
第三节　发电、输电、配电和安全用电 6

第二章 常用低压电器 13
第一节　低压电器的基本知识 15
第二节　常用低压电器 17

第三章 电气控制线路基本环节 29
第一节　机床电气原理图的画法规则 31
第二节　电气控制线路的逻辑表示 35
第三节　三相异步电动机控制线路 37
第四节　绕线式电动机控制线路 44
第五节　电动机的保护环节 47

第四章 电气控制电路的设计方法 51
第一节　电气控制设计的主要内容 53
第二节　电气控制设备的设计步骤 54
第三节　电力拖动方案确定及电动机选择 56

第四节	电气控制方案的确定及控制方式的选择	58
第五节	电气设计的一般原则	60
第六节	电气控制系统的一般设计方法	63
第七节	电气控制电路的逻辑设计方法	65
第八节	机床电气系统设计实例	67
第九节	电气控制的工艺设计	74

第五章 常用机械的电气控制电路 …… 79

第一节	车床的电气控制	81
第二节	铣床的电气控制	85
第三节	摇臂钻床的电气控制	98
第四节	镗床的电气控制	106
第五节	磨床的电气控制	112
第六节	桥式起重机电气控制电路	119

第六章 机床电气控制线路故障检查与维修 …… 135

| 第一节 | 电路故障的一般检查方法 | 137 |
| 第二节 | 典型机床控制线路的电路故障及检修 | 141 |

第七章 可编程控制器 …… 145

第一节	可编程控制器概述	147
第二节	可编程控制器的组成及工作原理	153
第三节	FX 系列可编程控制器编程	163

第八章 可编程控制器控制的设计 …… 173

| 第一节 | PLC 控制系统设计原则、内容流程 | 175 |
| 第二节 | 机械设备 PLC 控制系统常用设计方法 | 180 |

第九章 可编程控制器在机械设备中的应用 …… 187

| 第一节 | PLC 在机床中的应用 | 189 |
| 第二节 | PLC 在工业自动化生产线中的应用 | 195 |

第十章 数控机床的电气控制应用 ... 205

第一节 数控机床的发展概况 ... 207
第二节 数控机床的组成与分类 ... 209
第三节 数控机床电气控制系统的组成与特点 ... 226
第四节 进给伺服驱动系统 ... 232
第五节 主轴变频伺服驱动系统 ... 239
第六节 PLC 在数控机床上的应用 ... 252

第十一章 印刷机械系统中电气故障分析与维护 ... 257

第一节 印刷机械电气维修的现状 ... 259
第二节 印刷中常用的低压电器和电动机 ... 260
第三节 国产典型印刷机械的分析 ... 265
第四节 国外典型印刷机控制系统简介 ... 269
第五节 印刷机械常见的电气故障排除方法 ... 274
第六节 印刷机械的电气维护与保养 ... 281

第十二章 公司设备电气节能控制设计与应用 ... 285

第一节 建筑设备电气自动化系统节能控制模式 ... 287
第二节 N 公司办公中心建筑设备电气自控系统设计 ... 291
第三节 结论 ... 303

参考文献 ... 304

后　记 ... 308

第一章 绪 论

第一章 绪论

第一节 电气控制技术的发展概况

电气控制技术是以生产机械的驱动装置——电动机为控制对象、以电力电子装置为执行机构而组成的电气控制系统，按给定的规律调节电动机的转速，使之满足生产工艺的最佳要求的一种技术，其应用具有提高效率、降低能耗、提高产品质量、降低劳动强度的效果。

现代机械设备之所以先进，除应用完备的电力拖动系统外，还在于电气控制技术的发展。最早的控制装置是手动控制器。早在 20 世纪的 20 年代至 30 年代，借助继电器、接触器、按钮、行程开关等组成继电器—接触器控制系统，实现对机械设备的起动、制动、反转等自动控制。继电器—接触器控制的优点是结构简单、价格低廉、维护方便、抗干扰能力强，因此，被广泛应用于各类机械设备。采用它不但可以实现生产过程自动化，而且还可以实现集中控制和远距离控制。目前，继电器—接触器控制系统仍然是我国机械设备最基本的电气控制形式之一。继电器—接触器控制系统的缺点：一是由于固定接线形式，在进行程序控制时，改变控制程序不便，灵活性差；二是采用有触点开关，动作频率低、触点易损坏、可靠性差。到了 20 世纪 40 年代至 50 年代，出现了交磁放大机—电动机控制，这是一种闭环反馈控制系统，当输出量与给定量发生偏差时就自动调整，其控制精度、快速性都有了提高。60 年代出现了晶体管—晶闸管电气控制系统。70 年代，单片微型计算机为核心的控制系统产生，这种系统的控制规律由软件实现，只需配备少量的接口电路（例如：主电路器件的驱动电路，电压、电流、转速等反馈电路）就能形成一个完整的控制系统。通过容易更改的软件来实现不同的控制规律或性能要求。目前，这种微型计算机控制系统已普遍地应用于各种机械设备的局部控制或整机控制，减少了机械部件，提高了生产效率，减轻了工人的劳动强度，成为机械设备电气控制技术的一个发展方向。数控机床就是一个典型的例子。数控装置最早出现于 20 世纪 50 年代，但直到 70 年代微处理器应用于数控装置，才产生真正的数控机床这种具有广泛通用性的高效率自动化机床。它综合应用了电子技术、检测技术、计算机技术、自动控制和机床综合设计等各个领域的最新技术成就。目前，在一般数控机床的基础上，附带自动换刀、自动适应等功能的复杂数控系列产品，称为加工中心。它能对工件进行多道工序的连续加工，节省了夹具，缩短了装夹定位、对刀等辅助时间，提高了工效和产品质量，成功地取代了以往依靠模板、凸轮、专用夹具、刀具和定程挡板来实现顺序加丁的动机床、组合机床和专用机床。

第二节　设备电力拖动的基本概念

在工业、农业、交通运输等部门中，广泛地使用着各种各样的生产机械。要使各种机械能正常地运转，必须有拖动机械运转的原动力。除了直接用人力、畜力外，还有风力、水力、热力、电力，原子核动力等，目前，用于拖动生产机械的原动力主要是电力，利用各种类型的电动机来拖动生产机械。这种以电动机为动力来拖动生产机械的拖动方式就叫作电力拖动。

一、电力拖动的优点

（1）能量远距离传输简便、经济、方便。

（2）电力拖动比其他形式的拖动（蒸汽、水力等）效率高，而且电动机与被拖动的生产机械连接简便。

（3）电动机的种类和形式很多，具有各种各样的运行特性，可以满足不同类型生产机械的需要。

（4）电力拖动具有很好的调速性能，起动、制动、反向和调速等控制简便而迅速，而且可以简单、完善地实现对它的保护。

（5）易于通过各种电气仪表、仪器来检测和记录各种参数，如电流、电压、转速等，以便对生产过程进行检测和自动控制，使其达到生产工艺要求的最合理的工作状态。

（6）可以实行远距离测量和控制，便于集中管理，实现局部工作自动化，乃至整个生产过程的自动化。

二、电气拖动基本环节

电气拖动的基本环节组成如图1-1所示。

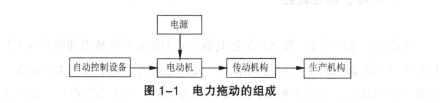

图1-1 电力拖动的组成

1. 电动机

电动机用来实现电能与机械能间转换的装置。通常是把电能转换成为机械能；有时也反过来把机械能转化成电能或热能，这时电动机处在制动状态下运行。这两种运行状态都是非常重要的。

2. 传动机构

传动机构的主要作用是传递动力，并实现速度和运动方式的变换，如减速器、皮带、联轴器等。

3. 控制装置

控制装置的主要作用是根据生产工艺的要求，按照一定的线路组成控制系统，自动控制电动机的起动、制动、反转、同步、调速、自动恒速等，还可以按给定程序或规律改变速度、转向和工作机构的位置，使工作循环自动化。

由此可见，设备电力拖动控制就是采用各种电气元件组成的控制装置控制电动机拖动生产机械的方式。电力拖动系统是否为自动控制，设备控制的自动化程度如何，主要取决于控制装置的先进性。

第三节　发电、输电、配电和安全用电

一、发电、输电概述

电能由发电厂供给。发电厂是把其他形式的能量转换成电能的特殊工厂。根据所利用的能源种类可以分为水力、火力、风力、原子能、太阳能等。现在世界各国建造、使用得最多的主要是水力发电厂和火力发电厂。近二十多年来，核电站发展很快。

发电厂中的发电机几乎都是三相同步发电机。国产三相同步发电机的电压等级有 400/230V 和 3.15kV、6.3kV、10.5kV、13.8kV、15.75kV 及 18kV 等多种。

我国大中型发电厂大多建在产煤地区或水库区，往往与用电地区相距几十公里、几百公里甚至上千公里。发电厂生产的电能通常由高压输电线送到用电地区，然后再降压分配给各用户。电能从发电厂传输到用户，要通过导线系统，该系统称为电力网。

同一地区的各种发电厂通常联合起来组成一个电力系统。这样可以提高各发电厂的设备利用率，合理调配各发电厂的负载，从而提高供电的可靠性和经济性。

输电距离越远，要求输电线的电压越高。国家标准中规定输电线的额定电压为 35 kV、110 kV、220 kV、330 kV、550 kV 等。

二、工业企业配电

从电力网末端的变电所将电能分配给各工业企业和城市。工业企业设有中央变电所和车间变电所（小规模的企业往往只有一个变电所）。中央变电所接受电力网送来的电能，然后分配到各车间，再由车间变电所或配电箱（配电板）将电能分配给用电设备。高压配电线的额定电压有 3kV、6kV 和 10kV

三种。低压配电线的额定电压是 380/220V。用电设备的额定电压多半为 220V 和 380V，大功率电动机的电压是 3kV 和 6kV，机床局部照明的电压是 36V。

从车间变电所或配电箱（配电板）到用电设备的线路属于低压配电线路。车间配电箱是安装在地面上的一个金属柜，其中装有断路开关和管状熔断器。

低压配电线路的连接方式主要是放射式和树干式两种。

放射式配电线路如 1-2 所示，当负载点比较分散而各个负载点又具有相当大的集中负载时，采用这种线路较为合适。

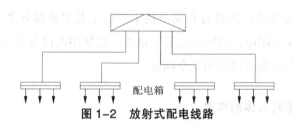

图 1-2　放射式配电线路

树干式配电线路如图 1-3 所示。当负载集中，同时各个负载点位于变电所或配电箱的同一侧其间距离较短，如图 1-3（a）所示。若负载比较均匀地分布在一条线上，如图 1-3（b）所示。

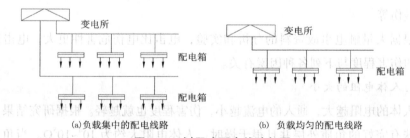

(a) 负载集中的配电线路　　　　(b) 负载均匀的配电线路

图 1-3　树干式配电线路如图

用电设备既可独立地接到配电箱上，也可连成链状接到配电箱上。距配电箱较远，但彼此距离很近的小型用电设备宜接成链状，这样能节省导线。但是，同一链条上的用电设备一般不得超过 3 个。

采用图 1-3（b）所示树干式配电线路时，干线一般采用母线槽。这种母线槽直接从变电所经开关引到车间，不经配电箱。支线通过出线盒引到用电设备。

放射式供电可靠，但敷设时导线较多，因此，投资较大。树干式供电可靠性较低，因为一旦干线损坏或需要修理时，就会影响连在同一干线上的负载，但是树干式灵活性较大。另外，放射式与树干式比较，前者导线细，但总线长，而后者则相反。

三、安全用电

安全用电是劳动保护教育和安全技术中的主要组成部分之一。在实际工作中必须注意安全用电，否则可能发生触电、烧坏用电设备甚至引起火灾。

下面介绍有关安全用电的几个问题。

（一）电流对人体的作用

出于不慎触及带电体，产生触电事故，会使人体受到各种不同的伤害。根据伤害性质可分为电击和电伤两种。

电击是指电流通过人体，使内部器官组织受到伤害。如果受害者不能迅速摆脱带电体，则最后会造成人身死亡事故。

电伤是指在电弧作用下或熔断丝熔断时，对人体外部的伤害，如烧伤、金属溅伤等。

根据大量触电事故资料的分析和实验，电击比电伤危害性更大，电击所引起的伤害程度与下列各种因素有关。

1. 人体电阻的大小

人体的电阻越大，通入的电流越小，伤害程度也就越轻。根据研究结果，当皮肤有完好的角质外层并且很干燥时，人体电阻大约为 $10^4 \sim 10^5 \Omega$。当角质外层破坏时，则降到 $800 \sim 1000 \Omega$。

2. 电流通过时间的长短

电流通过人体的时间越长，则伤害越严重。

3. 电流的大小

如果通过人体的电流在 0.05A 以上就有生命危险。一般地说，接触 36V 以下的电压时，通过人体的电流不超过 0.05A，故把 36V 的电压作为安全电压。如果在潮湿的场所，安全电压还要规定得低一些，通常是 24V 和 12V。

此外，触电伤害程度还与电流路径以及与带电体接触的面积和压力等有关。

（二）触电方式

1. 接触正常带电体

（1）电源中性点接地的单相触电。这时人体处于电压之下，危险性较大。如果人体与地面的绝缘较好，危险性可以大大减少。

（2）电源中性点不接地的单相触电。乍看起来，似乎电源中性点不接地时，不能构成电流通过人体的回路。其实不然，要考虑到导线与地面间的绝缘可能不良（对地绝缘电阻为 R'），甚至有一相接地，在这种情况下人体中就有电流通过。在交流电的情况下，导线与地面间存在的电容也可构成电流的通路。

（3）两相触电最为危险，因为人体处于线电压之下，但这种情况不常见。

2. 接触正常不带电的金属体

触电的另一种情形是接触正常不带电的部分。譬如，电机的外壳本来是不带电的，由于绕组绝缘损坏而与外壳相接触，使它也带电。人手触及带电的电机（或其他电气设备）外壳，相当于单相触电。大多数触电事故属于这一种。为了防止这种触电事故，对电气设备采用保护接地和保护接零（接中性线）的保护措施。

（三）接地和接零

为了人身安全和电力系统工作的需要，要求电气设备采用接地措施。按接地目的的不同，主要可分为工作接地、保护接地和保护接零三种。

1. 工作接地

电力系统由于运行和安全的需要，常将中性点接地，这种接地方式称为工作接地。工作接地有以下目的：

（1）降低触电电压在中性点不接地的系统中，当一相接地而人体触及另外两相之一时，触电电压将为相电压的 $\sqrt{3}$ 倍，即为线电压。而在中性点接地的系统中，则在上述情况下，触电电压就降到等于或接近相电压。

（2）迅速切断故障设备电源在中性点不接地的系统中，当一相接地时，接地电流很小（因为导线和地面之间存在电容和绝缘电阻，也可构成电流的通路），不足以使保护装置动作而切断电源，接地故障不易被发现，若长时间持续下去，对人身不安全。而在中性点接地的系统中，一相接地后的接地电流较大（接近单相短路），保护装置迅速动作，断开电源。

（3）降低电气设备对地的绝缘水平在中性点不接地的系统中，一相接地时将使另外两相的对地电压升高到线电压。而在中性点接地的系统中，则接近于相电压，故可降低电气设备和输电线和绝缘水平，节省投资。

但是，中性点不接地也有好处。第一，一相接地往往是瞬时的，能自动消除的，在中性点不接地的系统，就不会跳闸而发生停电事故；第二，一相接地故障允许短时存在，这样方便寻找故障和修复。

2. 保护接地

保护接地就是将电气设备的金属外壳（正常情况下是不带电的）接地，用于中性点不接地的低压系统中。可分两种情况：

（1）当电动机某一相绕组的绝缘损坏使外壳带电而外壳未接地的情况下，人体触及外壳相当于单相触电。这时接地电流 I_0（经过故障点流入地中的电流）的大小决定于人体电阻 R_b 和接地电阻 R_0，当系统的绝缘性能下降时，就有触电的危险。

（2）当电动机某一相绕组的绝缘损坏使外壳带电而外壳接地的情况下，人体触及外壳时，由于人体的电阻 R_b 与接地电阻 R_0 并联，而通常 $R_b \gg R_0$，所以通过人体的电流很小，不会有危险。这就是保护接地保证人身安全的作用。

3. 保护接零

保护接零就是将电气设备的金属外壳接到零线（或称中性线上），用于中性点接地的低压系统中。当电动机某一相绕组的绝缘损坏而与外壳相接时，就形成单相短路，迅速将这一相中的熔丝熔断，因而外壳便不再带电。即使在熔丝熔断前人体触及外壳时，也由于人体电阻远大于线路电阻，通过人体的电流也是极为微小的。

在中性点接地的系统中不采用保护接地。因为采用保护接地时，当电气设备容量较大，若电气设备的绝缘损坏时，接地电流小于继电保护装置动作电流或熔丝额定电流。这样，电气设备就得不到保护，接地电流长期存在，外壳也将长期带电，危及人身安全。

4. 保护接零与重复接地

在中性点接地系统中，除采用保护接零外，还采用重复接地，就是将零线相隔一定距离多处进行接地，这样，当电动机一相碰壳时，由于多处重复接地电阻并联，使外壳对地电压大大降低，减少了危险程度。

为了确保安全，零干线必须连接牢固，开关和熔断器不允许装在干线上。但引入住宅和办公场所的一根相应装有熔断器，以增加短路时熔断的机会。

5. 工作零线与保护零线

在三相四线制系统中，由于负载往往不对称，零线中有电流，因而零线对地电压不为零，距电源越远，电压越高，但一般在安全值以下无危险性。为了确保设备外壳对地电压为零，专设保护零线。工作零线在进入建筑物入口处要接地，进户后再另设一根保护零线，这样就成为三相五线制。所有的接零设备都要通过三孔插座接到保护零线上。在正常工作时，工作零线中有电流，保护零线中不应有电流。

第二章　常用低压电器

随着科学技术的进步与经济的发展，电能的应用越来越广泛，电器对电能的生产、输送、分配与应用起着控制、调节、检测和保护的作用。在工业、农业、交通、国防以及日常生活用电中，大多采用低压供电。低压供电是依靠各种开关、断路器等低压电器来实现电能的输送、分配，用途不同的各类低压电器组成了电气系统。电气元件的质量将直接影响到供电系统的可靠性。分析各种设备电气控制系统原理，处理其故障及维修，必须掌握低压电器的基本知识和常用低压电器的结构及工作原理，并能对常用低压电器元件进行选用和调整。

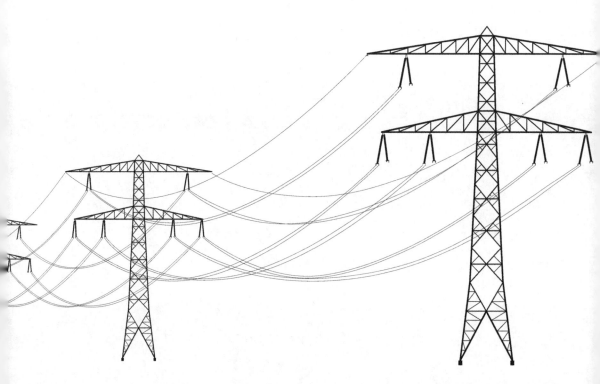

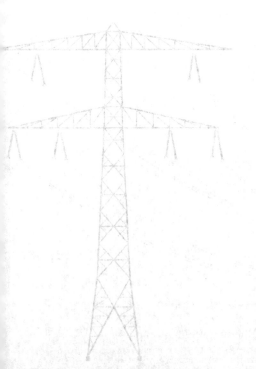

第一节 低压电器的基本知识

凡是能对电路进行切换、控制、保护、检测、变换和调节的元件统称为电器。按工作电压高低，电器可分为高压电器和低压电器两大类。高压电器是指额定电压 3000V 及以上的电器。低压电器通常是指工作在交流电 1200V、直流 1500V 及以下电器，如控制按钮、熔断器、接触器、继电器等。低压电器是机床电气控制系统的基本组成元件。

一、低压电器的分类

（1）低压配电电器主要用于低压供电系统，对系统进行控制和保护，使系统在一般情况下动作准确、工作可靠，发生故障时能迅速动作保护系统。这类低压电器有刀开关、断路器等。

（2）低压控制电器主要用于电力拖动控制系统。这类低压电器有接触器、继电器、控制器等。

（3）低压主令电器主要用于发送控制指令的电器。这类低压电器有按钮、主令开关、行程开关和万能转换开关等。

（4）低压保护电器主要用于对电路和电气设备进行安全保护的电器。这类低压电器有熔断器、热继电器、电压继电器、电流继电器等。

（5）低压执行电器主要用于执行某种动作和传动功能的电路。这类低压电器有电磁铁、电磁离合器等。

按电器的执行机能还可分为有触点电器和无触点电器。

二、低压电器的基本结构

从结构上看，低压电器一般都有两个基本部分：一是感受部分，它感受外界信号，做出有规律的反应；二是执行部分，它根据指令执行接通、分断电路等任务。

（一）电磁机构

电磁机构由吸引线圈、铁芯（也称静铁芯）和衔铁（也称动铁芯）组成，其结构形式按衔铁的运动方式可分为直动式和拍合式。其作用是将电磁能转换成机械能并带动触点闭合或分断。

吸引线圈的作用是将电能转换为磁能，产生磁通，衔铁在电磁吸力作用下产生机械位移使铁芯吸合。通入直流电的线圈称直流线圈，通入交流电的线圈称交流线圈。

直流电磁铁在稳定状态下通过恒定磁通，铁芯不发热，只有线圈是产生热量的热源，因此直流电磁铁线圈无骨架且成细长型，以增加与铁芯直接接触的面积，以利散热。铁芯和衔铁一般由软钢或工程纯铁制成。

交流电磁铁中通过交变磁通，铁芯中有涡流和磁滞损耗，产生热量。为了改善线圈和铁芯的散热情况，在铁芯与线圈之间留有散热间隙，而且把线圈做成有骨架的短粗型。铁芯用硅钢片叠成，以减少涡流。

（二）触头系统

触头是一切有触点电器的执行部分，用来接通和分断被控制电路。触头在闭合状态下动、静触头完全接触，并有工作电流通过时，称为电接触。电接触情况的好坏将影响触头的工作可靠性和使用寿命。影响电接触工作情况的主要因素是触头的接触电阻，接触电阻大时，易使触头发热而温度升高，从而使触头产生熔焊现象，这样既影响工作可靠性又降低了触头的寿命。触头的接触电阻不仅与触头的接触形式有关，还与接触压力、触头材料及表面状况有关。

1. 触头的接触形式

触头的接触形式有点接触、线接触和面接触三种。

2. 触头材料

材料的电阻率越小，接触电阻也越小。在金属中银的电阻率最小，但价格贵，实际中常在铜基触头上镀银或嵌银，以减少接触电阻。

3. 灭弧

触头分断电路时，由于热电子发射和强电场作用，使气体电离，从而在分断瞬间产生电弧。电弧一方面延迟了电路的分断，另一方面会烧蚀触头缩短其寿命，必须有效灭弧。

第二节 常用低压电器

一、开关电器

（一）刀开关

刀开关（俗称闸刀开关）是一种手控电器，一般由操作手柄、刀片、触头座和底板等组成。用作电路的电源开关和小容量的电动机非频繁起动的操作开关。

刀开关按极数分为单极、双极和三极，主要用于手动接通或断开交、直流电路。刀开关应手柄向上竖装，不得倒装或平装。如果倒装手柄有可能因自重下落而引起误合闸，造成安全事故。接线时，电源进线接在上端，负载接在熔丝下端。

刀开关若用来控制不经常起停的小容量异步电动机时，其额定电流应不小于电动机额定电流的 3 倍。

（二）组合开关

组合开关在机床电气设备中用作电源引入开关，所以也称电源隔离开关，也可以直接控制 5kW 以下的异步电动机非频繁正、反转。

组合开关有单极、双极和多极之分。它的结构由动触头、静触头、方形转轴、手柄、定位机构和外壳组成。组合开关实际上是一个多触头、多位置、可以控制多个回路的电器，故也称转换开关。

（三）低压断路器

低压断路器又称自动空气开关，用于分配电能，不频繁接通和断开电路。当电路发生过载、短路或失压等故障时，能自动切断电路，有效地保护它后面的电气设备。所以它是一种既有手动开关作用，又有自动进行欠压、失压、过载和短路保护的开关电器。

二、主令电器

自动控制系统中用于发送控制指令的电器称为主令电器。用来闭合和断开控制电路，用以控制电力拖动系统中电动机的起动、停车、制动以及调速等。主令电器可直接作用于控制电路，也可以通过电磁式电器间接作用于控制电路。常用的主令电器有控制按钮、行程开关、接近开关、万能转换开关等几种。

（一）控制按钮

控制按钮简称按钮，是一种结构简单使用广泛的手动主令电器。按钮通常用作短时接通或断开小电流控制电路。通常制成具有常开触头和常闭触头的复合式结构，其结构由按钮帽、复位弹簧、桥式触头和外壳等组成。

控制按钮在结构上有按钮式、紧急式、钥匙式、旋钮式和保护式五种。可根据使用场合和具体用途来选用。

按钮的额定电压为交流 380V、直流 220V，额定电流 5A。在机床上常用的有 LA2、LA18、LA19 及 LA20 等系列。

（二）行程开关

行程开关又称限位开关，是利用运动部件的直接碰撞而使其触头动作的一种主令电器。

行程开关按其结构可分为直动式（如 KX1、LX3 系列）、滚轮式（如 LX2、LX19、JLXK1 系列）和微动式（如 LXW-11、JLXW1-11 系列）三种。

行程开关广泛应用于各类机床和起重机械的控制，以限制这些机械的行程。当生产机械运动到某一预定位置时，行程开关就通过机械可动部分的动作，将机械位置信号转换为电信号，以实现对生产机械的电气控制，限制它们的动作或位置，并对生产机械予以必要的保护。

行程开关的额定电压为交流 380V，额定电流 5A。

（三）接近开关

接近开关是无触点开关，是一种非接触式的行程开关，生产机械接近它到一定距离范围之内时，就能发出信号，以控制生产机械的位置或进行计数。

一般有高频振荡型、电容型、感应电桥型、永久磁铁型、霍尔效应型等多种，其中以高频振荡型最为常用。通常把接近开关刚好动作时感应头与检测体之间的距离称为动作距离。

常用的接近开关有 LJ1、LJ2 和 JXJ10 等系列。

（四）万能转换开关

万能转换开关是一种多档式多回路的主令电器。它由操作机构、定位装置和触头三部分组成。触头为双断点桥式结构，动触头设计成自动调整式以保证通断时的同步性；静触头装在触头座内。每个由胶木压制的触头座内可安装 2 至 3 对触头，且每组触头上还有隔弧装置。触头的通断由凸轮控制，为了适应不同的需要，手柄还能做成带信号灯的、钥匙型的等多种形式。

万能转换开关手柄的操作位置是以角度来表示的，不同型号的万能转换开关，其手柄有不同的操作位置。但由于其触头的分合状态是与操作手柄的位置有关的，为此，在电路图中除画出触头图形符号之外，还应有操作手柄位置与触头分合状态的表示方法。其表示方法是在电路图中用虚线表示操作手柄的位置，用有无短粗线段（有的用圆点）表示触头的闭合和打开状态，比如，在触头图形符号下方的虚线位置上画"短粗线段"（有的用圆点），则表示当操作手柄处于该位置时，该触头是处于闭合状态，若在虚线位置上未画"短粗线段"（或圆点）时，则表示该位置处触头处于断开状态。

万能转换开关主要用于低压断路操作机构的合闸与分闸控制、各种控制线路的转换、电压和电流表的换相测量控制、配电装置线路的转换和遥控等。

三、熔断器

（一）熔断器的结构和分类

熔断器俗称保险丝，是一种最简单有效的保护电器。熔断器串接在所保护的电路中，当电路发生短路或严重过载时，熔体自动迅速熔断，切断电路，使导线和电气设备不致损坏。

熔断器在结构上主要由熔体和安装熔体的熔管（或熔座）及导电部件组成。熔体一般由熔点低、易于熔断、导电性能良好的合金材料制成。在小电流的电路中，常用铅合金或锌做成的熔体；对大电流的电路，常用铜或银作成片状或笼状的熔体。在正常负载情况下，熔体温度低于熔断所必需的温度，熔体不会熔断。当电路发生短路或严重过载时，电流变大，熔体温度达到熔断温度而自动熔断，切断被保护的电路。熔体为一次性使用元件，再次工作必须换成新的熔体。

熔断器的种类很多，常用产品有半封闭瓷插（插入）式、螺旋式、密封管式（无填料和有填料）。

（二）熔断器的主要参数

1. 额定电压

指熔断器长期工作时和分断后能够承受的电压，其值一般大于或等于线路的工作电压。

2. 熔断器额定电流

指熔断器长期工作时，各部件温升不超过规定值时所能承受的电流。熔断器的额定电流应大于或等于熔体的额定电流。使用中要注意参数，一个额定电流等级的熔断管内可以分装几个额定电流等级的熔体。

3. 熔体额定电流

指熔体长期通电而不会熔断的最大电流。选用时可根据负载电流的大小来选择。

4. 极限分断能力

指熔断器在规定的额定电压和功率因数（或时间常数）的条件下，能分断的最大短路电流值，它反映了熔断器分断短路电流的能力。极限分断能力取决于熔断器的灭弧能力，与熔体的额定电流大小无关。一般有填料的熔断器分断能力较强，可大到数十到数百 kA。较重要的负载或距离变压器较近时，应选用分断能力较大的熔断器。

（三）一般熔断器的选用

1. 熔断器类型的选择

熔断器的类型应根据线路要求和安装条件来选择。选择熔断器的类型时，主要依据负载的保护特性和短路电流的大小。例如，用于保护照明和电动机的熔断器，一般是考虑它们的过载保护，这时，希望熔断器的熔化系数适当小些，所以容量较小的照明线路和电动机宜采用熔体为铅锌合金系列的熔断器，而大容量的照明线路和电动机，除过载保护外，还应考虑短路时的分断短路电流能力，若短路电流较小时，可采用熔体为锡质系列的熔断器。

2. 熔体额定电流的选择

（1）用于保护照明或电热设备等没有冲击电流的负载的熔断器，应使熔体的额定电流等于或稍大于负载的额定电流。

（2）用于保护单台长期工作电动机（即供电支线）的熔断器，应考虑电动机启动时冲击电流的影响。

（3）用于保护频繁起动电动机（即供电支线）的熔断器，考虑频繁起动时的发热，熔断器也不应熔断。

（4）用于保护多台电动机（即供电干线）的熔断器，在出现尖峰电流时也不应熔断。通常，将其中容量最大的一台电动机启动，而其余电动机正常运行时出现的电流作为其尖峰电流。

3. 熔断器之间的配合

为防止发生越级熔断，上、下级（即供电干、支线）熔断器间应有良好的协调配合，为此，应使上一级（供电干线）熔断器的熔断额定电流比下一级（供电支线）大1至2个级差。

4. 熔断器额定电压选择

熔断器的额定电压应等于或大于所在电路额定电压。

（四）注意事项

在安装或更换熔体时，其信号指示应向外，这样当熔体熔断后，带色标的指示头就会弹出，便于发现和更换。另外熔断器不宜作为电动机的过载保护，因为三相异步电动机的全压起动电流很大，约为电动机额定电流的4~7倍，要使熔体不在电动机启动时熔断，选用的熔体的额定电流必须比额定电流大得多。这样，电动机在运行时如果过载，熔断器就不能起到过载保护作用。

四、接触器

（一）接触器的作用与分类

接触器是利用电磁力的作用使触头系统闭合或分断电路的自动控制电器。按其主触头通过电流的种类不同，分为直流、交流两种，机床上应用最多的是交流接触器。

接触器可以实现频繁地远距离操作。接触器最主要的用途是控制电动机的起动、反转、制动和调速等，由于它体积小、价格便宜和维护方便，因而用途十分广泛，是电力拖动控制系统中最常用的控制电器。

（二）接触器的结构与工作原理

交流接触器是由电磁机构、触头系统、灭弧装置及其他部件四部分组成。

1. 电磁机构

电磁机构由线圈、动铁芯（衔铁）和静铁芯组成。对于 CJ0、CJ10 系列交流接触器，大多采用衔铁直线运动的双 E 型直动式电磁机构；CJ20 系列 40A 以下采用 E 形铁芯，60A 以上的为 D 形铁芯。而 CJ12、CJ12B 系列交流接触器，采用衔铁绕轴转动的拍合式电磁机构。

2. 触头系统

触头系统包括主触头和辅助触头。主触头通常为三对，构成三个常开触头，用于通断主电路。辅助触头一般有常开、常闭各两对，用在控制电路中起电气自锁或互锁作用。

3. 灭弧装置

当触头断开大电流时，在动、静触头间产生强烈电弧，会烧坏触头并使切断时间拉长。为使接触器可靠工作，必须使电弧迅速熄灭，故要采用灭弧装置。容量在 20A 以上的接触器都有灭弧装置。

4. 其他部件

其它部件包括反作用弹簧、触头压力弹簧、传动机构及外壳等。反作用弹簧的作用是当线圈断电时，使衔铁和触头复位。触头压力弹簧的作用是增大触头闭合时的压力，增大触头接触面积。铁芯上装有短路环，目的是消除交流电磁铁在吸合时可能产生的衔铁振动和噪声。

交流接触器的工作原理是当线圈通电后，在铁芯中产生磁通，静铁芯产生电磁吸力将衔铁吸合。衔铁带动触头系统动作，使常闭触头断开，常开触头闭合。当线圈断电时，电磁吸力消失，衔铁在反作用弹簧力的作用下释放，触头系统随之复位。

(三) 接触器的主要技术参数及选用

交流接触器的选择主要考虑主触头的额定电压、额定电流、辅助触头的数量与种类、吸引线圈的电压等级、操作频率等。

1. 额定电压

额定电流指主触头的额定电压、额定电流。接触器的额定电压应大于或等于负载回路的电压；额定电流应大于或等于被控电路的额定电流。

2. 线圈的额定电压

指接触器可靠吸合的工作电压，其值应等于控制回路的电压。选用时一般交流负载用交流接触器，直流负载用直流接触器，但交流负载频繁动作时可采用直流线圈的交流接触器。接触器吸引线圈的额定电压从安全角度考虑，应选择低一些，如127V。但当控制电路简单，所用电器不多时，为了节省变压器，可选380V。

3. 接通和分断能力

指主触头在规定条件下能可靠地接通和分断电流值。在此电流值下，接通时主触头不应发生熔焊；分断时，主触头不应发生长时间燃弧。若超出此电流值，其分断则是熔断器、热继电器、断路器等保护电器的任务。

4. 额定操作频率

指每小时的操作次数。交流接触器吸合瞬间电流较大，故接电次数过多，将会使线圈过热，电器寿命缩短，所以交流接触器操作频率最高为1000次/h，而直流接触器最高为1500次/h。操作频率直接影响到接触器的电寿命和灭弧罩的工作条件，对于交流接触器还影响到线圈的温升。

五、继电器

继电器是一种根据某种输入信号的变化，使触头系统动作，接通或断开控制电路，实现控制目的的电器。

继电器的输入信号可以是电流、电压、温度、速度、时间、压力等，而输出通常是触头的动作。按输入信号的性质分为电压继电器、电流继电器、时间继电器、温度继电器、速度继电器、压力继电器等。按工作原理可分为电磁式继电器、感应式继电器、电动式继电器、热继电器和电子式继电器等。

值得注意的是，继电器的触头不能用来接通和分断负载电路，这也是继电器的作用与接触器的作用的区别。

（一）电磁式继电器

电磁式继电器按吸引线圈电流的种类不同，有直流和交流两种。其结构及工作原理与接触器相似，也是由电磁机构、触头系统和释放弹簧等部分组成，但因继电器一般用来接通和断开控制电路，故触头电流容量较小（一般5A以下）。

1. 电流继电器

触头的动作与否与线圈的动作电流大小有关的继电器叫作电流继电器。

电流继电器的线圈串接在被测的电路中，以反映电路电流的变化。按电流种类有交流继电器和直流继电器，按吸合电流大小有过电流继电器和欠电流继电器两类。

（1）过电流继电器。

过电流继电器在电路正常工作时线圈中流有负载电流，但不产生吸合动作，当电流超过某一整定值时衔铁才产生吸合动作，从而带动触头动作。通常，交流过电流继电器的吸合电流调整范围为1.1~4倍额定电流。直流过电流继电器的吸合电流调整范围为0.7~3.5倍的额定电流。由于在电力拖动系统中，冲击性的过电流故障时有发生，当电路出现上述故障时，吸合电流足以使衔铁吸合而带动触头动作，使接触器线圈断电而切断电气设备的电源，起到过电流保护作用。显然，过电流继电器是利用它的常闭触头来完成这一任务的。

（2）欠电流继电器。

欠电流继电器在电路正常工作时，由于吸合电流低于电路的负载电流的某一值，衔铁处于吸合状态。电路的负载电流降低至释放电流时，则衔铁释放输出信号。欠电流继电器的吸引电流为线圈额定电流的30%~65%，释放电流为额定电流的10%~20%。在直流电路中，由于某种原因而引起负载电流的降低或消失往往会导致严重的后果（如直流电动机的励磁回路断线），因此，在产品上有直流欠电流继电器，而没有交流欠电流继电器。当在直流电路中出现欠电流或零电流的故障时，直流欠电流继电器的衔铁由吸合状态转入释放状态，利用其触头的动作而切断电气设备的电源，起到欠电流保护作用。显然，直流欠电流继电器是利用其常开触头来完成这一任务的。

电流继电器选用时主要根据主电路内的电流种类和额定电流来选择；另

外，根据对负载的保护作用（是过电流还是欠电流）来选用电流继电器的类型；最后要根据控制电路的要求选触头的类型（是常开还是常闭）和数量。

2. 电压继电器

触头的动作与线圈的动作电压大小有关的继电器称为电压继电器。

电压继电器的结构与电流继电器相似，不同的是电压继电器线圈并联在测量电路中。按线圈电流的种类可分为交流和直流电压继电器，按吸合电压大小又可分为过电压继电器和欠电压继电器。

（1）过电压继电器。

线圈在额定电压时，衔铁不产生吸合动作，只有当线圈的吸合电压高出其额定电压的某一值时衔铁才产生吸合动作。因为直流电路不会产生波动较大的过电压现象，所以在产品中没有直流过电压继电器。

交流过电压继电器在电路电压为额定电压的 1.1~1.15 倍时动作，从而控制接触器及时分断电器设备的电源。显然，过电压继电器是利用其常闭触头来完成这一任务的。

（2）欠电压继电器。

欠电压继电器在额定电压下正常工作时，其衔铁是处于吸合状态。当线圈的吸合电压低于某一电压值时，衔铁释放，触头动作，分断电路。

欠电压继电器在低于额定电压的 40%~70% 时才会动作，在电路中作欠电压保护。特殊地，零电压继电器当电压降至额定电压的 5%~25% 时动作。欠电压继电器是利用其常开触头来完成这一任务的。

电压继电器选用时，首先要注意线圈电流的种类和电压等级应与控制电路一致。再根据它在控制电路中的作用（是过电压还是欠电压）选型；最后，要按控制电路的要求选触头的类型（是常开还是常闭）和数量。

3. 中间继电器

中间继电器实质上是电压继电器的一种，但它的触头数多（多至 6 对或更多），触头电流容量大（额定电流为 5~10A），动作灵敏（动作时间不大于 0.05s）。其主要用途一是扩大触头数，当其他电器的触头数不够时，可借助中间继电器来扩充它们的触点数；二是放大控制信号，当其他电器信号不足以驱动下一级电器时可借助中间继电器来扩大控制容量。

中间继电器主要依据被控制电路的电压等级，触头的数量、种类及容量来选用。

（二）时间继电器

利用时间参数控制电路通电或断开的控制电器称时间继电器。

时间继电器的种类很多，按其工作原理和构造不同，可分为电磁式、空气阻尼式、电动式、晶体管式等。延时方式有通电延时和断电延时两种。

通电延时接受输入信号后延迟一定的时间，输出信号才发生变化。当输入信号消失后，输出瞬时复原。

断电延时接受输入信号时，瞬时产生相应的输出信号。当输入信号消失后，延迟一定的时间，输出才复原。

空气阻尼式时间继电器是利用空气阻尼作用而达到延时的目的。它由电磁系统、延时机构和触头组成。延时方式有通电延时型和断电延时型（改变电磁机构位置，将电磁铁翻转180°安装）。当衔铁位于铁芯和延时机构之间位置时为通电延时型；当铁芯位于衔铁和延时机构之间位置时为断电延时型。

空气阻尼式时间继电器结构简单、调整方便、价格低廉、寿命长，延时范围为0.4~180s，还有瞬动触头，应用广泛。但是准确度低、延时误差较大（±10%~±20%），难以精确地整定延时时间，常用于延时精度要求不高的交流控制电路。

（三）热继电器

热继电器是利用电流的热效应原理来工作的电器。主要用于电动机的过载保护、断相保护及其他电气设备发热状态的控制。

串接于电动机电路中的热继电器的感测元件一般采用双金属片。双金属片受热后产生线膨胀，由于两层金属的线膨胀系数不同，使得双金属片向一侧弯曲，由双金属片弯曲产生的机械力便带动触头动作。

热继电器主要由热元件、双金属片和触头三部分组成，热继电器由于热惯性，当电路短路时不能立即动作使电路立即断开，因此，不能作短路保护。同理，在电动机启动或短时过载时，热继电器也不会动作，这可避免电动机不必要的停转。

（四）速度继电器

速度继电器是依靠转速变化实现起动触头动作控制电路接通断开的。主要用于笼型异步电动机的反接制动控制，也称反接制动继电器。

速度继电器利用电磁感应原理工作，与交流电动机的电磁系统相似，即由定子和转子组成其电磁系统。结构上主要由定子、转子和触头三部分组成，转子是用永久磁铁制成，定子的结构与笼型电动机的转子相似，是一个空心圆环型结构，由硅钢片迭制而成，并装有笼型绕组。

（五）压力继电器

压力继电器广泛用于各种气压和液压控制系统中，通过检测气压或液压的变化，发出信号，控制电动机的起停，从而提供保护。

第三章　电气控制线路基本环节

第三章 电气控制线路基本环节

第一节 机床电气原理图的画法规则

电气控制系统是由许多电气元件按一定要求连接而成的。为了便于电气控制系统的设计、分析、安装、调整、使用和维修，需要将电气控制系统中各电气元件及其连接线路，用一定的图形表达出来，这种图就是电气控制系统图。

电气控制系统图包括电气原理图、电器元件布置图和电气安装接线图，即通常称为"三图一表"中的"三图"。

一、电气系统图中的图形符号和文字符号

国家规定从1990年1月1日起，电气系统图中的图形符号和文字符号必须符合最新的国家标准。在电气控制系统图中，电气元件必须使用国家统一规定的图形符号和文字符号。

二、电气原理图

电气原理图是为了便于阅读和分析控制线路，根据简单清晰的原则，采用电气元件展开的形式绘制成的表示电气控制线路工作原理的图形。在电气原理图中只包括所有电气元件的导电部件和接线端点之间的相互关系，但并不按照各电气元件的实际布置位置和实际接线情况来绘制，也不反映电气元件的大小。下面结合如图3-1所示某机床的电气原理图说明绘制电气原理图的基本规则和应注意的事项。

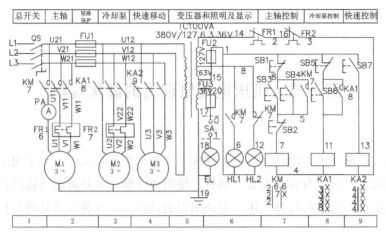

图 3-1 某机床的电气原理图

（一）绘制电气原理图的基本规则

（1）原理图一般分主电路和辅助电路两部分画出：主电路就是从电源到电动机绕组的大电流通过的路径。辅助电路包括控制电路、照明电路、信号电路及保护电路等，由继电器的线圈和触点、接触器的线圈和辅助触点、按钮、照明灯、信号灯、控制变压器等电器元件组成。一般主电路用粗实线表示，画在左边（或上部）；辅助电路用细实线表示，画在右边（或下部）。

（2）在原理图中，各电器元件不画实际的外形图，而采用国家规定的统一标准来画，文字符号也要符合国家标准。属于同一电器的线圈和触点，都要用同一个文字符号表示。当使用相同类型电器时，可在文字符号后加注阿拉伯数字序号来区分。

（3）在原理图中，各电器元件的导电部件如线圈和触点的位置，应根据便于阅读和分析的原则来安排，绘在它们完成作用的地方。同一电器元件的各个部件可以不画在一起。

（4）原理图中所有电器的触点，都按没有通电或没有外力作用时的开闭状态画出。如继电器、接触器的触点，按线圈未通电时的状态画；按钮、行程开关的触点按不受外力作用时的状态画；控制器按手柄处于零位时的状态画等。

（5）在原理图中，有直接电联系的交叉导线的连接点，要用黑点表示。无直接电联系的交叉导线，交叉处不能画黑圆点。

(6) 在原理图中，无论是主电路还是辅助电路，各电气元件一般应按动作顺序从上到下、从左到右依次排列，可水平布置或垂直布置。

（二）图面区域的划分

图面分区时，竖边从上到下用大写字母，横边从左到右用阿拉伯数字分别编号。分区代号用该区域的字母和数字表示，如 B3、C5。图 3-1 下方的自然数列是图区横向编号，它是为了便于检索电气线路，方便阅读分析而设置的。图区上方的"短路保护"……字样，表明它对应的下方元件或电路的功能，以利于理解全电路的工作原理。

（三）符号位置的索引

在较复杂的电气原理图中，在继电器、接触器线圈的文字符号下方要标注其触点位置的索引；而在触点文字符号下方要标其线圈位置的索引。符号位置的索引，用图号、页次和图区编号的组合索引法，索引代号的组成如下：

当某一元件相关的各符号元素出现在不同图号的图样上，而当每个图号仅有一图样时，索引代号可省去页次。当与某一元件相关的各符号元素出现在同一图号的图样上，而该图号有几张图样时，索引代号可省去图号。因此，当与某一元件相关的各符号元素出现在只有一张图样的不同图区时，索引代号只用图区号表示。

图 3-1 图区 6 中触点 KM 下面的 7，即为最简单的索引代号，它指出接触器 KM 的线圈位置在图区 7。图区 2 中接触器主触点 KM 下面的 7 指出 KM 的线圈位置在图区 7。

在电气原理图中，接触器和继电器线圈与触点的从属关系，应用附图表示。即在原理图中相应线圈的下方，给出触点的图形符号，并在其下面注明相应触点的索引代号，对未使用的触点用"X"表明。有时也可采用省去触点图形符号的表示法，如图 3-1 图区 7 中 KM 线圈和图区 8 中 KA1 线圈下方的是接触器 KM 和继电器 KA 相应触点的位置索引。

在接触器触点的位置索引中，左栏为主触点所在图区号（三个主触点均在图区 2），中栏为辅助常开触点所在图区号（二个分别在图区 6 和 7），右栏为辅助常闭触点所在图区号（一个在图区 6，另一个没有使用）。

在继电器 KA1 触点的位置索引中，左栏为常开触点所在图区号（三个在图区 3，一个在图区 8），右栏为常闭触点所在图区号（四个触点均未使用）。

三、电气元件布置图

电气元件布置图主要用来表明各种电气设备在机械设备上和电气控制柜中的实际安装位置，为机械设备电气控制装置的制造、安装、维修提供必要的资料。各电气元件的安装位置是由机床的结构和工作要求决定的，如电动机要和被拖动的机械部件在一起，行程开关应放在要取得信号的地方，操作元件要放在操纵台及悬挂操纵箱等操作方便的地方，一般电气元件应放在控制柜内。

机床电气元件布置图主要由机床电气设备布置图、控制柜及控制板电气设备布置图，操纵台及悬挂操纵箱电气设备布置图等组成。在绘制电气设备布置图时，所有能见到的以及需表示清楚的电气设备均用粗实线绘制出简单的外形轮廓，其他设备（如机床）的轮廓用双点划线表示。

四、电气安装接线图

电气安装接线图是为了安装电气设备和电气元件时进行配线或检查维修电气控制线路故障服务的。在图中要表示出各电气设备之间的实际接线情况，并标注出外部接线所需的数据。在接线图中各电气元件的文字符号、元件连接顺序、线路号码编制都必须与电气原理图一致。

五、功能表图

功能表图是一种用来全面描述控制系统的控制过程、功能和特性的表图，它不仅适用于电气控制系统，也可用于气动、液压和机械等非电控制系统或系统的某些部分。

在功能表图中，把一个过程循环分解成若干个清晰的连续的阶段，称为"步"。步用矩形框表示，为便于识别，步必须加数字标号。表示控制过程初始状态的初始步用双线矩形框表示。

一个步有活动和非活动两种状态，在控制过程中会发生步的活动状态的进展，该进展按有向连线规定的路线进行。有向连线上的一根短划线是转换符号，它通过有向连线与有关步符号相连。每一个转换必须与一个转换条件相对应，转换条件可以采用文字语句或逻辑表达式等方式表示在转换符号旁。只有当一个步处于活动状态，而且与它相关的转换条件成立时，才能实现步状态的转换，转换结果使紧接它的后续步处于活动状态，而使与其相连的前级步处于非活动状态。

控制系统一般有施控系统和被控系统两部分组成。当用功能表图描述施控系统时，一个活动步将导致一个或数个命令被执行；当用功能表图描述被控系统时，一个活动步将导致一个或数个动作被执行。即一个步可以与一个或一个以上的命令或动作相对应，这些命令或动作用矩形框中的文字或符号语句表示，矩形框应与相应的步符号相连，可以作水平布置也可以作垂直布置。

步之间的进展通常有单序列、选择序列和并行序列三种基本结构。单序列由一系列相继激活的步组成，每一步后面仅接一个转换。选择序列介于两水平单线之间，并行序列介于两水平双线之间。

第二节　电气控制线路的逻辑表示

一、电气控制的逻辑表示

逻辑变量及其函数只有两种取值，用来表示两种不同的逻辑状态。继电器—接触器控制线路的元件都是两态元件，它们只有"通"和"断"两种状态。如开关的接通或断开，线圈的通电或断电，触点的闭合或断开等均可用逻辑值表示。因此，继电器接触器控制线路的基本规律是符合逻辑代数的运算规律的，可以用逻辑代数来帮助设计和分析。通常把继电器、接触器、电磁阀等线圈通电，触点闭合接通，按钮和行程开关受压的状态标定为逻辑"1"态。把线圈失电，触点断开，按钮和行程开关未受压标定为逻辑"0"态。

（一）逻辑"与"——触点串联

两个或多个触点与线圈串联的线路，只有当所有触点都接通时线圈才得电，这种关系在逻辑线路中称为"与"逻辑。

（二）逻辑"或"——触点并联

两个或多个触点并联再与线圈连接的线路，只要有一个触点接通，线圈就得电，这种关系在逻辑线路中称为"或"逻辑。

（三）逻辑"非"——触点状态转换

继电器在线圈未通电时为"0"态，其常开触点断开状态为"0"态，而常闭触点闭合状态为"1"态。当线圈通电时为"1"态，此时其常开触点闭合状态为"1"态，而常闭触点断开状态为"0"态。可见，同一电器的常开触点与常闭触点的状态总是相反的，这种关系在逻辑线路中称为"非"逻辑。"非"逻辑用变量上面的短横线来表示，读作"非"。

（四）基本功能电路

在继电器接触器控制线路中，常用到自锁、联锁、禁止、记忆、延时等控制功能。

1. "自锁"电路

自锁电路是利用输出信号本身联锁来保持输出动作，又称"自保持环节"。实际是"或"的关系，在"或"项中包含了输出信号本身的反馈信号。

2. "禁止"电路

机床控制线路中，常用"禁止"功能电路，如机床进给系统中，只要运动部件碰到限位开关，就应禁止进给驱动电器工作。

3. "联锁"电路

它实际上是两个"禁止"电路的组合。

4. "记忆"电路

"记忆"电路是由"自锁"和"禁止"两种功能结合而成的，自保作用起记忆功能，而禁止作用起解除记忆功能。

第三节 三相异步电动机控制线路

和其他各种电动机相比，交流异步电动机具有结构简单、价格便宜、制造方便和易于维护等特点，应用最为广泛。

一、三相异步电动机的起动控制线路

对于三相感应式异步电动机来说，通常有全压直接起动和减压起动两种方式。小容量电动机可采用全电压起动方式，较大容量（大于 10kW）的电动机因起动电流较大，通常采用减起动方式来降低起动电流，以减少对电网和其他设备的不良影响。

（一）全电压起动控制线路

1. 单向全电压起动控制

小容量异步电动机（容量小于 10kW），一般采用全电压直接起动的方式来起动。普通机床上的冷却泵、小型台钻和砂轮机等设备所用的小容量电动机，均采用此种起动方式。

2. 点动与连续运行控制

所谓点动，即按下起动按钮时电动机通电起动，手松开按钮时电机断电停止。点动控制多用于机床刀架、横梁、立柱等短时快速移动和机床对刀等调整场合。连续运行即按下起动按钮电机起动后，电路可以自锁保持线圈持续通电，起动按钮被释放复位后，电机仍能继续保持通电运行状态，只有按下停止按钮后电机才断电停止运行。

用按钮起动的点动和连续运行控制线路，其区别在于连续运行控制时线路有自锁环节，而点动控制时则解除自锁环节。

3. 多点控制

多点控制可分为两种情况。大型机床为了操作方便，常常要求在两个或

两个以上的地点都能进行操作。即在各操作地点各安装一套按钮，其接线原则是各起动按钮的常开触点并联连接，停止按钮的常闭触点串联连接。

多人操作的大型冲压设备，为了保证操作安全，要求几个操作者都发出主令信号（如按下起动按钮）后，设备才能动作。此时应将起动按钮的常开触点串联。

（二）减压起动控制线路

较大容量（大于10kW）的笼式异步电动机一般采用减压起动的方式起动。常用的减压起动方法有：星形—三角形减压起动、自耦变压器减压起动、定子绕组电路串电阻或电抗器减压起动和延边三角形减压起动等。下面主要以星形—三角形减压起动和自耦变压器减压起动为例进行介绍。

1. 星形—三角形减压起动控制线路

凡是正常运行时定子绕组接成三角形的三相鼠笼式异步电动机，都可采用星形—三角形减压起动方法。起动时，定子绕组首先接成星形，电动机定子绕组起动电压为三角形直接起动电压的$1/\sqrt{3}$，起动电流为三角形直接起动电流的1/3。经过一段延时后，待转速上升到接近额定转速再换接成三角形。

2. 自耦变压器减压起动控制线路

对于容量较大的运行时定子绕组接成星形的鼠笼式异步电动机，可采用自耦变压器降低电动机的起动电压。

二、三相异步电动机的运行控制线路

（一）电动机的正反转控制线路

在生产过程中，往往要求电动机能实现正、反两个方向的转动。由三相异步电动机的工作原理可知，只要将电动机接到三相电源中的任意两根线对调，即可实现电动机反转。显然，用两只交流接触器就能实现这一要求。如果这两个接触器同时工作，这两根对调的电源线将通过它们的主触点引起电源短路，所以在正反转控制线路中，对实现正反转的两个接触器之间要互相联锁（互锁），保证它们不能同时工作。电动机正、反转控制线路，实际上是由互相联锁的两个单向运行线路组成的。

1. 电动机的"正—停—反"控制线路

图 3-2（a）控制线路由两个单向运行线路组成。两个接触器的常闭触点 KM1、KM2 起互锁作用，即当一个接触器通电时，其常闭触点断开，使另一个接触器线圈不能通电。因此在电动机的换向操作时，必须先按下停止按钮 SB1 停车，接触器线圈恢复常态后才能反方向起动，故称为"正—停—反"控制线路。

2. 电动机的"正—反—停"控制线路

生产中，有时要求直接按反转按钮使电动机换向。为此，可将起动按钮 SB2、SB3 换用复合按钮，用复合按钮的常闭触点来断开转向相反的接触器线圈的通电回路，控制线路如图 3-2（b）所示。当按下 SB2（或 SB3）时，先是按钮的常闭触点断开使 KM2（或 KM1）断电释放，然后是该按钮的常开触点闭合使 KM1（或 KM2）通电吸合，电动机接入调换相按反转按钮直接换向，称为"正—反—停"控制线路。

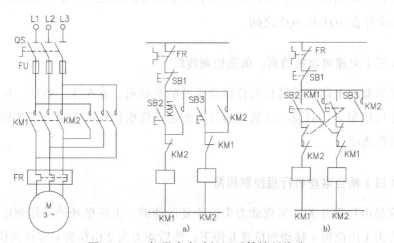

图 3-2 三相异步电动机正反转控制线路

显然，采用复合控制按钮也起到互锁作用，但只用按钮联锁而不用接触器常闭触点进行联锁是不可靠的。因为当接触器主触点被强烈电弧"烧焊"在一起或因接触器机构失灵使衔铁卡死在吸合状态时，如果另一只接触器动作，就会造成电源短路事故。采用接触器的常闭触点互相联锁，则只要一个接触器处在吸合状态时，其常闭触点必然将另一只接触器线圈回路切断，故能避免电源短路事故的发生。

（二）电动机的正反转自动循环控制线路

机床工作台的往返循环由电动机驱动，当运动到达一定的行程位置时，利用挡块压下行程开关（替代了人按按钮）来实现电动机的正反转控制。SB2和SB3分别为电动机正转与反转的起动按钮。

按正转起动按钮SB2，接触器KM1通电吸合并自锁，电动机正转使工作台右移。当运动到右端时，挡块压下右行限位开关SQ1，其常闭触点使KM1断电释放，同时其常开触点使KM2通电吸合并自锁，电动机反转使工作台左移。当运动到挡块压下左限位开关SQ2时，使KM2断电释放，KM1又通电吸合，电动机又正转使工作台右移，这样一直循环下去。

本控制线路由于工作台往返换向时，电动机要先进行反接制动后再反起动，主电路将出现较大的反接制动电流，工作台也有较大机械冲击，因此只适用于往返运动周期较长和传动系统有足够强度的系统中，而且调整时，工作台只能停在SQ1和SQ2之间。

（三）双速电动机的高、低速控制线路

采用双速电动机能简化齿轮传动系统的变速箱，在车床、磨床、镗床等机床中应用很多。双速电动机是通过改变定子绕组接线的方法，来获得高、低两种转速的。

（四）两台电动机行程控制线路

它是由行程开关来实现动力头的往复运动的。工作循环的动作顺序首先是动力头1由位置a移动到位置b停下；然后动力头2由位置c移动到位置d停下；接着动力头1和动力头2同时起动返回原位停止。

三、三相异步电动机的制动控制线路

许多机床一般都要求能迅速停车和准确定位。为此要求对运动部件进行制动，强迫其立即停车。制动方法一般分为机械制动和电气制动两大类。机械制动是用机械、液压装置驱动制动器利用机械摩擦原理制动。电气制动实

质上是在停车时电动机产生一个与转子原来转动方向相反的制动转矩,迫使系统迅速停车。下面介绍机床上常用的电气制动控制线路,即能耗制动和反接制动。

(一) 能耗制动控制线路

能耗制动是在按下停止按钮,切断电动机三相交流电源,然后给电动机定子绕组接通直流电源产生静止磁场,利用转子惯性转动与静止磁场相互作用产生的感应电流产生电磁制动转矩进行制动。

1. 时间原则能耗制动

时间原则就是用时间继电器进行制动时间控制。停车时,按下复合停止按钮 SB1,接触器 KM1 断电释放,切断电动机定子三相交流电源,接触器 KM2 和时间继电器 KT 同时通电吸合并自锁,KM2 主触点闭合,将直流电源接入定子绕组,电动机进入能耗制动状态。经过一段延时,当转子转速接近于零时,时间继电器 KT 延时断开常闭触点动作,KM2 线圈断电释放,断开能耗制动直流电源。断开 KT 线圈回路,线路恢复原始状态。能耗制动结束。

2. 速度原则能耗制动

速度原则就是用速度继电器检测电动机转速。速度继电器 KS 安装在电动机轴伸出端上,用其常开触点 KS 取代了控制线路中时间继电器 KT 延时断开的常闭触点。电动机运行时,转速较高,速度继电器 KS 的常开触点闭合,为接触器 KM2 线圈通电吸合做好准备。停车时,按下停止按钮 SB1,KM1 线圈断电释放,电动机切断三相电源,此时电动机惯性转动转速仍较高,速度继电器 KS 的常开触点仍处于闭合状态,使得 KM2 线圈通电吸合并自锁,直流电源被接入定子绕组,电动机进入能耗制动状态。当电动机转子的转速接近零时,KS 常开触点复位,KM2 线圈断电释放,能耗制动结束。

能耗制动的优点是制动准确、平稳、能量消耗少。缺点是需要一套整流设备,适用于要求制动平稳、准确和起动频繁的容量较大的电动机。

(二) 反接制动控制线路

反接制动是停车时利用改变电动机定子绕组中三相电源的相序,使电动机定子绕组产生与转子转动方向相反的转矩进行制动的。为防止电动机制动时反转,必须在电动机转子转速接近于零时,及时将反转电源切断,电动机才能真正停止。机床中广泛应用速度继电器来实现电动机反接制动的自动控制。电动机与速度继电器的转子是同轴连接在一起的，当电动机转速在120~3000r/mm 范围内时，速度继电器的触点动作，当转速低于100r/min 时，其触点复位。

电动机运转时，速度继电器 KS 的常开触点闭合，为反接制动做好准备。停车时，按下复合按钮 SB1，KM1 线圈释放，电动机切断三相电源作惯性转动。KM2 线圈通电吸合并自锁，使电动机定子绕组中三相电源的相序相反，电动机进入反接制动状态，转速迅速下降。当电动机转速小于100r/min 时，速度继电器 KS 常开触点复位，KM2 线圈断电释放，反接制动结束。

反接制动时，由于电动机转子与旋转磁场的相对速度很大，定子电流也是很大（全压反接制动时，制动电流为额定电流的8~14倍），因此制动迅速。但制动时冲击大，对传动部件有害，能量消耗也较大。通常仅适用于不经常起动和制动的10kW 以下的小容量电动机，为了减小冲击电流，可在制动时的主回路中串入电阻 R 来限制反接制动电流。

四、电液控制

液压传动易获得较大的力和转矩，运动传递平稳，控制方便易实现自动化，尤其在和电气控制系统配合使用时易于实现复杂的自动工作循环。因此液压传动和电气控制相结合的电液控制系统，在组合机床、自动化机床、生产自动线和数控机床中应用较多。

（一）液压传动系统的图形符号

液压传动系统是由动力装置（液压泵）、执行机构（液压缸或液压马达）、控制阀（压力控制阀、流量控制阀、方向控制阀）和辅助装置（油箱、油管、滤油器、压力表）四部分组成的。其中方向控制阀在液压系统中用来接通或关断油路，改变工作液的流动方向，实现运动的换向。在电液控制系统中，常用由电磁铁推动阀芯移动的电磁换向阀来控制工作液的流动方向。

在液压系统图中，液压元件要按照国家标准《液压气动图形符号》（GB/T786.1—93）所规定的图形符号绘制。这些符号只表示元件的职能，不表示元件的结构和参数，故称为液压元件的职能符号。

液压泵职能符号，用内接尖顶向外实心三角形的圆表示液压泵，没有倾斜箭头的表示定量泵，有倾斜箭头的表示变量泵。

压力阀的职能符号，方格相当于阀芯，箭头表示工作液通道，两侧直线表示进出管路，虚线表示控制油路。当控制油路液压力超过弹簧力时，阀芯移动，使阀芯上的通道和进出管路接通。多余工作液溢回油箱，从而控制系统的工作压力，故称溢流阀。

节流阀的职能符号，方格中的两圆弧所形成的缝隙表示节流孔道，倾斜的箭头表示节流孔大小可以调节，即通过节流阀的流量可以调节。

换向阀的职能符号，为了改变工作液的流动方向，换向阀的阀芯位置要变换，它一般有 2~3 个工作位置，用方格表示，有几个方格就表示几位阀。方格内的符号"↑"表示工作液通道，符号"⊥"表示阀内通道堵塞。

（二）半自动车床刀架的电液控制

图 3-3 是电液控制半自动车床刀架部分液压系统图，刀架的纵向液压缸 Ⅰ 和横向液甩缸 Ⅱ 分别由二位四通电磁换向阀 1 和 2 以及行程开关 SQ1 和 SQ2 控制，实现刀架纵向移动、横向移动及合成后退的顺序动作。

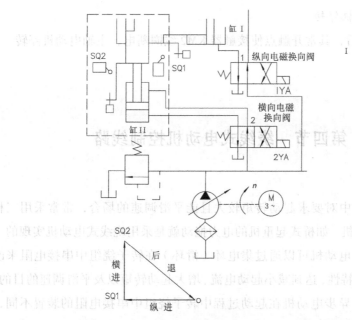

图 3-3 电液控制半自动车床刀架部分液压系统图

液压泵电动机 M1 和主轴电动机 M2 分别由接触器 KM1 和 KM2 控制，其工作过程如下：

1. 主轴转动和刀架纵向移动

按下起动按钮 SB2，接触器 KM1 通电并自锁，液压泵电动机启动工作。按下 SB4，继电器 K1 的线圈通电并自锁，K1 的一个常开触点接通接触器 KM2，主轴转动。另一个常开触点接通电磁阀 1YA，工作液经纵向电磁换向阀 1 进入纵向液压缸 I 的无杆腔，使纵刀架纵向移动。

2. 刀架横向移动

当纵刀架纵向移动到预定位置，挡铁压下行程开关 SQ1，继电器 K2 线圈通电，其常开触点接通电磁换向阀 2YA，工作液经横向电磁阀 2 进入横向液压缸无杆腔，刀架横向移动进行切削。

3. 刀架纵向和横向合成退却

当横向刀架移动到预定位置，挡铁压下行程开关 SQ2，时间继电器 KT 线圈通电。这时进行无进给切削，经过预定时间后，KT 的延时闭合常开触点接通 K3，继电器 K1 和 K2 断电，其常开触点使电磁换向阀 1YA 和 2YA 断电复位，工作液分别经纵向和横向电磁阀进入两液压缸的有杆腔，刀架纵向和横向合成退回。

4. 主轴电动机停转

当 K1 断开后，其常开触点使接触器 KM2 线圈断电，主轴电动机停转。

第四节　绕线式电动机控制线路

在实际生产中对要求起动转矩较大且能平滑调速的场合，常常采用三相绕线式异步电动机。如桥式起重机的电力拖动就是采用绕线式电动机实现的。因为绕线式异步电动机可以通过集电环（滑环）在转子绕组中串接电阻来改善电动机的机械特性，达到减小起动电流、增大起动转矩以及平滑调速的目的。

按照绕线式异步电动机在起动过程中转子绕组中串接电阻的装置不同，可分为串电阻起动和串频敏变阻器起动两种控制线路。

一、转子绕组串电阻起动控制线路

转子绕组串电阻起动控制线路通常将串接在三相转子绕组回路中的起动电阻按星形接线。电动机启动时，起动电阻全部接入电路，在起动过程中，起动电阻被逐级短接。根据绕线式转子异步电动机启动过程中转子电流的变化及起动需要的时间，又分为电流原则与时间原则两种控制线路。

（一）电流原则转子串电阻起动控制线路

按照电流原则控制的绕线式异步电动机转子串电阻起动，它是利用电动机转子电流大小的变化来控制串入转子绕组的电阻逐级切除，KM1 至 KM3 为短接电阻接触器，R1 至 R3 为起动电阻，KI1 至 KI3 为欠电流继电器，KM 为电源接触器，KA 为中间继电器。

电路的工作原理如下：合上电源开关 QS，按下起动按钮 SB2，电源接触器 KM 通电并自锁，电动机定子绕组接通三相电源，转子串入全部电阻起动，由于刚起动时流经欠电流继电器 KI1、KI2、KI3 线圈的起动电流很大且电流值相同，故 KI1、KI2、KI3 同时吸合动作，其常闭触点断开，切断短接电阻接触器 KM1、KM2、KM3 线圈回路，转子串入全部电阻，达到限流和提高转矩的目的。中间继电器 KA 通电，为下一步短接电阻接触器 KM1、KM2、KM3 通电做准备。由于欠电流继电器 KI1、KI2、KI3 的释放电流值调节的不同，其中欠电流继电器 KI1 释放电流值最大，KI2 释放电流值较小，KI3 释放电流值最小。随着电动机转速升高，起动电流逐渐减小。当起动电流减小到欠电流继电器 KI1 的释放电流整定值时，KI1 首先释放，其常闭触头复位闭合，短接电阻接触器 KM1 线圈通电，其主触点动作闭合，短接起动电阻 R1，由于电阻短接，转子电流增加，起动转矩增大，致使转速又加快上升，使起动电流再次下降。当降低到欠电流继电器 KI2 的释放电流整定值时，KI2 释放，其常闭触点复位闭合，短接电阻接触器 KM2 线圈通电，其主触点闭合短接起动电阻 R2，转子转速上升，转子电流继续下降，KI3 释放，KM3 线圈通电，其主触点短接起动电阻 R3，起动过程结束，电动机以额定转速运行。

中间继电器 KA 的作用是保证电动机刚起动时转子绕组能串入全部起动电阻。KM 通电动作后，其主触点闭合，欠电流继电器 KI1、KI2、KI3 达到吸合值先动作，而后 KA 触点闭合时，由于 KI1、K12、K13 常闭触点已经断开，故短接电阻接触器 KM1、KM2、KM3 线圈不会通电，确保转子串入全部起动电阻起动，避免了电动机直接起动，但同时又为下一步逐级短接起动电阻做好了准备。

电动机停车时，按下停止按钮 SB1，KM 断电，电机断电停车，接触器、继电器均断电复位。

（二）时间原则转子串电阻起动控制线路

按时间原则控制的绕线式异步电动机转子串电阻起动控制线路，它是依靠时间继电器的触头延时自动短接起动电阻的控制线路。

二、转子绕组串频敏变阻器起动控制线路

绕线式异步电动机转子串接电阻起动控制线路较为复杂，且起动电阻体积及能耗较大，在逐段切除电阻的起动过程中，电流和转矩阶状增大，会产生一些机械冲击。为使绕线式异步电动机获得较平滑的机械特性，可利用频敏变阻器具有阻抗能随着转子电流频率的下降而自动减小的特性，在转子绕组中串接频敏变阻器起动。

电动机转子串接频敏变阻器起动的控制线路如图 3-4 所示。

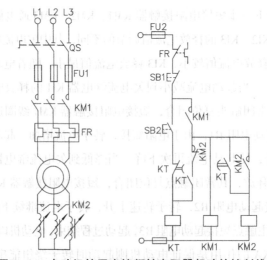

图 3-4　电动机转子串接频敏变阻器起动的控制线路

图中 KM1 为电源接触器，KM2 为短接频敏变阻器接触器，KT 为时间继电器。

电路的工作原理如下：合上电源开关 QS，按下起动按钮 SB2，时间继电器 KT、电源接触器 KM1 相继通电并自锁，电动机定子接通电源，转子接入频敏变阻器起动，由于刚起动时转子与旋转磁场转速差很大，转子感应电势频率高，频敏变阻器的阻抗大，随着电动机转速的平稳上升，转速差减小，频敏变阻器的阻抗值逐渐自动降低，当转速上升到接近额定转速，时间继电器 KT 的延时时间到，其延时闭合常开触头动作，使接触器 KM2 通电并自锁，将频敏变阻器短接，电机进入正常运行状态。

这里需要指出的是：该电路在按下起动按钮 SB2 时，时间应稍长一些，待电源接触器 KM1 常开辅助触头闭合后才可松开，否则不能自锁。电源接触器 KM1 线圈的通电，需在时间继电器 KT 和短接频敏变阻器接触器 KM2 触头工作正常的条件下进行，若发生短接频敏变阻器 KM2 的触头熔焊、时间继电器 KT 的触头熔焊及其线圈断线等故障时，电源接触器 KM1 线圈都无法通电，避免了电动机直接起动和转子长期串接频敏变阻器运行等不正常现象的发生。

第五节　电动机的保护环节

为了确保设备长期、安全、可靠无故障地运行，机床电气控制系统都设有保护环节，用来保护电动机、电网、电气控制设备以及人身安全。电气控制系统中常用的保护环节有短路保护、过载保护、零压和欠压保护以及弱磁保护等。

一、短路保护

电动机绕组或导线的绝缘损坏或线路发生故障时，都可能造成短路事故。短路时，若不迅速切断电源，会产生很大的短路电流和电动力，使电气设备损坏。常用的短路保护元件有熔断器和自动开关。

二、过载保护

电动机长期超载运行，其绕组温升将超过允许值，会造成绝缘老化，寿命降低，甚至使电动机损坏，故需对电动机进行过载保护。常用的过载保护元件是热继电器。

由于热惯性的原因，热继电器不会受电动机短时过载冲击电流或短路电流影响而瞬时动作，所以在使用热继电器作过载保护的同时，还必须设有短路保护，并且作短路保护熔断器的熔体额定电流不应超过热继电器发热元件额定电流的 4 倍。

三、过电流保护

过电流保护广泛应用于直流电动机或绕线式异步电动机。对于三相鼠笼式异步电动机由于其短时的过电流不会产生严重后果，故可不设置过电流保护。过电流保护元件是过电流继电器。

过电流往往是由于不正确的使用和过大的负载引起的，一般短路电流要小。产生过电流比发生短路的可能性更大，尤其是在频繁正反转起动、制动的电动机，重复短时工作制电动机中更是如此。直流电动机和绕线式异步电动机控制线路中，过电流继电器也起着短路保护的作用，一般过电流的动作值为起动电流的 1.2 倍。

四、零压保护和欠压保护

当电动机正在运行中时，如果电源电压因某种原因消失，那么，当电源电压恢复时，必须防止电动机自行起动。否则，将可能造成生产设备损坏，甚至发生人身事故。对电网而言，若同时有许多电动机自行起动，会引起不允许的过电流及瞬间电网电压的下降。这种为了防止电网失电后恢复供电时电动机自行起动的保护叫作零压保护。

当电动机正常运转时，如果电源电压过分的降低，将引起一些电器释放，造成控制线路工作不正常，可能产生事故。电源电压过低，对电动机来说，如果负载不变，会造成绕组电流增大，电动机发热甚至烧坏，还会引起转速下降甚至闷车。因此，在电源电压降到允许值以下时须采取保护措施将电源切断，这就是欠电压保护。

五、弱磁保护

直流电动机在励磁磁场有一定强度时才能起动，如果励磁磁场太弱，电动机的起动电流就会很大。当直流电机正在运行时，励磁磁场突然减弱或消失，其转速就会迅速升高，甚至发生"飞车"。因此，需要采取弱磁保护。弱磁保护是通过电动机励磁回路串入欠电流继电器来实现的，在电动机运行中，如果励磁电流消失或降低过多，欠电流继电器就会释放，其触点切断主回路接触器线圈的电源，使电动机断电停车。

第四章 电气控制电路的设计方法

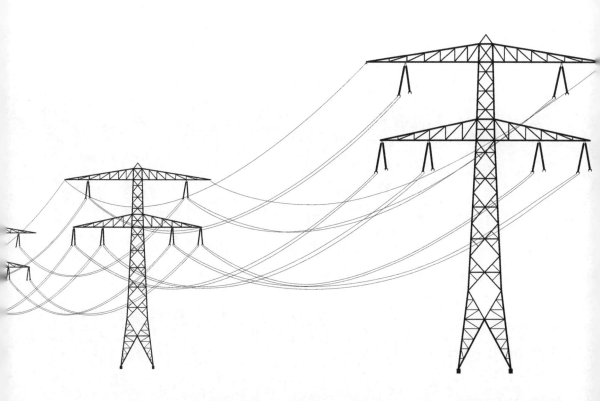

第一节　电气控制设计的主要内容

一、电气控制系统设计的基本内容

电气控制系统设计的基本任务是根据生产机械的控制要求，设计和完成电控装置在制造、使用和维护过程中所需的图样和资料。这些工作主要反映在电气原理和工艺设计中，具体来说，需完成下列设计内容。

（1）拟定电气设计技术任务书。

（2）提出电气控制原理性方案及总体框图（电控装置设计预期达到的主要技术指标、各种设计方案技术性能比较及实施可能性）。

（3）编写系统参数计算书。

（4）绘制电气原理图（总图及分图）。

（5）选择整个系统的电器元器件，提出专用元器件的技术指标并给出元器件明细表。

（6）绘制电控装置总装、部件、组件、单元装配图（元器件布置安装图）和接线图。

（7）标准构件选用与非标准构件设计，包括电控箱（柜）的结构与尺寸、散热器、导线、支架等。

（8）绘制装置布置图、出线端子图和设备接线图。

（9）编写设计计算说明书和使用操作说明书。

二、电气控制电路设计的基本要求

（1）熟悉所设计设备电气线路的总体技术要求及工作过程，取得电气设计的基本依据，最大限度地满足生产机械和工艺对电气控制的要求。

（2）优化设计方案、妥善处理机械与电气的关系，通过技术经济分析，选用性能价格比最佳的电气设计方案。在满足要求的前提下，设计出简单合理、技术先进、工作可靠、维修方便的电路。

（3）正确合理地选用电器元器件，尽可能减少元器件的品种和规格，降低生产成本。

（4）取得良好的 MTBF（平均无故障时间）指标，确保使用的安全可靠。

（5）设计中贯彻最新的国家标准。

第二节　电气控制设备的设计步骤

电气控制设备设计一般分为 3 个阶段：初步设计、技术设计和产品设计。

一、初步设计

初步设计是研究系统和电气控制装置的组成，拟订设计任务书并寻求最佳控制方案的初步阶段，以取得技术设计的依据。

初步设计可由机械设计人员和电气设计人员共同提出，也可由机械设计人员提出有关机械结构资料和工艺要求，由电气设计人员完成初步设计。这些要求常常以工作循环图、执行元器件动作节拍表、检测元器件状态表等形式提供。在进行初步设计时应尽可能收集国内外同类产品的有关资料进行仔细的分析研究。初步设计应确定以下内容。

（1）机械设备名称、用途、工艺过程、技术性能、传动参数及现场工作条件。

（2）用户供电电网的种类、电压、频率及容量。

（3）有关电气传动的基本特性，如运动部件的数量和用途、负载特性、调速指标、电动机启动、反向和制动要求等。

（4）有关电气动作的特性要求，如电气控制的基本方式、自动化程序、自动工作循环的组成、电气保护及联锁等。

（5）有关操作、显示方面的要求，如操作台的布置、测量显示、故障报警及照明等要求。

（6）电气自动控制的原理性方案及预期的主要技术性能指标。

（7）投资费用估算及技术经济指标。

初步设计是一个呈报有关部门的总体方案设计报告，是进行技术设计和产品设计的依据。如果整体方案出错将直接导致整个设计的失败。故必须进行认真的可行性分析，并在可能实现的几种方案中根据技术、经济指标及现有的条件进行综合考虑，做出正确决策。

二、技术设计

在通过初步设计的基础上，技术设计需要完成的内容如下。

（1）对系统中某些关键环节和特殊环节做必要的实验，并写出实验研究报告。

（2）绘出电气控制系统的电气原理图。

（3）编写系统参数计算书。

（4）选择整个系统的元器件，提出专用元器件的技术指标，编制元器件明细表。

（5）编写技术设计说明书，介绍系统原理、主要技术指标以及有关运行维护条件和对施工安装的要求。

（6）绘制电控装置图、出线端子图等。

三、产品设计

产品设计是根据初步设计和技术设计最终完成的电气控制系统设备的工作图样。产品设计需要完成以下内容。

（1）绘制产品总装配图、部件装配图和零件图。

（2）绘制产品接线图。确定电动机的类型、数量、传动方式及拟订电动机的启动、运行、调速、转向、制动等控制要求。它是电气设计的主要内容之一，作为电气控制原理图设计及电器元器件选择的依据，是以后各部分设计内容的基础和先决条件。

第三节 电力拖动方案确定及电动机选择

电力拖动方案就是指根据生产机械的精度、工作效率、结构、运动部件的数量、运动要求、负载性质、调速要求以及投资额等条件去确定电动机的类型、数量、传动方式及拟订电动机的启动、运行、调速、转向、制动等控制要求。它是电气设计的主要内容之一，作为电气控制原理图设计及电器元器件选择的依据，是以后各部分设计内容的基础和先决条件。

一、确定拖动方式

（1）单独拖动单独拖动就是一台设备只由一台电动机拖动。

（2）分立拖动通过机械传动链将动力传送到达每个工作机构，一台设备由多台电动机分别驱动各个工作机构。电气传动发展的趋向是电动机逐步接近工作机构，形成多台电动机的拖动方式，以缩短机械传动链，提高传动效率，便于自动化和简化总体结构。因而在选择时应根据生产工艺及机械结构的具体情况决定电动机的数量。

二、确定调速方案

不同的对象有不同的调速要求。为了达到一定的调速范围，可采用齿轮变速箱、液压调速装置、双速或多速电动机以及电气的无级调速传动方案。无级调速有直流调压调速、交流调压调速和变频变压调速。目前，变频变压调速技术的使用越来越广泛，在选择调速方案时，可参考以下几点。

（1）重型或大型设备主运动及进给运动，应尽可能采用无级调速。这有利于简化机械结构，缩小设备体积，降低设备制造成本。

（2）精密机械设备如坐标镗床、精密磨床、数控机床以及某些精密机械手，为了保证加工精度和动作的准确性，便于自动控制，也应采用电气无级调速方案。

（3）一般中小型设备如普通机床没有特殊要求时，可选用经济、简单、可靠的三相笼型异步电动机，配以适当级数的齿轮变速箱。为了简化结构，扩大调速范围，也可采用双速或多速的笼型异步电动机。在选用三相笼型异步电动机的额定转速时，应满足工艺条件要求。

三、电动机的选择和电动机的启动、制动和反向要求

（一）电动机的选择

电动机的选择包括电动机的种类和转速、结构形式、额定功率。

（1）根据生产机械的调速要求选择电动机的种类和转速。首先，只要能满足生产需要，都应采用异步电动机；仅在启动、制动和调速不满足要求时才选用直流电动机。随着电力、电子及控制技术的发展，交流调速装置的性能和成本已能与直流调速装置相媲美，交流调速的应用范围越来越广泛。另外，在需要补偿电网功率因数及稳定工作时，应优先考虑采用同步电动机；在要求大的启动转矩和恒功率调速时，常选用直流串级电动机。

（2）根据工作环境选择电动机的结构。电动机的结构形式应当适应机械结构的要求。考虑到现场环境，可选用开启式、防护式、封闭式、防腐式甚至是防爆式电动机。

（3）根据生产机械的功率负载和转矩负载选择电动机的额定功率。首先根据生产机械的功率负载图和转矩负载图预选一台电动机；然后根据负载进行发热校验，用检验的结果修正预选的电动机，直到电动机容量得到充分利用（电动机的稳定温升接近其额定温升）；最后再校验其过载能力与启动转矩是否满足拖动要求。

（二）电动机启动、制动和反向要求

一般说来，由电动机完成设备的启动、制动和反向要比机械方法简单容易。因此，机电设备主轴的启动、停止、正反转运动调整操作，只要条件允许，最好由电动机完成。

机械设备主运动传动系统的启动转矩一般都比较小。因此，原则上可采用任何一种启动方式。对于它的辅助运动，在启动时往往要克服较大的静转

矩，必要时也可选用高启动转矩的电动机，或采用提高启动转矩的措施。另外，还要考虑电网容量。对电网容量不大而启动电流较大的电动机，一定要采用限制启动电流的措施，如串入电阻降压启动等，以免电网电压波动较大而造成事故。

传动电动机是否需要制动，应视机电设备工作循环的长短而定。对于某些高速高效金属切削机床，宜采用电动机制动。如果对于制动的性能无特殊要求而电动机又需要反转时，则采用反接制动可使线路简化。在要求制动平稳、准确，即在制动过程中不允许有反转可能性时，则宜采用能耗制动方式。

电动机的频繁启动、反向或制动会使过渡过程中的损耗增加，导致电动机过载。因此在这种情况下，必须限制电动机的启动、制动电流，或者在选择电动机的类型上加以考虑。

第四节 电气控制方案的确定及控制方式的选择

电力传动方案确定之后，传动电动机的类型、数量及其控制要求就基本确定了。采用何种方法去实现这些控制要求就是控制方式的选择问题。即在考虑拖动方案时，实际上对电气控制的方案也同时进行了考虑，因为这两者具有密切的关系。只有通过这两种方案的相互实施，才能实现生产机械的工艺要求。

目前，随着生产工艺要求的不断提高，生产设备的使用功能、动作程序、自动化程序也相应复杂了。另一方面，随着电气技术、电子技术、计算机技术、检测技术以及自动控制理论的迅速发展和机械结构、工艺水平的不断提高，已使生产机械电力拖动的控制方式发生了深刻的变革，从传统的继电—接触器控制系统向可编程控制、数控装置、计算机控制以及计算机联网控制等方面发展，各种新型的工业控制器及标准系列控制系统不断出现，因而使电气控制方案有了较广的选择空间。由于电气控制方案的选择对机械结构和总体方案将产生很大的影响，因此，如何使电气控制方案设计既能满足生产技术指标和可靠性、安全性的要求，又能提高经济效益，这是一个值得研究的问题。

一、电气控制方案的可靠性

一个系统或产品的质量，一般包括技术性能指标和可靠性指标，设计的可靠性就是使一个系统或产品设计满足可靠性指标。如果一个系统或产品的可靠性不在产品设计阶段进行考虑，没有一些具体的可靠性指标或者产品开发设计人员不懂得可靠性的设计方法，则难以保证一个控制系统或产品的可靠性。需要确定采用何种控制方案时，应该根据实际情况，实事求是地进行设计，既要防止脱离现实的设计，也应避免陈旧保守的设计。

要提高控制系统的可靠性，则应把控制系统的复杂性降至保持工作功能所需要的最低限度。即控制系统应该尽可能简单化、非工作所需的元器件及不必要的复杂结构尽量不用，否则会增加控制系统失效的概率。所以，必须利用可靠性设计的方法以提高控制系统可靠程度。

二、电气控制方案的确定

控制方案应与通用性和专用性的程序相适应。一般的简单生产设备需要的控制元器件数量很少，其工作程序往往是固定的，使用中一般不需经常改变原有程序，因此，可采用有触点的继电—接触器控制系统。虽然该控制系统在电路结构上是呈"固定式"的，但它能控制较大的功率，而且控制方法简单，价格便宜，目前仍使用很广。

对于在控制中需要进行模拟量处理及数学运算的，输入/输出信号多、控制要求复杂或控制要求经常变动的，控制系统要求体积小、动作频率高、响应时间快的，可根据情况采用可编程控制、计算机控制方案。

在自动生产线中，可根据控制要求和联锁条件的复杂程度不同，采用分散控制或集中控制的方案。但各台单机的控制方案和基本控制环节应尽量一致，以简化设计及制造过程。为满足生产工艺的某些要求，在电气控制方案中还应考虑以下几个方面的问题：采用自动循环或半自动循环、手动调整、工序变更、系统的检测、各个运动之间的联锁、各种安全保护、故障诊断、信号指标、照明及人机关系等。

第五节 电气设计的一般原则

当电力拖动方案和控制方案确定后，就可以进行电气控制电路的设计。电气控制电路的设计是电力拖动方案和控制方案的具体化。电气控制电路的设计没有固定的方法和模式，作为设计人员，应开阔思路，不断总结经验，丰富自己的知识，设计出合理的、性能价格比高的系统。

一、应最大限度地实现生产机械和工艺的要求

应最大限度地实现生产机械和工艺对电气控制电路的要求。设计之前，首先要调查清楚生产要求。不同的场合对控制电路的要求有所不同，如一般控制电路只要求满足启动、反向和制动即可，有些则要求在一定范围内平滑调速和按规定的规律改变转速，出现事故时需要有必要的保护及信号预报以及各部分运动要求有一定的配合和联锁关系等。如果已经有类似设备，还应了解现有控制电路的特点以及操作者对它们的反应。这些都是在设计之前应该调查清楚的。

另外，在科学技术飞速发展的今天，对电气控制电路的要求越来越高，而新的电器元器件和电气装置、新的控制方法层出不穷，如智能式的断路器、软启动器、变频器等，电气控制系统的先进性总是与电器元器件的不断发展、更新紧密地联系在一起的。电气控制电路的设计人员应密切关心电动机、电气技术、电子技术的新发展，不断收集新产品资料，更新自己的知识，以便及时应用于控制系统的设计中，使自己设计的电气控制电路更好地满足生产的要求，并在技术指标、稳定性、可靠性等方面进一步提高。

二、控制电路应简单、经济

（1）尽量减少控制电源种类及控制电源的用量。在控制电路比较简单的情况下，可直接采用电网电压；当控制系统所用电器数量比较多时，应采用

控制变压器降低控制电压，或采用直流低电压控制。

（2）尽量减少电器元件的品种、规格与数量，同一用途的器件尽可能选用相同品牌、型号的产品。注意收集各种电器新产品资料，以便及时应用于设计中，使控制电路在技术指标、先进性、稳定性、可靠性等方面得到进一步提高。

（3）在控制电路正常工作时，除必须通电的电器外，尽可能减少通电电器的数量，以利于节能、延长电器元件寿命以及减少故障。

（4）尽可能减少触点使用数量，以简化线路。

（5）尽量缩短连接导线的数量和长度。设计控制电路时，应考虑各个元件之间的实际接线。特别要注意控制柜、操作台和按钮、限位开关等元件之间的连接线。如按钮一般均安装在控制柜或操作台上，而接触器安装在控制柜内，这就需要经控制柜端子排与按钮连接，所以一般都先将启动按钮和停止按钮的一端直接连接，另一端再与控制柜端子排连接，这样就可以减少一次引出线。

三、保证控制电路工作的可靠和安全

为了使控制电路可靠、安全，最主要的是选用可靠的元器件，如尽量选用机械和电气寿命长、结构坚实、动作可靠、抗干扰性能好的电器。同时在具体线路设计中应注意以下几点。

（1）所用的触点容量应满足控制要求。避免因使用不当而出现触点磨损、黏滞和释放不了等故障，以保证系统工作寿命和可靠性。

（2）合理安排电器元件及触点的位置。对一个串联回路，各电器元件或触点位置互换，并不影响其工作原理，但从实际连线上有时会影响到安全、节省导线等方面的问题。

（3）正确连接电器的线圈。在交流控制电路中，两个电器元件的线圈不能串连接入，即使外加电压是两个线圈额定电压之和，也是不允许的。因为每个线圈上所分配到的电压与线圈阻抗成正比，由于制造上的原因，两个电器总有差异，不可能同时吸合。

（4）在控制电路中应避免出现寄生电路。在电气控制电路的动作过程中，意外接通的电路叫寄生电路。在正常工作时，能完成正、反向启动、停止和信号指示；但当电动机正转时，出现了过载，热继电器断开时，线路就出现了寄生电路。由于接触器在吸合状态下的释放电压较低，因此，寄生回路电流可能使正向接触器不能释放，起不到保护作用。如果将触点的位置移到电源进出线端，就可以避免产生寄生电路。

在设计电气控制电路时，要严格按照"线圈、能耗元件右边接电源（零线），左边接触点"的原则，就可降低产生寄生回路的可能性。另外，还应注意消除两个电路之间可能产生联系的可能性，否则应加以区分、联锁隔离或采用多触点开关分离。

（5）避免发生触点"竞争"与"冒险"现象。在电气控制电路中，在某一控制信号作用下，电路从一个状态转换到另一个状态时，常常有几个电器的状态发生变化，由于电器元件总有一定的固有动作时间，往往会发生不按理论设计时序动作的情况，触点争先吸合，发生振荡，该现象称为电路的"竞争"。同样，由于电器元件在释放时，也有其固有的释放时间，因而也会出现开关电器不按设计要求转换状态，该现象称为"冒险"。"竞争"与"冒险"现象都将造成控制回路不能按要求动作，引起控制失灵。当电器元件的动作时间可能影响到控制电路的动作程序时，就需要用时间继电器配合控制，这样可清晰地反映元件动作时间及它们之间的互相配合，从而消除竞争和冒险。设计时要避免发生触点"竞争"与"冒险"现象，应尽量避免许多电器依次动作才能接通另一个电器的控制电路，防止电路中因电器元件固有特性引起配合不良后果。同样，若不可避免，则应将其区分、联锁隔离或采用多触点开关分离。

（6）电气联锁和机械联锁共用。在频繁操作的可逆线路、自动切换线路中，正、反向控制接触器之间必须设有电气联锁，必要时要设机械联锁，以避免误操作可能带来的事故。对于一些重要设备，应仔细考虑每一控制程序之间有必要的联锁，要做到即使发生误操作也不会造成设备事故。重要场合应选用机械联锁接触器，再附加电气联锁电路。

（7）所设计的控制电路应具有完善的保护环节。电气控制系统能否安全运行，主要由完善的保护环节来保证。除过载、短路、过流、过压、失压等电流、电压保护环节外，在控制电路的设计中，常常要对生产过程中的温度、压力、流量、转速等设置必要的保护。另外，对于生产机械的运动部件还应设有位置保护，有时还需要设置工作状态、合闸、断开、事故等必要的指示信号。保护环节应做到工作可靠，动作准确，满足负载的需要，正常操作下不发生误动作，并按整定和调试的要求可靠工作，稳定运行，能适应环境条件，抵抗外来的干扰；事故情况下能准确可靠动作，切断事故回路。

（8）线路设计要考虑操作、使用、调试与维修的方便。例如设置必要的显示，随时反映系统的运行状态与关键参数，以便调试与维修；考虑到运动机构的调整和修理，设置必要的单机点动操作功能等。

第六节 电气控制系统的一般设计方法

电气控制电路的设计方法通常有两种。一种是一般设计法，也叫经验设计法。它是根据生产工艺要求，利用各种典型的线路环节，直接设计控制电路。它的特点是无固定的设计程序和设计模式，灵活性很大，主要靠经验进行。这种设计方法比较简单，但要求设计人员必须熟悉大量的控制电路，掌握多种典型线路的设计资料，同时具有丰富的设计经验。另一种是逻辑设计法，它根据生产工艺要求，利用逻辑代数来分析、设计线路。用这种方法设计的线路比较合理，特别适合完成较复杂的生产工艺所要求的控制电路。但是相对而言，逻辑设计法难度较大，不易掌握。本节介绍一般设计法，逻辑设计法在下一节作专门介绍。

一、一般设计法的步骤

一般的机械设备电气控制电路设计包括主电路和辅助电路设计。

1. 主电路设计

主电路设计主要考虑机床电动机的启动、点动、正反转、制动及多速电动机的调速、短路、过载、欠电压等各种保护环节以及联锁、照明和信号等环节。

2. 控制电路设计

控制电路设计主要考虑如何满足电动机的各种运转功能及生产工艺要求。

（1）根据生产工艺的要求，画出功能流程图。

（2）确定适当的基本控制环节。对于某些控制要求，用一些成熟的典型控制环节来实现，主要包括联锁的控制和过程变化参量的控制电路。

1）联锁的控制环节。

在生产机械和自动线上，不同的运动部件之间存在相互联系、相互制约的关系，这种关系称为联锁。联锁控制一般分为两种类型：顺序控制和制约控制。例如，车床主轴转动时，要求油泵先给齿轮箱供油润滑，然后主拖动电动机才允许启动，这种联锁控制称为顺序控制。龙门刨床工作台运动时，不允许刀架运动，这种联锁控制称为制约控制，通常把制约控制称为联锁控制。联锁控制规律的普遍规则如下。

制约控制：要求接触器 KM1 动作时，KM2 不能动作。将接触器 KM1 的常闭触点串接在接触器 KM2 的线圈电路中，即逻辑"非"关系。

顺序控制：要求接触器 KM1 动作后，KM2 才能动作。将接触器 KM1 的常开触点串接在接触器 KM2 的线圈电路中，即逻辑"与"关系。

2）过程变化参量的控制。

根据工艺过程的特点，准确地监测和反映模拟参量（如行程、时间、速度、电流等）的变化，来实现自动控制的方法，即按控制过程中变化参量进行控制的规律。

行程原则控制：以生产机械运动部件或机件的几何位置作为控制的变化参量，主要使用行程开关进行控制，这种方法称为行程原则控制。例如，龙门刨床的工作台往返循环的控制电路。

时间原则控制：以时间作为控制的变化参量，主要采用时间继电器进行控制的方法称为时间原则控制。例如，定子绕组串电阻降压启动控制电路。

速度原则控制：以速度作为控制的变化参量，主要采用速度继电器进行控制的方法称为速度原则控制。例如，异步电动机反接制动控制电路。

电流原则控制：根据生产需要，经常需要参照负载或机械力的大小进行控制。机床的负载与机械力在交流异步电动机或直流他励电动机中往往与电流成正比。因此，将电流作为控制的变化参量，采用电流继电器实现的控制方法称为电流原则控制。例如，机床的夹紧机构，当夹紧力达到一定强度，不能再大时，要求给出信号，使夹紧电动机停止工作。

（3）根据生产工艺要求逐步完善线路的控制功能，并增加各种适当的保护措施。

（4）根据电路的简单、经济和安全、可靠等原则，修改电路，得到满足控制要求的完整线路。

3. 电路审核

反复审核电路是否满足设计原则，在条件允许的情况下，进行模拟试验，逐步完善整个机床电气控制电路的设计，直至电路动作准确无误。

总之，一般设计法由于是靠经验进行设计的，因而灵活性很大，初步设计出来的线路可能是几个，这时要加以比较分析，甚至要通过实验加以验证，才能确定比较合理的设计方案。这种设计方法没有固定模式。通常先用一些典型线路环节拼凑起来实现某些基本要求，然后根据生产工艺要求逐步完善其功能，并添加适当的联锁与保护环节。在进行具体线路设计时，一般先设计主电路，然后设计控制电路、信号线路、局部特殊电路等。初步设计完成后，应当做仔细的检查，反复验证，看线路是否符合设计的要求，并进一步使之完善和简化，最后选择恰当的电器元件的规格型号，使其能充分实现设计功能。即使这样，设计出来的线路也可能不是最简化的线路，所用的电器及触点不一定是最少的，所得出的方案不一定是最佳方案。

第七节　电气控制电路的逻辑设计方法

逻辑设计方法是利用逻辑代数这一数学工具来进行电路设计，即根据生产机械的拖动要求以及工艺要求，将执行元件所需要的工作信号以及主令电器的接通与断开状态，使用逻辑变量，并根据控制要求将它们之间的关系用逻辑函数表示，然后运用逻辑函数基本公式和运算规律进行简化，使之成为所需要的最简单的"与""或""非"的关系式，根据最简式画出相应的电路结构图，最后检查、完善，即能获得所需要的控制电路。

由继电接触器组成的控制电路属于开关电路，通常以继电器和接触器线圈的得电或失电来判定其工作状态，而与线圈相串联和并联的常开触点、常闭触点所处的状态及供电电源决定了线圈的得电或失电。若认为供电电源不变，则只由触点的接通或断开来决定线圈的状态。电器触点只存在接通或断开两种状态，对于接触器、继电器、电磁铁、电磁阀等元件，其线圈的状态也只存在得电和失电两种状态，因此可以使用逻辑代数这个数学工具来描述这种仅有两种稳定物理状态的过程。

一、逻辑设计方法概述

（一）逻辑代数的代表原则和分析方法

在逻辑代数中，用"1"和"0"表示两种对立的状态，可表示继电器、接触器、控制电路中器件的两种对立状态，具体规则如下。

对于继电器、接触器、电磁铁、电磁阀、电磁离合器的线圈，规定通电状态为"1"，断电则为"0"。

对于按钮行程开关等元件，规定按下时为"1"，断电为"0"。

对于器件的触点，规定触点闭合状态为"1"，触点断开为"0"。

分析继电—接触器逻辑控制电路时，为了清楚地反映器件状态，器件的线圈和其常开触点用同一字符来表示，例如 K；而其常闭触点的状态用该字符的"非"来表示，例如 $\overline{K}$；若器件为"1"状态，则表示其线圈通电，继电器吸合，其常开触点闭合，其常闭触点断开；若器件为"0"状态，则与上述相反。

（二）逻辑计算的基本运算规律

1. 逻辑"与"

逻辑"与"也称逻辑"乘"，逻辑"与"的基本定义是：决定事物结果的全部条件同时具备时，结果才能发生。

2. 逻辑"或"

逻辑"或"的基本定义是：在决定事物结果的各种器件中，只要有任何一个满足，结果就会发生。逻辑"或"又称为逻辑"加"，逻辑"和"。

3. 逻辑"非"

逻辑"非"的基本定义是：事物某一条件具备了，结果不会发生，而此条件不具备时，结果反而会发生，这种因果关系叫作逻辑"非"。逻辑"非"又称逻辑"取反"。

（三）逻辑函数基本公式和运算规则

要想使用最简单的电路来达到控制功能，即在保持其逻辑功能不变的情况下，而对其复杂的线路进行化简，就需要一些公式和规则。

（四）逻辑函数式的化简

用公式法来化简逻辑表达式，关键在于熟练掌握基本公式，而没有固定的方法。在化简时可采用并项、扩项、吸收消去多余因子和多余项的方法。

（五）逻辑代数公理、定理与电气控制电路的关系

逻辑代数公理、定理与电气控制电路之间有一一对应的关系，即逻辑代数公理、定理在控制电路的描述中仍然适用。

（六）电气控制电路与逻辑关系表达式的对应关系

已知某电气控制电路的逻辑函数关系式，就可以根据基本逻辑关系与电气控制电路的控制环节的对应关系，得出与其相对应的电气控制电路。

第八节　机床电气系统设计实例

一、设计要求

CW6163型卧式车床是性能优良应用广泛的普通中型车床，最大车削工件直径为630mm，工件最大长度为1500mm。其主轴运动的正反转依靠两组机械式摩擦片离合器完成，主轴的制动采用液压制动器，进给运动的纵向左右运动、横向前后运动以及快速移动都集中由一个手柄操作。

对电气控制的要求是：

（1）由于工件的最大长度较长，为了减少辅助工作时间，除了配备一台主轴运动电动机以外，还应配备一台刀架快速运动电动机，主轴运动的起、

停要求两地操作。

（2）由于车削时会产生高温，故需配备一台电动机驱动冷却泵提供冷却液。

（3）需要一套局部照明装置以及一定的工件状态指示灯。

二、电动机的选择

根据设计要求，可知需配备三台电动机：主轴电动机，设为 M1；冷却泵电动机，设为 M2；快速电动机，设为 M3。通常电动机的选择在机械设计时确定。

（1）主轴电动机 M1 选定为 Y160M—4（11kW，380V，22.6A，1460r/min）。

（2）冷却泵电动机 M2 选定为 JCB—22（0.125kW，0.43A，2790r/min）。

（3）快速电动机 M3 选定为 Y90S—4（1.1kW，2.7A，1400r/min）。

三、电气控制线路图的设计

（一）主电路设计

1. 主轴电动机 M1

M1 的功率较大，超过 10kW，但是由于车削是在机器起动以后才进行，并且主轴的正反转通过机械方式实现，所以 M1 采用单向直接起动控制方式，用接触器 KM 进行控制。在设计时还应考虑到过载保护，并采用电流表 PA 监视车削量，就可以得到控制 M1 的主电路如图 4-1 所示。从图 4-1 中可看到 M1 未设置短路保护，它的短路保护可由机床的前一级配电箱中的熔断器充任。

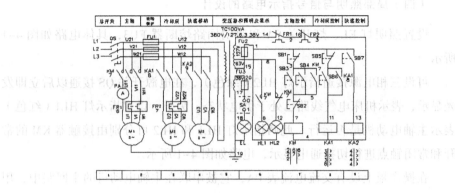

图 4-1 CW6163 型卧式车床电气原理图

2. 冷却泵电动机 M2 和快速电动机 M3

由于电动机 M2 和 M3 的功率都较小，额定电流分别为 0.43A 和 2.7A，为了节省成本和缩小体积，可分别用交流中间继电器 KA1 和 KA2（额定电流都为 5A，常开常闭触点都为 4 对）替代接触器进行控制。由于快速电动机 M3 短时运行，故不设过载保护，这样可得到控制 M2 和 M3 的主电路如图 4-1 所示。

（二）控制电源的设计

考虑到安全可靠和满足照明及指示灯的要求，采用控制变压器 TC 供电，其一次侧为交流 380V，二次侧为交流 127V、36V 和 6.3V，其中：127V 隔离电压提供给接触器 KM 和中间继电器 KA1 及 KA2 的线圈，36V 交流安全电压提供给局部照明电路，6.3V 提供给指示灯电路，具体接线情况如图 4-1 所示。

（三）控制电路的设计

1. 主轴电动机 M1 的控制

由于机床比较大，考虑到操作方便，主电机 M1 可在机床床头操作板上和刀架拖板上分别设置起动和停止按钮 SB3 及 SB1 和 SB4 及 SB2 进行操作，实现两地控制，可得到 M1 的控制电路如图 4-1 所示。

2. 冷却泵电动机 M2 和快速电动机 M3 的控制

M2 采用单向起停控制方式，而 M3 采用点动控制方式，具体电路如图 4-1 所示。

（四）局部照明与信号指示电路的设计

设置照明灯 EL、灯开关 SA 和照明回路熔断器 FU3，具体电路如图 4-1 所示。

可设三相电源接通指示灯 HL2（绿色），在电源开关 QS 接通以后立即发光显示，表示机床电气线路已处于供电状态。另外，设置指示灯 HL1（红色）表示主轴电动机是否运行。此两指示灯 HL1 和 HL2 可分别由接触器 KM 的常开和常闭触点进行切换通电显示，电路如图 4-1 所示。

在操作板上设有交流电流表 PA，它被串联在主轴电动机的主回路中，用以指示机床的工作电流。这样可根据电动机工作情况调整切削用量使主电动机尽量满载运行，以提高生产效率，并能提高电动机的功率因数。

四、电气元件的选择

电动机的选择，实际上是在机电设计密切配合并进行实验的情况下定型的。现在来进行其他电气元件的选择。

（一）电源开关的选择

电源开关 QS 的选择主要考虑电动机 M1 至 M3 的额定电流和起动电流，而在控制变压器 TC 二次侧的接触器及继电器线圈、照明灯和显示灯在 TC 一次侧产生的电流相对来说较小，因而可不作考虑。已知 M1、M2 和 M3 的额定电流分别为 22.6A、0.43A、2.7A，易算得额定电流之和为 25.73A，由于只有功率较小的冷却泵电动机 M2 和快速移动电动机 M3 为满载起动，如果这两台电动机的额定电流之和放大 5 倍，也不过 15.65A，而功率最大的主轴电动机 M1 为轻载起动，并且电动机 M3 短时工作，因而电源开关和额定电流就选 25A 左右，具体选择 QS 为：三极转换开关，HZ10-25/3 型，额定电流 25A。

（二）热继电器的选择

根据电动机 M1 和 M2 的额定电流，选择如下：

FR1 应选用 JR0-40 型热继电器，热元件额定电流为 25A，额定电流调节范围为 16~25A，工作时调整为 22.6A。

FR2 应选用 JR0-40 型热继电器，但热元件额定电流为 0.64A，额定电流调节范围为 0.40~0.64A，工作时调整为 0.43A。

（三）接触器的选择

因主轴电动机 M1 的额定电流为 22.6A，控制回路电源 127V，需主触点三对，辅助常开触点两对，辅助常闭触点一对，所以接触器 KM 应选用 CJ10-40 型接触器，主触点额定电流为 40A，线圈电压为 127V。

（四）中间继电器的选择

冷却泵电动机 M2 和快速电动机 M3 的额定电流都较小，分别为 0.43A 和 2.7A，所以 KA1 和 KA2 都可以选用普通的 JZ7 M 型交流中间继电器代替接触器进行控制，每个中间继电器常开常闭触点各 4 个，额定电流为 5A，线圈电压为 127V。

（五）熔断器的选择

熔断器 FU1 对 M2 和 M3 进行短路保护，M2 和 M3 的额定电流分别为 0.43A 和 2.7A，根据多台电动机共用一个熔断器时熔体额定电流的计算公式：

$$I_{FU} \geq (1.5 \sim 2.5)I_{N\max} + \sum I_N$$

若取系数为 2.5，易算得 $I_{FU} \geq 7.18A$，因此可选用 RL1-15 型熔断器，配用 10A 熔体。至于熔断器 FU2 和 FU3 的选择将向控制变压器的选择结合进行。

（六）按钮的选择

三个起动按钮 SB3、SB4 和 SB6 可选择 LA-18 型按钮，黑色；三个停止按钮 SB1、SB2 和 SB5 也选择 LA-18 型按钮，但颜色为红色；点动按钮 SB7 型号相同，绿色。

（七）照明灯及灯开关的选择

照明灯 EL 和灯开关 SA 成套购置，EL 可选用 JC2 型，交流 36V，40W。

(八)指示灯的选择

指示灯 HL1 和 HL2,都选 ZSD-0 型,6.3V,0.25A,分别为红色和绿色。

(九)电流表的选择

电流表 PA 可选用 62T2 型,0~50A。

(十)控制变压器的选择

控制变压器可实现高低压电路隔离,使得控制电路中的电气元件,如按钮、行程开关和接触器及继电器线圈等同电网电压不直接相接,提高了安全性。另外,各种照明灯、指示灯和电磁阀等执行元件的供电电压有多种,有时也需要用控制变压器降压提供。常用的控制变压器有 BK-50、100、150、200、300、400 和 1000 等型号,其中的数字为额定功率(VA),一次侧电压一般为交流 380V 和 220V(220V 电压抽头适合于单相供电的情况),二次侧电压一般为交流 6.3,12,24,36 和 127V(12V 电压也可通过 12V 和 36V 抽头提供)。控制变压器具体选用时要考虑所需电压的种类和进行容量的计算。

控制变压器的容量 P 可以根据由它供电的最大工作负载所需要的功率来计算,并留有一定的余量,这样可得经验公式:

$$P = K \sum P_i$$

式中,P_i 为电磁元件的吸持功率和灯负载等其他负载消耗的功率;K 为变压器的容量储备系数,一般取 1.1~1.25,虽然电磁线圈在起动吸合时消耗功率较大,但变压器有短时过载能力,故式子中,对电磁器件仅考虑吸持功率。

对本实例而言,接触器 KM 的吸持功率为 12W,中间继电器 KA1 和 KA2 的吸持功率都为 12W,照明灯 EL 的功率为 40W,指示灯 HL1 和 HL2 的功率都为 1.575W,易算得总功率为 79.15W,若取 K 为 1.25,则算得 P 约等于 99W,因此控制变压器 TC 可选用 BK-100VA,380,220V/127,36,6.3V。易算得 KM、KA1 和 KA2 线圈电流及 HL1、HL2 电流之和小于 2A,EL 的电流也小于 2A,故熔断器 FU2 和 FU3 均选 RL1-15 型,熔体 2A。

五、电气设备安装图的绘制

电气设备安装图主要用来表示电气控制系统中各种电气设备的实际安装位置和接线情况。它包括电器布置图和电气安装接线图两种。

（一）电器布置图

电器布置图主要用来表示所有电动机和电器的实际位置，为生产机械上电气控制设备的安装和维修提供必备的资料。在图中各个电器的代号和相关电路图及其清单上的代号保持一致，在电器元件之间还应留有导线槽的位置。

（二）电气安装接线图

电气安装接线图主要用来表示各电器元件之间的接线关系，它是根据电器元件的布置要合理、经济等原则来安排的。它可以清楚地表明各电器元件之间的电气连接，是实际安装接线的重要依据。

电气接线图是根据电气原理图及电气元件布置图绘制的，它一方面表示出各电气组件（电器板、电源板、控制面板和机床电器）之间的接线情况，另一方面表示出各电气组件板上电器元件之间的接线情况。因此，它是电气设备安装、进行电器元件配线和检修时查线的依据。

机床电器（电动机和行程开关等）可先接线到装在机床上的分线盒，再从分线盒接线到电气箱内电器板上的接线端子板上，也可不用分线盒直接接到电气箱。电气箱上各电器板、电源板和控制面板之间要通过接线端子板接线。

接线图的绘制还应注意以下几点。

（1）电器元件按外形绘出，并与布置图一致，偏差不要太大。与电气原理图不同，在接线图中同一电器元件的各个部分（线圈、触点等）必须画在一起。

（2）所有电器元件及其引线应标注与电气原理图相一致的文字符号及接线回路标号。

（3）电器元件之间的接线可直接连接，也可采用单线表示法绘制，实含几根线可从电器元件上标注的接线回路标号数看出来。当电器元件数量较多和接线较复杂时，也可不画各元件间的连线，但是在各元件的各接线端子回路标号处应标注另一元件的文字符号，以便识别，方便接线。电气组件之间的接线也采用单线表示法绘制，含线数可以从端子板上的回路标号数看出来。

（4）接线图中应标出配线用的各种导线的型号、规格、截面积及颜色等。规定交流或直流动力电路用黑色线，交流辅助电路为红色，直流辅助电路为蓝色，地线为黄绿双色线，与地线连接的电路导线以及电路中的中性线用白色线。还应标出组件间连线的护套材料，如橡套或塑套、金数软管、铁管和塑料管等。

第九节　电气控制的工艺设计

工艺设计的目的是满足电气控制设备的制造和使用要求，工艺设计要在原理设计完成之后进行。在完成电气原理设计及电器元器件选择之后，就可进行电气控制设备总体配置，即总装配图、总接线图设计，然后再设计各部分的电气装配图与接线图，并列出各部分的元器件目录、进出线号以及主要材料清单等技术资料，最后编写使用说明书。

一、电气设备总体配置设计

各种电动机及各类电器元器件根据各自的作用，都有一定的装配位置。例如，拖动电动机与各种执行元器件（电磁铁、电磁阀、电磁离合器、电磁吸盘等）以及各种检测元器件（限位开关、传感器、温度、压力、速度继电器等）需要安装在生产机械的相应位置。各种控制电器（接触器、继电器、电阻、自动开关、控制变压器、放大器等）、保护电器（熔断器、电流、电压保护继电器等）可以安放在单独的电气箱内，而各种控制按钮、控制开关、各种指示灯、指示仪表、需经常调节的电位器等，则必须安放在控制台面板上。由于各种电器元器件的安装位置不同，在构成一个完整的自动控制系统时，就须划分组件，同时需要解决组件之间、电气箱之间以及电气箱与被控制装置之间的连线问题。

（一）组件划分的主要原则

（1）功能类似的元器件组合在一起。例如用于操作的各类按钮、开关、键盘、指示检测、调节等元器件集中为控制面板组件，各种继电器、接触器、熔断器、照明变压器等控制电器集中为电气板组件，各类控制电源、整流、滤波元器件集中为电源组件等。

（2）为便于检查和调试，需经常调节、维护和易损的元器件组合在一起。

（3）强弱电控制器分离，以减少干扰。

（4）尽可能减少组件之间的连线数量，接线关系密切的控制电器置于同一组件中。

（5）尽量整齐美观，外形尺寸、重量相近的电器组合在一起。

（二）电气控制设备的各部分及组件之间的接线方式

通常有以下几种：

（1）电气板、控制板、机床电器的进出线一般采用接线端子（按电流大小及进出线数选用不同规格的接线端子）。

（2）电气箱与被控制设备或电气箱之间采用多孔插接件，便于拆装、搬运。

（3）印制电路板及弱电控制组件之间宜采用各种类型的标准插接件。

电气设备总体配置设计任务是根据电气原理图的工作原理与控制要求，将控制系统划分为几个组成部分，称为部件。以龙门刨床为例，可划分机床电器部分（各拖动电动机、各种行程开关等）、机组部件（交磁放大机组、电动发电机组等）以及电气箱（各种控制电器、保护电器、调节电器等）。根据电气设备的复杂程度，每一部分又可以划成若干组件，如印制电路组件、电器安装板组件、控制面板组件、电源组件等。要根据电气原理图的接线关系整理出各部分的进出线号，并调整它们之间的连接方式。

总体配置设计是以电气系统的总装配图与总接线图形式来表达的，图中应以示意形式反映出各部分主要组件的位置及各部分接线关系、走线方式及使用管线要求等。总体配置设计合理与否将影响到电气控制系统工作的可靠性，并关系到电气系统的制造、装配质量、调试、操作以及维护是否方便。总装配图、接线图（根据需要可以分开，也可合在一起画）是进行分部设计和协调各部分组成一个完整系统的依据。总体设计要使整个系统集中、紧凑，同时在场地允许的条件下，对发热厉害、振动和噪声大的电气部件（电动机组、启动电阻箱等）

尽量放在离操作者较远的地方或隔离起来。对于多工位加工的大型设备，应考虑两地操作的可能。总电源紧急停止控制应安放在方便而明显的位置。

二、元器件布置图的设计

电器元器件布置图是某些电器元器件按一定原则的组合。电器元器件布置图的设计依据是部件原理图（总原理图的一部分）。同一组件中电器元器件的布置要注意以下问题。

（1）体积大和较重的电器元器件应装在电气板的下面，而发热元器件应安装在电气板的上面。

（2）强电、弱电分开并注意弱电屏蔽，防止外界干扰。

（3）需要经常维护、检修、调整的电器元器件安装位置不宜过高或过低。

（4）电器元器件布置不宜过密，要留有一定的间距，若采用板前走线槽配线方式，应适当加大各排电器间距，以利布线和维护。

（5）电器元器件的布置应考虑整齐、美观、对称，外形尺寸与结构类似的电器安放在一起，以利加工、安装和配线。

各电器元器件的位置确定以后，便可绘制电气布置图。布置图是根据电器元器件的外形绘制，并标出各元器件间距尺寸。每个电器元器件的安装尺寸及其公差范围，应严格按产品手册标准标注，作为底板加工依据，以保证各电器的顺利安装。在电气布置图设计中，还要根据本部件进出线的数量（由部件原理图统计出来）和采用导线规格，选择进出线方式，并选用适当的接线端子板，按一定顺序标上进出线的接线号。

三、电器部件接线图的绘制要求

电器部件接线图是根据部件电气原理及电器元器件布置图绘制的。

（1）接线图和接线表的绘制应符合国家标准的规定。

（2）电器元器件按外形绘制，并与布置图一致，偏差不要太大。

（3）所有电器元器件及其引线应标注与电气原理图中相一致的文字符号及接线号。原理图中的项目代号、端子号及导线号的编制应符合国家标准等规定。

（4）电气接线图一律采用粗线条，走线方式有板前走线及板后走线两种，一般采用板前走线。对于简单电气控制部件，电器元器件数量较少，接线关系不复杂，可直接画出元器件间的连线。但对于复杂部件，电器元器件数量多，接线较复杂的情况，一般是采用走线槽，只需在各电器元器件上标出接线号，不必画出各元器件间连线。

（5）与电气原理图不同，在接线图中同一电器元器件的各个部分（触点、线圈等）必须画在一起。

（6）接线图中应标出配线用的各种导线的型号、规格、截面积及颜色要求。

（7）部件的进出线除大截面导线外，都应经过接线板，不得直接进出。

四、电气箱及非标准零件图的设计

在电气控制系统比较简单时，控制电器可以附在生产机械内部，而在控制系统比较复杂或由于生产环境及操作的需要，通常都带有单独的电气控制箱，以便于制造、使用和维护。电气控制箱设计主要考虑以下几个问题。

（1）根据控制面板及箱内各电器部件的尺寸确定电气箱总体尺寸及结构方式。

（2）结构紧凑、外形美观，要与生产机械相匹配，应提出一定的装饰要求。

（3）根据控制面板及箱内电器部件的安装尺寸，设计箱内安装支架，并标出安装孔或焊接安装螺栓尺寸。

（4）根据方便安装、调整及维修要求，设计其开门方式。

（5）为利于箱内电器的通风散热，在箱体适当部位设计通风孔或通风槽。

（6）为便于电气箱的搬动，应设计合适的起吊钩、起吊孔、扶手架或箱体底部带活动轮。

根据以上要求，先勾画出箱体的外形草图，估算出各部分尺寸，然后按比例画出外形图，再从对称、美观、使用方便等方面考虑，进一步调整各尺寸、比例。

外形确定以后，再按上述要求进行各部分的结构设计，绘制箱体总装配图及各面门、控制面板、底板、安装支架、装饰条等零件图，并注明加工要求，视需要选用适当的门锁。大型控制系统、电气箱常设计成立柜式或工作台式，小型控制设备则设计成台式、手提式或悬挂式。电气箱的品种繁多，造型结构各异，在箱体设计中应注意吸取各种形式的优点。

非标准的电器安装零件，如开关支架、电气安装底板、控制箱的有机玻璃面板、扶手、装饰零件等，应根据机械零件设计要求，绘制其零件图，凡配合尺寸应注明公差要求并说明加工要求，如镀锌、涂装、刻字等。

五、已填清单汇总和说明书的编写

在电气控制系统原理设计及工艺设计结束后，应根据各种图样，对设备需要的各种零件及材料进行综合统计，按类别划出外购成件汇总清单表、标准件清单表、主要材料消耗定额表及辅助材料消耗定额表，以便采购人员、生产管理部门按设备制造需要备料，做好生产准备工作。这些资料也是成本核算的依据，特别是对于生产批量较大的产品，此项工作尤其要仔细做好。

新型生产设备的设计制造中，电气控制系统的投资占有很大比重，同时，控制系统对生产机械运行可靠性、稳定性起着重要的作用。所以控制系统设计方案完成后，在投入生产前应经过严格的审定。为了确保生产设备达到设计指标，设备制造完成后，又要经过仔细的调试，使设备运行处在最佳状态。设计说明及使用说明是设计审定及调试、使用、维护过程中必不可少的技术资料。

设计及使用说明书主要内容应包括：拖动方案选择依据及本设计的主要特点；主要参数的计算过程；设计任务书中要求各项技术指标的核算与评价；设备调试要求与调试方法；使用、维护要求及注意事项。

第五章　常用机械的电气控制电路

第一节 车床的电气控制

车床是一种应用最为广泛的金属切削机床，主要用来车削外圆、内圆、端面、螺纹和定型表面，也可用钻头、铰刀等进行加工。车削加工是指在车床上应用刀具与工件作相对切削运动，以改变毛坯的尺寸和形状，使之成为零件的加工过程。车床占机床总数的一半左右，因此在机械加工中具有重要的地位和作用。

一、卧式车床的主要结构及运动形式

卧式车床主要由床身、主轴变速箱、挂轮箱、进给箱、溜板箱、溜板与刀架、尾架、光杠和丝杆等部分组成。车床的主运动为工件的旋转运动，它是由主轴通过卡盘或顶尖带动工件旋转，其承受车削加工时的主要切削功率。车削加工时，应根据刀具种类、被加工工件材料、工件尺寸、工艺要求等来选择不同的切削速度。这就要求主轴能在相当大的范围内调速，对于卧式车床，调速范围一般大于 70r/min。车削加工时，一般不要求反转，但在加工螺纹时，为避免乱扣，要反转退刀，再纵向进刀继续加工，这就要求主轴能够正、反转。

车床的进给运动是溜板带动刀架的纵向或横向直线运动。其运动方式有手动或机动两种。加工螺纹时，工件的旋转速度与刀具的进给速度应有严格的比例关系。因此，车床溜板箱与主轴箱之间通过齿轮传动来连接，而主运动与进给运动由一台电动机拖动。

车床的辅助运动有刀架的快速移动、尾架的移动以及工件的夹紧与放松等。

二、中小型车床对电气控制的要求

根据车床的运动情况和工艺要求，中小型车床对其电气控制提出如下要求。

（1）主拖动电动机一般选用三相笼型异步电动机，为满足调速要求，采用机械变速。

（2）为车削螺纹，主轴要求能够正、反转。对于小型车床主轴而言，其主轴正、反转由拖动电动机正、反转来实现；当主拖动电动机容量较大时，主轴的正、反转则靠摩擦离合器来实现，电动机只作单向旋转。

（3）一般中小型车床的主轴电动机均采用直接启动。当电动机容量较大时，常用 Y-△减压启动。停车时，为实现快速停车，一般采用机械或电气制动。

（4）车削加工时，刀具与工件温度高，需用切削液进行冷却。为此，设有一台冷却泵电动机，拖动冷却泵输出冷却液，且与主轴电动机有着联锁关系，即冷却泵电动机应在主轴电动机启动后方可选择启动与否；当主轴电动机停止时，冷却泵电动机便立即停止。

（5）为实现溜板箱的快速移动，由单独的快速移动电动机拖动，采用点动控制。

（6）电路应具有必要的保护环节和安全可靠的照明、信号指示，控制系统的电源总开关采用带漏电保护的自动开关，在控制系统发生漏电或过载时，能自动脱扣以切断电源，对操作人员、电气设备进行保护。

三、CA6140型卧式车床的电气控制

CA6140 型车床的电气控制线路如图 5-1 所示。

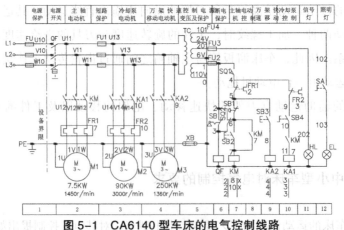

图 5-1　CA6140 型车床的电气控制线路

（一）主电路分析

主电路共有三台电动机：M1 为主轴电动机，拖动主轴旋转，并通过进给机构实现车床的进给运动；M2 为冷却泵电动机，拖动冷却泵输出冷却液；M3 为溜板快速移动电动机，拖动溜板实现快速移动。由于电动机 M1、M2、M3 容量小于 10kW，故采用全压直接启动，皆由接触器控制的单向旋转电路控制。

将钥匙开关 SB 向右旋转，再扳动断路器开关 QF 引入三相交流电源。熔断器 FU 具有线路总短路保护功能；FU1 用于冷却泵电动机 M2、快速移动电动机 M3、控制变压器 TC 的短路保护。

主轴电动机 M1 由接触器 KM 控制，接触器 KM 具有失压和欠电压保护功能；热继电器 FR1 用于主轴电动机 M1 的过载保护。

冷却泵电动机 M2 由中间继电器 KA1 控制，热继电器 FR2 为电动机 M2 实现过载保护。刀架快速移动电动机 M3 由中间继电器 KA2 控制，因电动机 M3 是短期工作的，故未设过载保护装置。

（二）控制电路分析

控制变压器 TC 二次侧输出 110V 电压作为控制电路的电源。电源开关 QF 线圈受钥匙开关 SB 和位置开关 SQ2 控制。在正常工作时，位置开关 SQ2 的常闭触点处于闭合状态。但当床头皮带罩被打开后，SQ2 常闭触点断开，将控制电路切断，保证人身安全。

（1）主轴电动机 M1 的控制 按下绿色的启动按钮 SB2，接触器 KM 线圈获电吸合，KM 主触点闭合，主轴电动机 M1 启动。按下红色蘑菇型停止按钮 SB1，接触器 KM 线圈失电，电动机 M1 停转。

主轴的正反转是采用多片摩擦离合器实现的。

（2）冷却泵电动机 M2 的控制 只有当接触器 KM 线圈获电吸合，主轴电动机 M1 启动后，合上旋钮开关 SB4，使中间继电器 KA1 线圈获电吸合，冷却泵电动机 M2 才能启动。当 M1 停止运行时，M2 自行停止运行。

（3）刀架快速移动电动机 M3 的控制 刀架快速移动电动机 M3 的启动是由安装在进给操纵手柄顶端的按钮 SB3 来控制的，它与中间继电器 KA2 组成点动控制环节。将操纵手柄扳到所需的方向，按下按钮 SB3，中间继电器 KA2 线圈获电吸合，电动机 M3 获电启动，刀架就向指定方向快速移动。

(三) 照明及信号灯电路

控制变压器 TC 的二次侧分别输出 24V 和 6V 电压，作为机床照明灯和信号灯的电源。EL 为机床的低压照明灯，由开关 SA 控制；HL 为电源的信号灯。

四、CA6140 型车床常见电气故障的分析

（一）漏电自动开关合不上

（1）未用钥匙将带锁开关 SB 断开。

（2）电气箱门未关好，开关 SQ2 未压上。

（二）主轴电动机 M1 不能启动

（1）热继电器已动作过，其常闭触点未复位。这时应检查热继电器 FR1 动作原因，可能原因是：长期过载、热继电器规格选配不当或整定电流值太小。消除故障产生的因素后，再按热继电器复位按钮，使热继电器触点复位。

（2）按下启动按钮 SB2 后，接触器 KM1 线圈没吸合，主轴电动机 M1 不能启动。故障的原因应在控制电路中，可依次检查熔断器 FU2、热继电器 FR1 和 FR2 的常闭触点、停止按钮 SB1、启动按钮 SB2 和接触器 KM1 线圈是否损坏或引出线断线。

（3）按下启动按钮 SB2 后，接触器 KM1 线圈吸合，但主轴电动机 M1 不能启动。故障的原因应在主电路中，可依次检查接触器 KM1 的主触点、热继电器 FR1 的热元件及三相电动机的接线端和电动机 M1。

（4）按下主轴电动机启动按钮 SB1，电动机发出嗡嗡声，不能启动。这是由电动机缺一相造成的，可能原因是：动力配电箱熔断器一相熔断、接触器 KM1 有一对常开触点接触不良、电动机三根引出线有一根断线或电动机绕组有一相绕组损坏。发现这一故障时应立即断开电源，否则会烧坏电动机，待排除故障后再重新启动，直到正常工作为止。

（三）主轴电动机 M1 不能停车

这类故障的原因多是接触器 KM1 铁芯面上的油污使上下铁芯不能释放、KM1 的主触点发生熔焊或停止按钮 SB1 的常闭触点短路。

（四）刀架快速移动电动机 M3 不能启动

按点动按钮 SB3，中间继电器 KA2 没吸合，则故障应在控制电路中，此时可用万用表按分阶电压测量法依次检查热继电器 FR1 和 FR2 的常闭触点、停止按钮 SB1 的常闭触点、点动按钮及中间继电器 KA2 的线圈是否断路。

（五）冷却泵电动机不能启动

冷却泵电动机出现这类故障应先检查主轴电动机是否启动，先启动主轴电动机，然后依次检查旋转开关 SA2 触点闭合是否良好、熔断器 FU1 熔体是否熔断、热继电器 FR2 是否动作未复位、接触器 KM2 是否损坏，最后检查冷却泵电动机是否已损坏。

第二节 铣床的电气控制

铣床主要是用于加工零件的平面、斜面、沟槽等型面的机床。它装上分度头以后，就可加工直齿轮或螺旋面，装上回转圆工作台则可以加工凸轮和弧形槽。铣床用途广泛，在金属切削机床中使用数量仅次于车床。铣床的种类很多，有卧铣、立铣、龙门铣、仿形铣以及各种专用铣床，X62W 卧式万能铣床是应用最广泛的铣床之一。

一、X62W 铣床主要结构与运动分析

X62W 卧式万能铣床具有主轴转速高、调速范围宽、操作方便、工作台能自动循环加工等特点。主要由底座、床身悬梁、刀杆支架、工作台、溜板和升降台等部分组成。箱形床身固定在底座上，它是机床的主要部分，用来安装和连接机床的其他部件，床身内装有主轴的传动机构和变速操纵机构。床身的顶部有水平导轨，其上装有带一个或两个刀杆支架的悬梁，刀杆支架用来支撑铣刀芯轴的一端，芯轴的另一端固定在主轴上，并由主轴带动旋转。

悬梁可沿水平导轨移动，以便调整铣刀的位置。床身的前侧面装有垂直导轨，升降台可沿导轨上下移动。在升降台上面的水平导轨上，装有可在平行于主轴轴线方向移动（横向移动，即前后移动）的溜板，溜板上部有可以移动的回转台。工作台装在回转台的导轨上，可以做垂直于轴线方向的移动（纵向移动，即左右移动）。工作台上有固定工件的T形槽。因此，固定于工作台上的工件可作上下、左右及前后三个方向的移动，便于工作调整和加工时进给方向的选择。此外，溜板可绕垂直轴线左右旋转45°，因此工作台还能在倾斜方向进给，以加工螺旋槽。该铣床还可以安装圆工作台以扩大铣削能力。

从以上分析可见，X62W卧式万能铣床有三种运动，即主运动、进给运动和辅助运动。其中主运动为主轴带动铣刀的旋转运动，进给运动为加工中工作台带动工件的移动或圆工作台的旋转运动，辅助运动为工作台带动工件在三个方向的快速移动。

二、X62W铣床电力拖动方式和控制要求

（1）X62W型卧式万能铣床的主轴传动系统装在床身内，进给传动系统在升降台内，由于主轴旋转运动与工作台的进给运动之间没有速度比例协调的要求，因此采用分别驱动，即主轴旋转由主轴电动机拖动，工作台的进给与快速运动都是由进给电动机拖动，但经牵引电磁铁拨动摩擦离合器来控制。圆工作台的旋转也由进给电动机拖动。此外，铣削加工时为冷却铣刀与工件，设有冷却泵电动机。

（2）为适应铣削加工需要，要求主传动系统能够调速，且在各种铣削速度下保持功率不变，即主轴要求恒功率调速。因此，主轴电动机采用三相笼型异步电动机，经主轴齿轮变速箱拖动主轴。

（3）主轴电动机M1是在空载时直接启动，为完成顺铣和逆铣，要求能正、反转。可根据铣刀的种类预先选择转向，在加工过程中不变换转向。为此，主轴电动机应能正、反转，并由转向选择开关来选择电动机的转向。

（4）为了减小负载波动对铣刀转速的影响以保证加工质量，主轴上装有飞轮，其转动惯量较大。为此，要求主轴电动机有停车制动控制，以实现主轴准确停车和缩短停车时间，提高工作效率。

（5）工作台的纵向、横向和垂直三个方向的进给运动由一台进给电动机M2拖动，三个方向的选择由操纵手柄改变传动链来实现。每个方向有正反向

运动，要求 M2 能正、反转。同一时间只允许工作台向一个方向移动，故三个方向的运动应有联锁保护。

（6）工作台 6 个方向的运动应具有限位保护。

（7）为了缩短调整运动的时间，提高生产效率，工作台应有快速移动控制，X62W 铣床是采用快速电磁铁吸合改变传动链的传动比来实现的。

（8）使用圆工作台时，要求圆工作台的旋转运动与工作台的上下、左右、前后三个方向的运动之间有联锁控制，即圆工作台旋转时，工作台不能向其他方向移动。

（9）为适应加工的需要，主轴转速与进给速度应有较宽的调节范围。X62W 铣床是采用机械变速的方法，改变变速箱传动比来实现的。为了使主轴和进给传动系统在变速时齿轮能够顺利地啮合，要求主轴电动机和进给电动机在变速时能够稍微转动一下（称为变速冲动）。

（10）根据工艺要求，主轴旋转与工作台进给应有先后顺序控制，即进给运动要在铣刀旋转后才能进行，加工结束必须在铣刀停转前停止进给运动。

（11）冷却泵由一台电动机 M3 拖动，供给铣削时的冷却液。

（12）为适应铣削加工时操作者的正面与侧面操作位置，应备有两地操作设施。

（13）为使主轴变速时齿轮易于啮合，减小齿轮端面的冲击，主轴电动机在主轴变速时应具有主轴变速冲动。

三、X62W 铣床电气控制电路分析

X62W 型卧式万能铣床电气控制电路图如图 5-2 所示。图中 M1 为主轴拖动电动机，M2 为工作台进给与快速拖动电动机，M3 为冷却泵拖动电动机，QS 为电源开关。由于该机床机械操作与电气开关密切相关，所以在分析电气控制电路图时，应把机械操作手柄与相应电器开关的动作关系、各电器开关的作用及各开关的状态都弄清楚。如 SQ1、SQ2 是与纵向操作手柄有机械联系的纵向进给行程开关，SQ3、SQ4 为与垂直、横向操作手柄有机械联系的垂直、横向进给行程开关，SQ6 为进给变速冲动开关，SQ7 为主轴变速冲动开关，SA1 为圆工作台转换开关，SA2 为机床照明灯开关，SA3 为冷却泵电动机启动、停止开关，SA4 为主轴旋转方向选择开关等，然后再分析电路。

（一）主电路分析

三相交流电源经电源开关 QS 引入，接触器 KM1 控制主轴电动机 M1，由转向选择开关 SA4 预先选择主轴旋转方向。接触器 KM2 的主触头串接两相电阻并与速度继电器 KS 配合，实现 M1 的停车反接制动。主轴变速时，通过主轴变速操作机构和接触器 KM2 实现主轴变速低速冲动控制。

工作台拖动电动机 M2 由正、反转接触器 KM3、KM4 实现正、反转，并由快速移动接触器 KM5 控制快速电磁铁 YA，实现工作台快速移动。当 KM5 通电吸合、YA 通电吸合时，工作台实现快速移动，否则工作台为慢速工作进给。

冷却泵电动机 M3 由接触器 KM6 控制，实现单方向旋转。

（二）主拖动控制电路分析

由于该机床控制电器数量较多，控制电路电压采用交流 110V，由控制变压器 TC1 供给。

主轴电动机控制电路中，SB3、SB4 是两处控制的启动按钮，SB1、SB2 是两处控制的停止按钮，它们分别安装在机床的两处，一处在床身侧面；另一处在升降台上方、工作台正前方，以便实现两地操作。

（1）主轴电动机 M1 的启动控制。启动前，合上电源开关 QS，再把主轴转向选择开关 SA4 扳到主轴所需的旋转方向，然后按下启动按钮 SB3 或 SB4，接触器 KM1 线圈通电并自锁，KM1 主触头闭合，接通主轴电动机三相电源，M1 实现全压启动。

当 M1 转速高于 140r/min 时，速度继电器 KS 的常开触头 KS1 闭合（或 KS2 闭合），为主轴电动机 M1 的停车反接制动做准备。

（2）主轴电动机的停车制动控制。由主轴电动机停止按钮 SB1 或 SB2，反接制动接触器 KM2，制动电阻 R 和速度继电器 KS 构成主轴电动机停车反接制动控制环节。主轴停车时，按下停止按钮 SB1 或 SB2，接触器 KM1 线圈断电释放，同时接触器 KM2 线圈通电吸合，KM1 主触头断开，KM2 主触头闭合，使主轴电动机 M1 定子电源相序改变，定子串入两相电阻进行反接制动，电动机转速迅速下降，当转速低于 100r/min 时，速度继电器 KS 闭合的常开触头复原，使 KM2 线圈断电释放，KM2 主触头断开，M1 三相交流电源切除，反接制动结束，电动机依惯性旋转至停止。

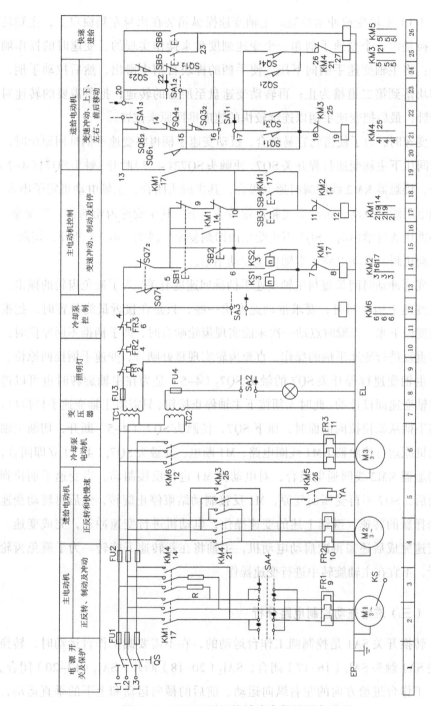

图 5-2 X62W 型万能铣床电气控制电路图

（3）主轴变速冲动控制。主轴变速操纵箱装在床身左侧窗口上，主轴转速变换是由一个变速手柄和一个变速刻度盘来操作实现的。变速时的操作顺序是：将主轴变速手柄向下压，使手柄的榫块自槽中滑出，然后拉动手柄，使榫块落到第二道槽为止；再转动变速盘至所需的转速，把所需要的转速对准指针；最后把变速手柄以连续较快的速度推回原来位置。

变速时，为了使齿轮容易啮合，扳动变速手柄再将变速手柄推回原位时，将瞬间压下主轴变速行程开关SQ7，使触头SQ7$_2$（4-5）断开、触头SQ7$_1$（4-7）闭合，接触器KM2线圈瞬时通电吸合，其主触头闭合，主轴电动机定子串入两相电阻瞬时点动，带动变速箱齿轮转动一下，利于变速齿轮啮合，当变速手柄榫块落进槽内时，SQ7不再受压而即刻复原，触头（4-7）断开，切断主轴电动机瞬时点动电路，主轴变速冲动结束。

变速冲动时间长短与主轴变速手柄推回速度有关，为了避免齿轮的撞击，当把变速手柄推回时，要求推动速度快一些，只是在接近最终位置时，把推动速度慢下来。当瞬时点动一次未能实现齿轮啮合时，即手柄推不回原位时，可以重复进行变速手柄的操作，直至齿轮实现良好啮合，变速手柄推回原位。

主轴变速行程开关SQ7的触头SQ7$_2$（4-5）是为在主轴旋转时也可以进行主轴变速而设计的。此时无须按下主轴停止按钮，只需将主轴变速手柄拉出，在将手柄从原位拉向前面时，压下SQ7，使触头SQ7$_2$（4-5）断开，切断主轴电动机原运行接触器KM1线圈电路，M1断电；其触头SQ7$_1$（4-7）立即闭合，使接触器KM2线圈通电吸合，对电动机M1进行反接制动。当变速手柄拉到前面后，SQ7不再受压而复原，M1反接制动结束停止旋转，然后再转动变速盘选择新的转速，继续上述的变速操作，电动机进行变速冲动，完成变速。但变速完成后还需再次启动电动机，主轴将在新转速下旋转。为了避免齿轮打牙，不宜在主轴旋转中进行变速操作。

（三）进给拖动控制电路分析

转换开关SA1是控制圆工作台运动的，在不需要圆工作台运动时，转换开关SA1触头SA1$_1$（16-17）闭合，SA1$_2$（20-18）断开，SA1$_3$（13-20）闭合。

工作台进给方向的左右纵向运动、前后的横向运动和上下的垂直运动，都是依靠电动机M2的正反转来实现的。而正反转接触器KM3、KM4是由行程开关SQ1、SQ3与SQ2、SQ4来控制的，行程开关又是由两个操作手柄控制的。一个是纵向机械操作手柄；另一个是垂直与横向机械操作手柄，扳动机械操作手柄，在完成相应机械挂挡的同时，将压合相应的行程开关，从而接通正反转接触器，启动进给电动机，从而拖动工作台按预定方向运动。纵向机械操作手柄有左、中、右三个位置。垂直与横向机械操作手柄有上、下、前、后、中 5 个位置。SQ1、SQ2 为与纵向机械操作手柄有机械联系的行程开关；SQ3、SQ4 为与垂直、横向机械操作手柄有机械联系的行程开关。当这两个机械操作手柄处于中间位置时，SQ1 至 SQ4 都处在未压下的原始状态，当扳动机械操作手柄时，将压下相应的行程开关。

纵向机械操作手柄是复式的，一个安装在工作台底座的正面中央处，另一个安装在工作台底座的左下方。它们是联动的；只要扳动一个，另一个手柄也作相应动作。垂直与横向机械操作手柄也为复式，它们分别安装在工作台的左侧前方和后方，也是联动的。

在启动进给拖动之前，首先启动主轴电动机，即合上三相电源开关 QS，按下主轴启动按钮 SB3 或 SB4，线路接触器 KM1 线圈通电并自锁，其常开辅助触头 KM1（10-13）闭合，使工作台进给拖动控制电路的电源接通，为工作台进给电动机启动做好准备。

（1）工作台纵向（左右）进给运动的控制。若需工作台向右工作进给，则将纵向机械操作手柄扳向右侧，手柄的联动机构一方面使纵向运动传动丝杠的离合器接合，为纵向运动丝杠的转动做准备；另一方面压下行程开关 SQ1，触头 $SQ1_1$（17-18）闭合，$SQ1_2$（22-16）断开。后者切断通往 KM3、KM4 线圈的另一条通路，前者使进给电动机 M2 的正转接触器 KM4 通电吸合，M2 正向启动旋转，进而使纵向运动丝杠正转，拖动工作台向右工作进给。

向右工作进给结束后，将纵向进给操作手柄由右侧位置扳回到中间位置，此时机械上纵向运动丝杠的离合器脱开，电气上行程开关 SQ1 不再受压而复位，触头 $SQ1_1$（17-18）断开，KM4 线圈断电释放，KM4 主触头断开 M2 三相交流电源，M2 停转，工作台向右进给停止。

工作台向左进给的电路与向右进给时相似。此时是将纵向进给操作手柄扳向左侧，在机械挂挡的同时，电气上压下的是行程开关 SQ2，触头 $SQ2_1$（17-26）闭合，$SQ2_2$（20-22）断开。后者断开 KM3、KM4 线圈的另一条通路，前者接通进给电动机反转接触器 KM3 线圈电路，使 KM3 线圈通电吸合，KM3 主触头闭合，M2 反转，拖动工作台向左进给，当纵向操作手柄由左侧位置扳回到中间位置时，向左进给结束。

工作台左右运动的行程可通过安装在工作台前方操作手柄两侧的挡铁来控制，当工作台纵向运动到极限位置时，挡铁撞动纵向操作手柄，使其回到中间位置，工作台停止，实现工作台纵向运动的限位保护。

（2）工作台向前与向下进给运动的控制。将垂直与横向进给操作手柄扳到"向前"位置，其联动机构接通横向进给离合器，同时在电气上压下行程开关SQ3，触头$SQ3_1$（17–18）闭合，$SQ3_2$（15–16）断开，正转接触器KM4通电吸合，M2正向旋转，拖动工作台向前进给。

向前进给结束，将垂直与横向进给操作手柄由"前"位扳回到中间位置，SQ3不再受压，同时横向进给离合器脱开，KM4线圈断电释放，M2停止旋转，工作台向前进给停止。

工作台"向下"进给电路工作情况与"向前"时完全相同。只是将垂直与横向操作手柄由"中间"位置扳到"向下"位置，此时在机械上接通垂直进给离合器，电气上压下行程开关SQ3，KM4线圈通电吸合，M2正向旋转，拖动工作台向下进给。若将垂直与横向操作手柄由"向下"位扳回到中间位置，则机械上垂直进给离合器脱开，电气上SQ3不再受压，KM4线圈断电释放，M2停止旋转，工作台向下进给停止。

（3）工作台向后和向上进给运动的控制。该情况与向前和向下进给运动控制相似，只是将垂直与横向操作手柄扳到"向后"或"向上"位置，在机械上接通横向或垂直进给离合器，电气上压下的都为SQ4行程开关，反向接触器KM3线圈通电吸合，M2反向旋转，拖动工作台实现向后或向上的进给运动。当操作手柄扳回到中间位置时，电气上SQ4不再受压而复位，机械上横向或垂直进给离合器脱开，KM3线圈断电释放，M2停止旋转，工作台向后或向上的进给运动结束。

通过安装在铣床床身导轨上、下的两块挡铁撞动垂直与横向操作手柄返回中间位置来实现工作台上、下行程保护；由安装在工作台左侧底部的挡铁来撞动垂直与横向操作手柄返回中间位置来实现工作台前、后行程保护。

（4）进给变速时的瞬时点动控制。与主轴变速时一样，进给变速时也需要使M2瞬间点动一下，使齿轮易于啮合。

在进给变速时，为使齿轮易于啮合，电路设有进给变速瞬时点动控制环节。进给变速的"冲动"只有在主轴电动机启动后，具体说是按下启动按钮SB3

或 SB4，接触器 KM1 线圈通电吸合并自锁后，并将纵向进给操作手柄、垂直与横向操作手柄置于中间位置时才可进行。

进给变速箱是一个独立部件，装在升降台的左边，速度的变换由进给操纵箱来控制，操纵箱装在进给变速箱的前面，变换进给速度的操作顺序是：将进给变速蘑菇形手柄拉出；转动手柄，将刻度盘上所需的进给速度对准指针；把蘑菇形手柄向前拉到极限位置并随即反向推回手柄。而在反向推回之前，借变速孔盘推动并瞬时压合行程开关 SQ6，使常闭触头 $SQ6_2$（13-14）断开，常开触头 $SQ6_1$（14-18）闭合，接触器 KM4 线圈瞬时通电吸合，进给电动机 M2 瞬时正向旋转，不利于变速齿轮的啮合。当蘑菇形手柄推回原位时，行程开关 SQ6 不再受压，KM4 线圈断电释放，进给电动机停转。如果一次瞬时点动齿轮仍未进入啮合状态，可再次拉出手柄并推回，直到齿轮进入啮合状态为止。

（5）进给方向快速移动的控制。工作台的快速移动也是由进给电动机 M2 拖动的，并且是在工作台工作进给的基础上进行的。主轴开始旋转后，将进给操作手柄扳到所需要的位置，则工作台按选定的方向和速度做进给运动。此时，按下工作台快速移动按钮 SB5 或 SB6，接通快速移动接触器 KM5，KM5 主触头闭合，使牵引电磁铁 YA 线圈通电吸合，通过杠杆使摩擦离合器合上，减少中间传动装置，使工作台按原进给方向作快速移动。当松开 SB5 或 SB6 时，电磁铁 YA 断电，摩擦离合器脱开，快速移动结束，工作台仍以原进给速度继续运动。因此，工作台的快速移动是点动控制。

若要求在主轴不转的情况下进行快速移动，可将主轴电动机 M1 的换向开关 SA4 扳在中间"停止"位置，按下启动按钮 SB3 或 SB4，再扳动进给运动纵向操作手柄或垂直与横向操作手柄，使工作台在主轴不转的情况下进行某一方向的工作进给，再按下 SB5 或 SB6，便可实现主轴不转的情况下工作台的快速移动。

（四）X62W 铣床圆工作台的控制

为了扩大机床的加工能力，可在工作台上安装圆工作台，圆工作台的回转运动是由进给电动机经传动机构驱动的。在使用圆工作台时，工作台纵向及垂直与横向进给操作手柄均放在中间位置。在机床开动前，把圆工作台转换开关 SA1 扳到"接通"位置，此时触头 $SA1_2$（20-18）闭合，$SA1_1$（16-

17）与 $SA1_3$（13-20）断开，按下主轴启动按钮 SB3 或 SB4，接触器 KM1 线圈吸合并自锁，进给电动机正转，接触器 KM4 线圈通电吸合，通电路径为 10→KM1（10-13）→$SQ6_2$（13-14）→$SQ4_2$（14-15）→$SQ3_2$（15-16）→$SQ1_2$（16-22）→$SQ2_2$（22-20）→$SA1_2$（20-18）→KM3 常闭触头（18-19）→KM4 线圈。电动机 M2 启动旋转并带动圆工作台单向运转。其回转速度也可通过蘑菇形变速手柄进行调节。

因为圆工作台的控制电路中串接了 SQ1 至 SQ4 的常闭触头，如果扳动了任何一个进给操作手柄，都将使圆工作台停止转动，从而实现圆工作台回转与长工作台移动的联锁保护。

（五）X62W 铣床冷却泵和机床照明的控制

通常在铣削加工时，冷却泵电动机 M3 由冷却泵转换开关 SA3 控制。将 SA3 扳到"接通"位置，接触器 KM6 线圈通电吸合，冷却泵电动机 M3 启动旋转，送出冷却液。

机床照明由照明变压器 TC2 供给 24V 安全电压，并由控制开关 SA2 控制照明灯 EL。

（六）X62W 铣床控制电路的联锁与保护

X62W 型万能铣床运动较多，电气控制电路较为复杂，为安全可靠地工作，电路具有完善的联锁与保护。

1. 主运动与进给运动的顺序联锁

进给电气控制电路接在主轴电动机线路接触器 KM1 的常开辅助触头 KM1（10-13）之后，这就保证了只有在主轴电动机启动之后，即 KM1 线圈吸合并自锁后才可启动进给电动机。而当主轴电动机停止时，进给电动机也立即停止。

2. 工作台 6 个运动方向的联锁

铣床工作时，在同一时间工作台只允许一个方向运动。为此，工作台上下左右前后 6 个方向之间都有联锁，这种联锁是通过机械和电气的方法来实现的。其中工作台纵向操作手柄实现工作台左、右运动方向之间的联锁；垂直与横向操作手柄实现上、下、前、后 4 个运动方向的联锁。但关键在于如何实现这两个操作手柄之间的联锁。为此，由纵向操作手柄控制的 SQ1 与

SQ2 的常闭触头 SQ1₂（16-22）与 SQ2₂（22-20）串联，由垂直与横向操作手柄控制的 SQ3 与 SQ4 的常闭触头 SQ3₂（16-15）与 SQ4₂（15-14）串联，再分别与 SA1₃（20-13）、SQ6₂（14-13）串联，组成两条并联支路来控制接触器 KM3 和 KM4 的线圈电路。若两个操作手柄都扳动，则把两条并联支路都断开，使接触器 KM3 或 KM4 线圈无法通电吸合，进给电动机停止转动，达到联锁目的。

3. 长工作台与圆工作台的联锁

由圆工作台选择开关 SA1 来实现长工作台与圆工作台之间的联锁。当选用圆工作台时，SA1 选择在"接通"位置，此时触头 SA1₁（16-17）断开，SA1₃（13-20）断开，SA1₂（20-18）闭合。进给电动机启动接触器 KM4 线圈经由 SQ1 至 SQ4 常闭触头串联电路通电吸合，进给电动机 M2 启动旋转，拖动圆工作台回转。若此时又扳动纵向操作手柄或垂直与横向操作手柄，将压下 SQ1 至 SQ4 行程开关中的某一个，断开 KM4 线圈电路，进给电动机 M2 立即停止。相反，若长工作台正在运动，扳动圆工作台选择开关 SA1，使其置于"接通"位置，此时触头 SA1₁（16-17）断开，KM3 或 KM4 线圈电路切断，进给电动机立即停止。

4. 工作台快速移动与进给运动的联锁

工作台快速移动是在工作进给的基础上进行的，只有工作台进行工作进给后，再按下快速移动点动按钮 SB5 或 SB6 才可实现工作台快速移动，松开 SB5 或 SB6，工作台又返回到工作进给状态。

5. 具有完善的保护

（1）由熔断器 FU1、FU2 实现主电路的短路保护，FU3 实现控制电路短路保护，FU4 实现照明电路短路保护。

（2）热继电器 FR1、FB2、FB3 实现电动机 M1、M2、M3 的长期过载保护。

（3）工作台左、右、上、下、前、后 6 个运动方向的限位保护。

（七）X62W 型卧式万能铣床电气控制特点

从以上分析可知，X62W 控制电路有以下特点。

（1）电气控制线路与机械操作配合相当密切，因此分析中要详细了解机械结构与电气控制的关系。

（2）运动速度的调整主要是通过机械方法，因此简化了电气控制系统中的调速控制线路,但机械结构就相对比较复杂。

(3)控制线路中设置了变速时瞬时点动控制,从而使变速顺利进行。

(4)主轴电动机采用按钮操作,而进给电动机则采用机械操作手柄进行的机械与电气开关联动的操作,而且均采用两地操作,操作方便。

(5)具有完善的电气联锁,并具有短路、零压、过载及超行程限位保护环节,工作可靠。

四、X62W 铣床电气控制常见故障分析

(一)主轴停车后产生短时反向旋转

故障一般是由于速度继电器弹簧调得过松,使触点断开太迟,导致在反接的制动力作用下,主轴电动机停止后,会出现短时反转现象。只要将触点弹簧重新调整适当,即可排除。

(二)按下主轴停车按钮后主轴不停

这类故障大多是由于主轴电动机频繁启动、制动,导致接触器 KM1 主触头发生熔焊断不开所致。此外,反接制动接触器 KM2 的主触头中有一相接触不良,也会造成主轴不停。当按下停止按钮后,KM1 线圈断电释放,KM2 线圈通电吸合,但 KM2 主触头只有两相接通,电动机不会产生反向制动转矩,主轴电动机仍按原方向转动。检查方法是按下停车按钮,KM1 能释放,KM2 能吸合,表明控制电路正常;若无制动,仍按原方向转动,可表明 KM2 主触头有一相接触不良。

(三)主轴停车制动不明显或无制动

该类故障原因多出现在速度继电器 KS 上。若停车时无制动则是因为 KS 常开触点不能按旋转方向正常闭合,在停车时失去制动作用。而速度继电器的常见故障主要有:推动触点的胶木摆杆断裂失去控制;继电器轴上圆销弯曲、磨损或弹性连接元件损坏;螺钉松动或永久磁铁转子的磁性消失等。若停车制动不明显,则往往是速度继电器触点弹簧调得过紧,造成反接制动电路过早被切断,制动效果不明显。

(四）工作台控制电路故障

（1）工作台向左、向右不能进给。应先检查向前、向后进给是否正常。如果正常，表明进给电动机主电路，接触器 KM3、KM4 及行程开关 SQ1、SQ2 都正常。此时应检查 KM3、KM4 控制电路中的 $SQ3_2$、$SQ4_2$ 和 $SQ6_2$ 三对常闭触点。这三对常闭触点中只要有一对接触不良或损坏，就会使工作台向左或向右不能进给。其中 SQ6 是进给变速冲动开关，经常由于变速时手柄扳动过猛而损坏。

（2）工作台不能作向上进给运动。检查接触器 KM3 是否动作，行程开关 SQ4 是否压下，KM4 常闭互锁触头是否闭合接通，热继电器是否动作，最后检查垂直与横向操作手柄位置是否正确，往往由于机械磨损操纵不灵，使在扳动操作手柄时压合不上行程开关 SQ4 所致，或由于 SQ4 行程开关固定螺钉松动或损坏，若此时扳动手柄置于"向后"位置，工作台也不能作向后进给运动，而扳到"向下"位置，工作台则能做向下进给运动，那一定是行程开关 SQ4 的问题。如发生此类故障，应与装配钳工配合修理。

（3）工作台六个方向都不能进给。首先要检查控制电路电压是否正常。若不正常，应查找原因；若正常，可扳动操作手柄至任一运动方向，观察相应接触器是否吸合。在主电路中，常见故障原因有接触器主触头接触不良、电动机接线脱落等。

（4）工作台不能快速进给。原因多是牵引电磁铁电路不通，多数是由于接线头脱落、线圈损坏或机械卡死等原因造成的。如果按下 SB5 或 SB6 后，牵引电磁线圈吸合，故障大多是离合器摩擦片间隙调整不当或杠杆卡死。

第三节　摇臂钻床的电气控制

钻床是一种用途广泛的孔加工机床。它主要用于钻削精度要求不太高的孔，另外还可以进行扩孔、铰孔、攻螺纹及修刮端面等多种形式的加工。

钻床的结构形式很多，有立式钻床、台式钻床、摇臂钻床、多轴钻床、深孔钻床、卧式钻床及其他专用钻床等。摇臂钻床是一种立式钻床，它适用于单件或批量生产中带有多孔的大型零件的孔加工，操作方便、灵活，适用范围广，具有典型性。下面以 Z3040 型摇臂钻床为例分析其电气控制。

一、摇臂钻床的主要结构及运动情况

摇臂钻床主要由底座、内立柱、外立柱、摇臂、主轴箱及工作台等部分组成，内立柱固定在底座上，在它外面套着空心的外立柱，外立柱可绕着内立柱回转一周，摇臂一端的套筒部分与外立柱滑动配合，借助于丝杠，摇臂可沿着外立柱上下移动，但两者不能做相对转动，所以摇臂将与外立柱一起相对内立柱回转。主轴箱是一个复合的部件，它具有主轴及主轴旋转部件和主轴进给的全部变速和操纵机构。主轴箱可沿着摇臂上的水平导轨做径向移动。当进行加工时，可利用特殊的夹紧机构将外立柱紧固在内立柱上，摇臂紧固在外立柱上，主轴箱紧固在摇臂导轨上，然后进行钻削加工。

钻削加工时，主运动为主轴的旋转运动；进给运动为主轴的垂直移动；辅助运动为摇臂在外立柱上的升降运动、摇臂与外立柱一起沿内立柱的转动及主轴箱在摇臂上的水平移动。

二、摇臂钻床的电力拖动特点及控制要求

（1）摇臂钻床运动部件较多，为简化传动装置，采用多电动机拖动。

（2）摇臂钻床为适应多种形式的加工，要求主轴及进给有较大的调速范

围。主轴一般速度下的钻削加工常为恒功率负载；而低速时主要用于扩孔、铰孔、攻螺纹等加工，这时则为恒转矩负载。

（3）摇臂钻床的主运动与进给运动皆为主轴的运动，为此这两种运动由一台主轴电动机拖动，分别经主轴传动机构、进给传动机构实现主轴旋转和进给。所以主轴变速机构与进给变速机构都装在主轴箱内。

（4）为加工螺纹，主轴要求能够正、反转。摇臂钻床主轴正反转一般采用机械方法来实现，这样主轴电动机只需单方向旋转。

（5）摇臂的升降由升降电动机拖动，要求电动机能够正、反转。

（6）内外立柱的夹紧与放松、主轴箱与摇臂的夹紧与放松可采用手柄机械操作、电气—机械装置、电气—液压装置或电气—液压—机械装置等控制方法来实现。若采用液压装置，则备有液压泵电动机，拖动液压泵供出压力油来实现。

（7）摇臂的移动严格按照摇臂松开—移动—摇臂夹紧的程序进行。因此，摇臂的夹紧、放松与摇臂升降按自动控制进行。

（8）根据钻削加工需要，应由冷却泵电动机拖动冷却泵，供出冷却液，进行刀具的冷却。

（9）具有必要的联锁和保护环节。

（10）具有机床安全照明和信号指示。

三、Z3040型摇臂钻床的电气控制

Z3040型摇臂钻床在机械上有两种结构形式，相应的电气控制也有两种形式，下面以沈阳生产的Z3040型摇臂钻床为例进行分析。该摇臂钻床具有两套液压控制系统：一套是由主轴电动机拖动齿轮送出压力油，通过操纵机构实现主轴正转、反转、停车制动、空挡、预选与变速的操纵机构液压系统；另一套是由液压泵电动机拖动液压泵送出压力油来实现摇臂的夹紧与松开，主轴箱的夹紧、松开和立柱的夹紧、松开的夹紧机构液压系统。前者安装于主轴箱内，后者安装于摇臂电气盒下部。

（一）液压系统简介

1. 操纵机构液压系统

该系统压力油由主轴电动机拖动齿轮泵送出，由主轴操作手柄来改变两

个操纵阀的相互位置，使压力油作不同的分配，获得不同的动作。操作手柄有5个空间位置：上、下、里、外和中间位置。其中上为"空挡"，下为"变速"，外为"正转"，里为"反转"，中间位置为"停车"。而主轴转速及主轴进给量各由一个旋钮预选，然后再操作主轴手柄。

主轴旋转时，首先按下主轴电动机启动按钮，主轴电动机启动旋转，拖动齿轮泵，送出压力油。然后操纵主轴手柄，扳至所需转向位置（里或外），两个操纵阀相互位置改变，使一股压力油将制动摩擦离合器松开，为主轴旋转创造条件；另一股压力油压紧正转（反转）摩擦离合器，接通主轴电动机到主轴的传动链，驱动主轴正转或反转。

主轴停车时，将操作手柄扳回到中间位置，这时主轴电动机仍拖动齿轮泵旋转，但此时整个液压系统为低压油，无法松开制动摩擦离合器，而在制动弹簧作用下将制动摩擦离合器压紧，使制动轴上的齿轮不能转动，实现主轴停车。所以主轴停车时，主轴电动机仍在旋转，只是不能将动力传到主轴。

在主轴正转或反转的过程中，可转动变速旋钮，改变主轴转速或主轴进给量。

主轴变速与进给变速：将主轴操作手柄扳至"变速"位置，则改变两个操纵阀的相互位置，使齿轮泵送出的压力油进入主轴转速预选阀和主轴进给量预选阀，然后进入各变速油缸。变速液压缸为差动液压缸，根据选择主轴转速和进给量大小，具体确定哪个液压缸上腔进压力油或回油。与此同时，另一油路系统推动拨叉缓慢移动，逐渐压紧主轴正转摩擦离合器，接通主轴电动机到主轴的传动链，带动主轴缓慢旋转，称为缓速，以利于齿轮的顺利啮合。当变速完成，松开操作手柄，此时手柄在弹簧作用下由"变速"位置自动复位到主轴"停车"位置，然后再操纵主轴正转或反转，主轴将在新的转速或进给量下工作。

主轴空挡：将操作手柄扳向"空挡"位置，这时压力油使主轴传动中的滑移齿轮处于中间脱开位置。这时，可用手轻便地转动主轴。

2. 夹紧机构液压系统

主轴箱、内外立柱和摇臂的夹紧与松开，是由液压泵电动机拖动液压泵送出压力油，推动活塞、菱形块来实现的。其中主轴箱和立柱的夹紧、放松由一个油路控制，而摇臂的夹紧、放松因要与摇臂的升降运动构成自动循环，故由另一油路来控制。这两个油路均由电磁阀操纵。

（二）电气控制电路分析

Z3040型摇臂钻床电路图如图5-3所示，图中M1为主轴电动机，M2为摇臂升降电动机，M3为液压泵电动机，M4为冷却泵电动机。

1. 主轴电动机的控制

主轴电动机M1为单向旋转，由按钮SB1、SB2和接触器KM1构成主轴电动机单向启动、停止控制电路。主轴电动机启动后拖动齿轮泵送出压力油，再操纵主轴操作手柄，驱动主轴实现正转或反转。

2. 摇臂升降的控制

当摇臂升降指令发出，先使摇臂松开，此后摇臂上升或下降，等到摇臂升降到位时，又自行重新夹紧。由于摇臂的松开与夹紧是由夹紧机构液压系统实现的，因此摇臂升降控制要与夹紧机构液压系统紧密配合。

M2为摇臂升降电动机，由按钮SB3、SB4点动控制正、反转接触器KM2、KM3实现M2电动机的正、反转，拖动摇臂上升或下降。

液压泵电动机M3由正、反转接触器KM4、KM5控制，实现电动机正、反转，拖动双向液压泵，送出压力油，经二位六通阀送至摇臂夹紧机构实现夹紧与松开。

下面以摇臂上升为例分析摇臂升降的控制。

按下上升点动按钮SB3，时间继电器KT线圈通电，瞬动常开触头KT（13-14）闭合，接触器KM4线圈通电，液压泵电动机M3启动旋转，拖动液压泵送出压力油，同时KT的断电延时断开触头KT（1-17）闭合，电磁阀YV线圈通电。于是液压泵送出的压力油经二位六通阀进入摇臂夹紧机构的松开油腔，推动活塞和菱形块，将摇臂松开。同时，活塞杆通过弹簧片压上行程开关SQ2，发出摇臂松开信号，即触头SQ2（6-13）断开，SQ2（6-7）闭合，前者断开KM4线圈电路，液压泵电动机M3停止旋转，液压泵停止供油，摇臂维持在松开状态；后者接通KM2线圈电路，使KM2线圈通电，摇臂升降电动机M2启动旋转，拖动摇臂上升。因此，行程开关SQ2是用来反映摇臂是否松开且发出松开信号的元件。

当摇臂上升到所需位置时，松开摇臂上升点动按钮SB3，KM2与KT线圈同时断电，M2电动机依惯性旋转，摇臂停止上升。而KT线圈断电，其断电延时闭合触头KT（17-18）经延时1~3s后才闭合，断电延时断开触头KT（1-17）经延时后才断开。在KT断电延时的1~3s时间内KM5线圈仍处于断电状态，电磁阀 YV 仍处于通电状态。确保摇臂升降电动机 M2 在断开电源后到完全停止运转才开始摇臂的夹紧动作，所以 KT 延时长短依 M2 电动机切断电源至完全停止旋转的惯性大小来调整。

KT 断电延时时间到，触头 KT（17-18）闭合，KM5 线圈通电吸合，液压泵电动机 M3 反向启动，拖动液压泵，供出压力油。同时触头 KT（1-17）断开，电磁阀 YV 线圈断电，这时压力油经二位六通阀进入摇臂夹紧油腔，反方向推动活塞和菱形块，将摇臂夹紧。同时，活塞杆通过弹簧片压下行程开关 SQ3，使触头 SQ3（1-17）断开，KM5 线圈断电，M3 停止旋转，摇臂夹紧完成。所以 SQ3 为摇臂夹紧信号开关。

摇臂升降的极限保护由组合开关 SQ1 来实现，SQ1 有两对常闭触头，当摇臂上升或下降到极限位置时，相应触头动作，切断对应上升或下降接触器 KM2 与 KM3，使摇臂升降电动机 M2 停止旋转，摇臂停止移动。SQ1 开关两对触头平时应调整在同时接通位置；一旦动作时，应使一对触头断开，而另一对触头仍保持闭合。

摇臂自动夹紧程度由行程开关 SQ3 控制。若夹紧机构液压系统出现故障不能夹紧，将使触头 SQ3（1-17）断不开，或者由于 SQ3 开关安装调整不当，摇臂夹紧后仍不能压下 SQ3。这时都会使 M3 长期处于过载状态，易将电动机烧毁，为此，M3 主电路采用热继电器 FR2 作过载保护。

3. 主轴箱、立柱松开与夹紧的控制

主轴箱和立柱的松开和夹紧是同时进行的。当按下松开按钮 SB5，接触器 KM4 线圈通电，液压泵电动机 M3 正转，拖动液压泵送出压力油，这时电磁阀 YV 线圈处于断电状态，压力油经二位六通阀，进入主轴箱与立柱松开油腔，推动活塞和菱形块，使主轴箱与立柱松开，而由于 YV 线圈断电，压力油不会进入摇臂松开油腔，摇臂仍处于夹紧状态。当主轴箱与立柱松开时，行程开关 SQ4 不受压，触头 SQ4（101-102）闭合，指示灯 HL1 亮，表示主轴箱与立柱确已松开。可以手动操作主轴箱在摇臂的水平导轨上移动，也可推动摇臂（套在外立柱上）使外立柱绕内立柱旋转移动，当移动到位后再按下夹紧按钮 SB6，接触器 KM5 线圈通电，液压泵电动机 M3 反转，拖动液压泵送出压力油至夹紧油腔，使主轴箱与立柱夹紧。当确已夹紧时，压下 SQ4，触头 SQ4（101-103）闭合，HL2 灯亮，而触头 SQ4（101-102）断开，HL1 灭，指示主轴箱与立柱已夹紧，可以进行钻削加工。

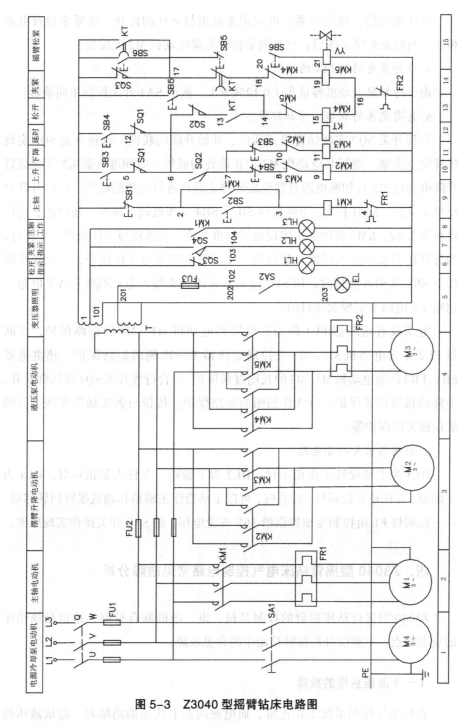

图 5-3 Z3040 型摇臂钻床电路图

机床安装后，接通电源，可利用主轴箱与立柱的松开、夹紧来检查电源相序，当电源相序正确后，再来调整摇臂升降电动机 M2 的接线。

4. 冷却泵电动机 M4 的控制

由于冷却泵电动机容量小（0.125kW），故由 SA1 开关控制单向旋转。

5. 具有完善的联锁、保护环节

行程开关 SQ2 实现摇臂松开到位、开始升降的联锁。行程开关 SQ3 实现摇臂完全夹紧、液压泵电动机 M3 停止旋转的联锁。时间继电器 KT 实现摇臂升降电动机 M2 自切断电源且惯性旋转停止后再进行夹紧的联锁。摇臂升降电动机正反转，除由上升、下降按钮 SB3、SB4 实现机械互锁外，还由正、反转接触器 KM2、KM3 常闭触头实现电气双重互锁。主轴箱与立柱松开、夹紧时，为保证压力油不进入摇臂夹紧油路，在进行主轴箱与立柱松开、夹紧操作即按下 SB5 或 SB6 按钮时，用 SB5 或 SB6 常闭触头接入电磁阀线圈 YV 电路，切断 YV 电路来实现联锁目的。

电路设有熔断器 FU1 作为总电路和电动机 M1、M4 的短路保护，熔断器 FU2 作为电动机 M2、M3 及控制变压器 T 一次侧的短路保护。热继电器 FR1、FR2 作为电动机 M1、M3 的长期过载保护。组合行程开关 SQ1 作摇臂上升、下降的极限位置保护。FU3 作照明的短路保护。按钮与各接触器实现电路的失压或欠压保护等。

6. 照明与信号指示电路

HL3 为主轴旋转工作指示灯。HL2 为主轴箱、立柱夹紧指示灯。HL1 为主轴箱、立柱松开指示灯，灯亮时，可以手动操作主轴箱移动或摇臂回转移动。

照明灯 EL 由控制变压器供给 36V 安全电压，经 SA2 开关操作实现照明。

四、Z3040 型摇臂钻床电气控制电路常见故障分析

Z3040 型摇臂钻床摇臂的控制是机、电、液的联合控制，这也是该钻床的重要特点。下面仅分析摇臂移动中的常见故障。

（一）液压系统的故障

有时电气控制系统工作正常，而电磁阀芯卡住或油路堵塞，造成液压控制系统失灵，也会造成摇臂无法移动。因此，在维修工作中应正确判断是电

气控制系统还是液压系统的故障，然而这两者之间又相互联系，为此应相互配合共同排除故障。

（二）摇臂不能上升

由摇臂上升的电气动作过程可见，摇臂移动的前提是摇臂完全松开，此时活塞杆通过弹簧片压下行程开关 SQ2，接触器 KM4 线圈断电，液压泵电动机 M3 停止旋转，而接触器 KM2 线圈通电吸合，摇臂升降电动机 M2 启动旋转，拖动摇臂上升。下面以 SQ2 开关有无动作来分析摇臂不能移动的原因。

若 SQ2 不动作，常见故障为 SQ2 安装位置不当或位置发生移动。这样，摇臂虽已松开，但活塞杆仍压不上 SQ2，致使摇臂不能移动。有时也会出现因液压系统发生故障，使摇臂没有完全松开，活塞杆压不上 SQ2，为此，应配合机械、液压系统调整好 SQ2 位置并安装牢固。

有时电动机 M3 电源相序接反，此时按下摇臂上升按钮 SB3 时，电动机 M3 反转，使摇臂夹紧，更压不上 SQ2，摇臂也不会上升。因此，机床大修或安装完毕后，必须认真检查电源相序及电动机正、反转是否正确。

（三）摇臂移动后夹不紧

摇臂移动到位后，松开 SB3 或 SB4 按钮后，摇臂应自动夹紧，而夹紧动作的结束是由行程开关 SQ3 来控制的。若摇臂夹不紧，说明摇臂控制电路能动作，只是夹紧力不够，这是由于 SQ3 动作过早，使液压泵电动机 M3 在摇臂还未充分夹紧时就停止旋转，这往往是由于 SQ3 安装位置不当，过早地被活塞杆压上动作所致。

第四节 镗床的电气控制

镗床也是用于孔加工的机床，与钻床比较，镗床主要用于加工精确的孔和各孔间的距离要求较精确的零件，如一些箱体零件（机床主轴箱、变速箱等）。镗床的加工形式主要是用镗刀镗削在工件上已铸出或已粗钻的孔，除此之外，大部分镗床还可以进行铣削、钻孔、扩孔、铰孔及加工平面等。

按用途不同，镗床可分为卧式镗床、立式镗床、坐标镗床、金刚镗床和专门化镗床等。下面以常用的卧式镗床为例进行分析。T68型卧式镗床是镗床中应用较广的一种。

一、T68型卧式镗床主要结构、运动形式及拖动特点

1. 主要结构

它主要由床身、前立柱、镗头架、工作台、后立柱和尾架等部分组成。床身是一个整体铸件，在它的一端固定有前立柱，前立柱的垂直导轨上装有镗头架，镗头架可沿着导轨垂直移动。镗头架里集中装有主轴、变速箱、进给箱与操作机构等部件。切削刀具固定在镗轴前端的锥形孔里，或装在花盘的刀具溜板上，在工作过程中，镗轴一面旋转，一面沿轴向做进给运动。花盘只能旋转，装在上面的刀具溜板可作垂直于主轴轴线方向的径向进给运动。镗轴和花盘轴是通过单独的传动链传动，因此可以独立转动。

后立柱的尾架用来支承装夹在镗轴上的镗杆末端，它与镗头架同时升降，两者的轴线始终在一条直线上。后立柱可沿床身水平导轨在镗轴的轴线方向调整位置。

安装工件的工作台安置在床身中部的导轨上，它由上溜板、下溜板与可转动的台面组成。工作台可作平行于和垂直于镗轴轴线方向的移动，并可转动。

2. 运动形式

由以上分析可知，T68型卧式镗床的运动形式有三种。

(1) 主运动镗轴与花盘的旋转运动。

(2) 进给运动镗轴的轴向进给、花盘上刀具的径向进给、镗头的垂直进给、工作台的横向和纵向进给。

(3) 辅助运动工作台的旋转、后立柱水平移动、尾架的垂直移动及各部分的快速移动。

3. 拖动特点

镗床工艺范围广，运动多，主轴转速与进给量都应有足够的调节范围，从电气控制上看有以下特点。

(1) 卧式镗床的主运动与进给运动由一台电动机拖动。主轴拖动要求恒功率调速，且要求能够正、反转，一般采用单速或多速笼型三相异步电动机拖动。为扩大调速范围，简化机械变速机构，可采用晶闸管控制的直流电动机调速系统。

(2) 为满足加工过程调整工作的需要，主轴电动机应能实现正、反转点动控制。

(3) 要求主轴停车制动迅速、准确，为此设有主轴电动机电气制动环节。

(4) 主轴及进给速度可在开车前预选，也可在工作过程中进行变速，为便于变速时齿轮的顺利啮合，应设有变速低速冲动环节。

(5) 为缩短辅助时间，机床各运动部件应能实现快速移动，并由单独快速移动电动机拖动。

(6) 镗床运动部件较多，应设置必要的联锁及保护环节，且采用机械手柄与电气开关联动的控制方式。

二、T68 型卧式镗床电气控制

T68 型卧式镗床电气控制电路图如图 5-4 所示。图中 M1 为主电动机，拖动机床的主运动和进给运动。M2 为快速移动电动机，实现主轴箱与工作台的快速移动。主电动机为双速电动机，功率为 5.5~7.5kW，转速为 1460~2880r/min；快速移动电动机功率为 2.5kW，转速为 1460r/min。整个控制电路由主轴电动机正反转启动旋转与正反转点动控制环节、主轴电动机正反转停车反接制动控制环节、主轴变速与进给变速时的低速运转环节、工作台快速移动控制及机床的联锁与保护环节等组成。

1. 主电动机的正、反转控制

（1）主电动机正反转点动控制。由正、反转接触器 KM1、KM2 与正反转点动按钮 SB3、SB4 组成主电动机 M1 正反转点动控制电路，此时电动机定子串入降压电阻 R，三相定子绕组接成 △ 连接进行低速点动。

（2）主电动机正反向低速旋转控制。由正反转启动按钮 SB1、SB2 与正反转中间继电器 KA1、KA2 及正反转接触器 KM1、KM2 构成电动机正反转启动电路。当选择主电动机低速运转时，应将主轴速度选择手柄置于低速挡位，此时经速度选择手柄联动机构使高低速行程开关 SQ 处于释放状态，其触头 SQ（12-13）处于断开状态。当主轴变速手柄与进给变速手柄置于原位时，变速行程开关 SQ1、SQ3 均被压下，使触头 SQ3（5-10）、SQ1（10-11）闭合。此时若按下 SB1 或 SB2 时，将使 KA1 或 KA2 线圈通电吸合，使 KM3 与 KM1 或 KM2 线圈通电吸合，KM6 相继通电吸合，主电动机定子绕组连接成 △ 形，在全压下直接启动获得低速旋转。

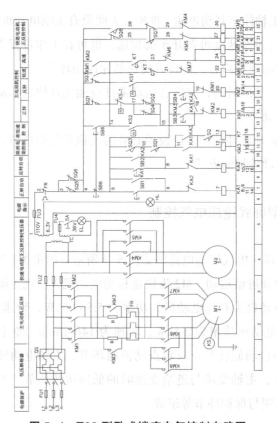

图 5-4　T68 型卧式镗床电气控制电路图

（3）主电动机高速正反转的控制。如果需主电动机高速启动旋转时，将主轴速度选择手柄置于高速挡位，此时速度选择手柄经联动机构将行程开关 SQ 压下，触头 SQ（12-13）闭合。这样，在按下启动按钮，KM3 线圈通电的同时，时间继电器 KT 线圈也通电吸合。于是电动机 M1 在低速 △ 连接启动并经 3s 左右的延时后，因 KT 通电延时断开触头 KT（14-21）断开，主电动机低速转动接触器 KM6 断电释放；同时，KT 通电延时闭合触头 KT（14-23）闭合，高速转动接触器 KM7 通电吸合，KM7、KM8 主触头闭合，将主电动机 M1 定子绕组接成 YY 形并重新接通三相电源，从而使主电动机由低速旋转转为高速旋转，实现电动机按低速挡启动再自动换接成高速挡旋转的自动控制。

2. 主电动机停车与制动的控制

主电动机 M1 在运行中可按下停止按钮 SB6 实现主电动机的停车与制动。由 SB6、速度继电器 KS、接触器 KM1、KM2 和 KM3 构成主电动机正反转反接制动控制电路。

以主电动机正向旋转时的停车制动为例，此时速度继电器 KV 的正向动合触头 KS-1（14-19）闭合。停车时，按下复合停止按钮 SB6，其触头 SB6（4-5）断开。若原来处于低速正转状态，这时 KM1、KM3、KM6 和 KA1 断电释放；若原来为高速正转，则 KM1、KM3、KM7、KM8、KA1 及 KT 断电释放，限流电阻 R 串入主电动机定子电路。虽然此时电动机已与电源断开，但由于惯性作用，M1 仍以较高速度正向旋转。而停止按钮另一对触头 SB6（4-14）闭合，KM2 线圈经触头 KV1（14-15）通电吸合，其触头 KM2（4-14）闭合对停止按钮起自锁作用。同时，接触器 KM6 线圈通电吸合。KM2、KM6 的主触头闭合，经限流电阻 R 接通主电动机三相电源，主电动机接成 △ 进行反接制动，电动机转速迅速下降。当主电动机转速下降到速度继电器 KS 复位转速时，触头 KS-1（14-19）断开，KM2、KM6 线圈先后断电释放，其主触头切断主电动机三相电源，反接制动结束，电动机自由停车。

由以上分析可见，在进行停车操作时，必须将停止按钮 SB6 按到底，使 SB6（4-14）触头闭合，否则将无反接制动，电动机只是自由停车。

3. 主电动机在主轴变速与进给变速时的连续低速冲动控制

T68 型卧式镗床的主轴变速与进给变速既可在主轴电动机停车时进行，也可在电动机运行中进行。变速时，为便于齿轮的啮合，主电动机在连续低速状态下运行。

(1)变速操作过程。主轴变速时，首先将变速操纵盘上的操纵手柄拉出，然后转动变速盘，选好速度后，再将变速手柄推回。在拉出或推回变速手柄的同时，与其联动的行程开关 SQ1、SQ2 相应动作。在手柄拉出时，SQ1 不受压，SQ2 压下，当手柄推回时，SQ1 压下，SQ2 不受压。

(2)主电动机在运行中进行变速时的自动控制。主电动机在运行中如需变速，将变速孔盘拉出，此时 SQ1 不受压，触头 SQ1(11-10)处于断开状态，使接触器 KM3 线圈断电释放，其主触头断开，将限流电阻 R 串入定子电路，而触头 KM3(5-18)断开，KM1 或 KM2 均断电释放。因此，主电动机无论工作在正转或反转运行状态，都因 KM1 或 KM2 线圈断电释放而停止旋转。

(3)主电动机在主轴变速时的连续低速冲动控制。主轴变速时，将变速孔盘拉出，SQ1 不再受压，触头 SQ1(4-14)闭合，而 SQ2 压下，于是触头 SQ2(17-15)闭合。

若变速前主电动机处于正转运行状态，此时由于主轴变速手柄地拉出，使主电动机处于自停状态，速度继电器触头 KS-1(14-17)闭合，KS-1(14-19)断开，KS-2(14-15)处于断开状态，使接触器 KM1、KM6 线圈相继通电吸合。KM1、KM6 主触头闭合，主电动机定子绕组连接成△接线并经限流电阻 R 正向启动旋转。随着主电动机转速的上升，当到达速度继电器 KS 动作值时，触头 KS-1(14-17)断开，KM1 线圈断电释放，主触头又切断电动机三相电源，主电动机在惯性下继续正向旋转。同时，触头 KS-1(14-19)闭合，KM2 线圈通电吸合，而此时 KM6 仍通电吸合。KM2、KM6 主触头闭合，接通主电动机反向电源，经限流电阻 R 进行反接制动，使主电动机转速迅速下降。

当主电动机转速下降到速度继电器的释放值时，触头 KS1(14-19)断开，KM2 断电释放。同时，触头 KS-1(14-17)闭合，KM1 又通电吸合。于是，主电动机又接通正向电源，经限流电阻 R 正向启动。这样反复地启动和反接制动，使主电动机处于连续低速运转状态，有利于变速齿轮的啮合。一旦齿轮啮合后，变速手柄推回原位，开关 SQ1 压下，SQ2 不受压，触头 SQ1(4-14)断开，SQ2(17-15)断开，切断主电动机变速低速运转电路。

由以上分析可知，如果变速前主电动机处于停转状态，那么变速后主电动机也处于停转状态。若变速前主电动机处于正向低速(△连接)状态运转，由于中间继电器 KA1 仍保持通电状态，变速后主电动机仍处于△连接下运转。

同样道理，如果变速前电动机处于高速（YY连接）正转状态，则变速后，主电动机仍先接成△连接，再经过3s左右的延时，才进入YY接线的高速正转状态。

进给变速时主电动机连续低速冲动控制情况与主轴变速相同，只不过此时操作的是进给变速手柄，与其联动的行程开关是SQ3、SQ4，当手柄拉出时SQ3不受压，SQ4压下；当变速完成，推上进给变速手柄时，SQ3压下，SQ4不受压。其余电路工作情况与主轴变速相同，在此不再重复。

4. 镗头架、工作台快速移动的控制

机床各部件快速移动，由快速移动操作手柄控制，由快速移动电动机M2拖动。运动部件及其运动方向的选择由装设在工作台前方的手柄操纵。快速操作手柄有"正向""反向""停止"3个位置。在"正向"与"反向"位置时，将压下行程开关SQ7或SQ8，使接触器KM4或KM5线圈通电吸合，实现M2电动机的正反转，并通过相应的传动机构使预选的运动部件按选定方向作快速移动。当快速移动控制手柄置于"停止"位置时，行程开关SQ7、SQ8均不受压，接触器KM4或KM5处于断电释放状态，M2快速移动电动机断电，快速移动结束。

5. 机床的联锁保护

由于T68型卧式镗床运动部件较多，为防止机床或刀具损坏，保证主轴进给和工作台进给不会同时进行，为此设置了两个联锁保护开关SQ5与SQ6。其中SQ5是与工作台和镗头架自动进给手柄联动的行程开关，SQ6是与主轴和平旋盘刀架自动进给手柄联动的行程开关。将这两个行程开关的常闭触头并联后串接在控制电路中，当两种进给运动同时选择时，SQ5、SQ6都被压下，其常闭触头断开，将控制电路切断，于是两种进给都不能进行，实现了联锁保护。

三、T68型卧式镗床常见电气故障分析

T68型卧式镗床主电动机为双速电动机，机械电气联锁与配合较多，现侧重这方面分析其常见电气故障。

（1）主轴实际转速比主轴变速盘指示的转速成倍提高或降低。T68镗床主轴是依靠电气机械变速来获得18种速度的。主轴电动机高、低速的转换是

通过与高低速选择手柄联动的行程开关SQ来控制的。SQ安装在主轴变速操纵手柄旁，当主轴变速机构转动时，将推动撞钉，再由撞钉去推动簧片，经簧片去压合SQ，实现触头SQ（12-13）的闭合与断开。所以在安装调整时，应使撞钉动作与变速盘指示转速相对应。否则使SQ动作恰恰相反，出现主轴实际转速比变速盘指示的转速成倍提高或降低的情况。

（2）主轴电动机只有高速挡而无低速挡，或只有低速挡而无高速挡。产生这一故障的因素较多，常见的有时间继电器KT不动作；行程开关SQ因安装原因，造成SQ始终处于接通或断开状态，若SQ始终接通，则主轴电动机只有高速，否则只有低速。

（3）主轴变速后在推上主轴变速操纵手柄后，主轴电动机无变速低速冲动，或运行中进行变速，变速完成后主轴电动机不能自行启动。主轴的变速冲动是由与变速操纵手柄有联动关系的行程开关SQ1与SQ2控制的。而SQ1、SQ2采用的是LX1型行程开关，它往往由于安装不牢固，位置偏移，触头接触不良，无法完成上述控制。甚至有时因SQ1开关绝缘性能差，造成绝缘击穿，导致触头SQ1（11-10）发生短路。这时即使变速操纵手柄拉出，电路仍断不开，使主轴仍以原速旋转，根本无法进行变速。

（4）主轴转速不符合要求。双速电动机定子接线错误，尤其是电动机的电源线不能接错，电动机高速挡时应接成YY接法。

第五节　磨床的电气控制

磨床是用磨具和磨料（如砂轮、砂带、油石、研磨剂等）对工件的表面进行磨削加工的一种机床，它可以加工各种表面，如平面、内外圆柱面、圆锥面和螺旋面等。通过磨削加工，使工件的形状及表面的精度、光洁度达到预期的要求；同时，它还可以进行切断加工。根据用途和采用的工艺方法不同，磨床可以分为平面磨床、外圆磨床、内圆磨床、工具磨床和各种专用磨床（如螺纹磨床、齿轮磨床、球面磨床、导轨磨床与无心磨床等），其中以平面磨床使用最多。平面磨床又分为卧轴和立轴、矩台和圆台四种类型，下面以 M7130 型卧轴矩台平面磨床为例介绍磨床的电气控制电路。

一、主要结构及运动形式

在箱形床身中装有液压传动装置，工作台通过活塞杆由油压驱动作往复运动，床身导轨由自动润滑装置进行润滑。工作台表面有 T 形槽，用以固定电磁吸盘，再用电磁吸盘来吸持加工工件。工作台往返运动的行程长度可通过调节装在工作台正面槽中的撞块的位置来改变。换向撞块是通过碰撞工作台往复运动换向手柄来改变油路方向，以实现工作台往复运动的。

在床身上固定有立柱，沿立柱的导轨上装有滑座，砂轮箱能沿滑座的水平导轨作横向移动。砂轮轴由装入式砂轮电动机直接拖动。在滑座内部往往也装有液压传动机构。

滑座可在立柱导轨上做上下垂直移动，并可由垂直进刀手轮操作。砂轮箱的水平轴向移动可由横向移动手轮操作，也可由液压传动轮位置或修整砂轮，间断移动用于进给。

砂轮的旋转运动是主运动。进给运动有垂直进给，即滑座在立柱上的上下运动；横向进给，即砂轮箱在滑座上的水平运动；纵向进给，即工作台沿床身的往复运动。工作台每完成一次往复运动时，砂轮箱便做一次间断性的横向进给；当加工完整个平面后，砂轮箱做一次间断性的垂直进给。

二、M7130 型平面磨床电力拖动特点及控制要求

M7130 型平面磨床采用多电动机拖动，其中砂轮电动机拖动砂轮旋转；液压电动机驱动油泵，供出压力油，经液压传动机构来完成工作台往复运动并实现砂轮的横向自动进给，并承担工作台导轨的润滑；冷却泵电动机拖动冷却泵，供给磨削加工时需要的冷却液，从而使其具有最简单的机械传动机构。

平面磨床是一种精密机床，为保证加工精度，使其运行平稳，确保工作台往复运动换向时惯性小、无冲击，一般采用液压传动，实现工作台往复运动及砂轮箱的横向进给。

磨削加工时无调速要求，但要求砂轮转速高，通常采用两极笼型电动机，且采用装入式笼型电动机直接拖动，这样还能提高砂轮主轴刚度，进而提高

磨削加工精度。为减小工件在磨削加工中的热变形，并冲走磨屑，以保证加工精度，需使用冷却液。为适应磨削小工件，也为使工件在磨削过程中受热能自由伸缩，通常采用电磁吸盘来吸持工件。为此，M7130型平面磨床由砂轮电动机、液压泵电动机、冷却泵电动机分别拖动，且只进行单方向旋转。冷却泵电动机与砂轮电动机具有顺序联锁关系：在砂轮电动机启动后才可以开动冷却泵电动机；无论电磁吸盘工作与否，均可开动各电动机，以便进行磨床的调整运动，具有完善的保护环节和工件退磁环节及机床照明电路。

三、M7130型平面磨床电气控制

图5-5所示为M7130型平面磨床电气控制电路图。其电气设备均安装在床身后部的壁龛盒内，控制按钮安装在床身前部的电气操纵盒上。电气电路图可分为主电路、控制电路、电磁吸盘控制电路及机床照明电路等部分。

（一）主电路

砂轮电动机M1、冷却泵电动机M2与液压泵电动机M3皆为单向旋转。其中M1、M2由接触器KM1控制，再经插接器X1供电给M2，电动机M3由接触器KM2控制。

三台电动机共用熔断器FU1作短路保护，M1、M2由热继电器FR1，M3由热继电器FR2做长期过载保护。

（二）电动机控制电路

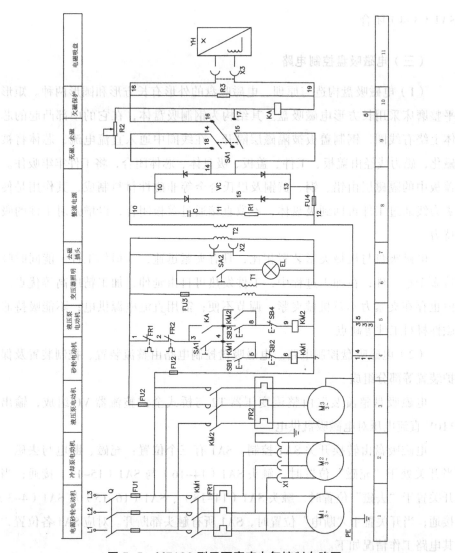

图 5-5 M7130 型平面磨床电气控制电路图

由按钮 SB1、SB2 与接触器 KM1 构成砂轮电动机 M1 单向旋转启动—停止控制电路；由按钮 SB3、SB4 与接触器 KM2 构成液压泵电动机 M3 单向旋转启动—停止控制电路。但电动机的启动必须在下述条件之一成立时方可进行。

（1）电磁吸盘 YH 工作，且欠电流继电器 KA 通电吸合，表明吸盘电流足够大，足以将工件吸牢时，其触头 KA（3-4）闭合。

（2）若电磁吸盘 YH 不工作，转换开关 SA1 置于"去磁"位置，其触头

SA1（3-4）闭合。

（三）电磁吸盘控制电路

（1）电磁吸盘构造与原理。电磁吸盘的外形有长方形和圆形两种。矩形平整磨床采用长方形电磁吸盘。其结构为钢制吸盘体，在它的中部凸起的芯体上绕有线圈，钢制盖板被隔磁层隔开。在线圈中通入直流电流，芯体将被磁化，磁力线经由盖板、工件、盖板、吸盘体、芯体闭合，将工件牢牢吸住。盖板中的隔磁层由铅、铜、黄铜及巴氏合金等非磁性材料制成，其作用是使磁力线通过工件再回到吸盘体，不致直接通过盖板闭合，以增强对工件的吸持力。

电磁吸盘与机械夹紧装置相比，具有夹紧迅速，不损伤工件，能同时吸持多个小工件；在加工过程中，工件发热可自由延伸，加工精度高等优点。但也存在夹紧力不及机械夹紧，调节不便；需用直流电源供电；不能吸持非磁性材料工件等缺点。

（2）电磁吸盘控制电路。电磁吸盘控制电路由整流装置、控制装置及保护装置等部分组成。

电磁吸盘整流装置由整流变压器 T2 与桥式全波整流器 VC 组成，输出 110V 直流电压对电磁吸盘供电。

电磁吸盘由转换开关 SA1 控制。SA1 有三个位置：充磁、断电与去磁。当开关处于"充磁"位置时，触头 SA1（14-16）与 SA1（15-17）接通；当开关置于"去磁"位置时，触头 SA1（14-18）、SA1（16-15）及 SA1（4-3）接通；当开关置于"断电"位置时，SA1 所有触头都断开。对应 SA1 各位置，其电路工作情况如下。

当 SA1 置于"充磁"位置时，电磁吸盘 YH 获得 110V 直流电压，其极性 19 号线为正极，16 号线为负极，同时欠电流继电器 KA 与 YH 串联，当吸盘电流足够大时，KA 动作，触头 KA（3-4）闭合，表明电磁吸盘吸力足以将工件吸牢，此时可分别操作启动按钮 SB1 与 SB3，启动 M1 与 M3 电动机进行磨削加工。当加工完成，按下停止按钮 SB2 与 SB4，M1 与 M3 停止旋转。为使工件易于从电磁吸盘上取下，需对工件进行去磁。其方法是将开关 SA1 扳至"退磁"位置。

当 SA1 扳至"退磁"位置时，电磁吸盘中通入反方向电流，并在电路中串入可变电阻 R2，用以限制并调节反向去磁电流大小，达到既退磁、又不致反向磁化的目的。退磁结束，将 SA1 扳到"断电"位置，便可取下工件。若工件对去磁要求严格，在取下工件后，还要用交流去磁器进行去磁。交流去磁器是平面磨床的一个附件，使用时，将交流去磁器插头插在床身的插座 X2 上，再将工件放在去磁器上即可去磁。

交流去磁器的构造和工作原理为：由硅钢片制成铁芯，在其上套有线圈并通以交流电，在铁芯柱上装有极靴，在由软钢制成的两个极靴间隔有隔磁层。去磁时将工件在极靴平面上来回移动若干次，即可完成去磁要求。

（3）电磁吸盘保护环节。电磁吸盘具有欠电流保护、过电压保护及短路保护等功能。

电磁吸盘的欠电流保护：为了防止平面磨床在磨削过程中出现断电事故或吸盘电流减小，致使电磁吸力消失或吸力减小，造成工件飞出，危及设备及人身安全，故在电磁吸盘线圈电路中串入欠电流继电器 KA。只有当电磁吸盘直流电压符合设计要求，吸盘具有足够吸力时，欠电流继电器 KA 才吸合动作，触头 KA（3-4）闭合，启动 M1、M3 电动机，为磨削加工做准备，否则不能开动磨床进行加工；若在磨削加工中，吸盘电流过小，将使欠电流继电器 KA 释放，触头 KA（3-4）断开，接触器 KM1、KM2 线圈断电，电动机 M1、M3 停止旋转，避免事故发生。

电磁吸盘线圈的过电压保护：电磁吸盘线圈匝数多，电感 L 大，通电工作时线圈中储有较大的磁场能量 $W_L = \frac{1}{2}LI^2$。当线圈断电时，由于电磁感应，会在线圈两端产生大的感应电动势，为此在电磁吸盘线圈两端设有放电装置，该磨床在电磁吸盘两端并联了电阻 R3，作为放电电阻。

电磁吸盘的短路保护：在整流变压器 T2 的二次侧或整流装置输出端装有熔断器 FU4 作短路保护。

此外，在整流装置中还设有 R、C 串联支路并联在 T2 二次侧，用以吸收交流电路产生的过电压和直流侧电路通断时 T2 二次侧产生的浪涌电压，实现整流装置的过电压保护。

（四）照明电路

由照明变压器 T1 将交流 380V 降为 36V，并由开关 SA2 控制照明灯 EL。

在 T1 的一次侧接有熔断器 FU3 作短路保护。

四、平面磨床电气控制常见故障分析

平面磨床电气的控制特点是采用电磁吸盘，在此只分析电磁吸盘的常见故障。

（一）电磁吸盘没有吸力

首先应检查三相交流电源是否正常，然后再检查 FU1、FU2 与 FU4 熔断器是否完好，接触是否正常，再检查插接器 X3 接触是否良好。如上述检查均未发现故障，则进一步检查电磁吸盘电路，包括欠电流继电器 KA 线圈是否断开，吸盘线圈是否断路等。

（二）电磁吸盘退磁效果差，造成工件难以取下

其故障原因往往在于退磁电压过高或去磁回路断开，无法去磁或去磁时间掌握不好等。

（三）电磁吸盘吸力不足

常见的原因有交流电源电压低，导致整流直流电压相应下降，以致吸力不足。若整流直流电压正常，电磁吸力仍不足，则有可能是 X3 插接器接触不良。

造成电磁吸盘吸力不足的另一原因是桥式整流电路的故障。如整流桥一臂发生开路，将使直流输出电压下降一半，使吸力减小。若有一臂整流元件击穿形成短路，则与它相邻的另一桥臂的整流元件会因过电流而损坏，此时 T2 也会因电路短路而造成过电流，致使电磁吸盘吸力很小，甚至无吸力。

第六节 桥式起重机电气控制电路

起重设备用于提升或放下重物，在短距离内将重物作水平移动，以完成各种繁重的运输任务，减轻人们的体力劳动，广泛应用于工矿企业、车站、港口、仓库等场所，是现代化生产中不可缺少的设备。它具有工作周期短、工作重复、操作频繁，经常需要电动机启动、制动、反转、调速等特点。工厂常用的桥式起重机是一种用来起吊和放下重物，使重物在短距离内水平移动的起重机械，一般俗称吊车、行车或天车等，常见的有5t、10t单钩起重机及15t/3t、20t/5t等双钩起重机。现以常用的15t/3t交流桥式起重机为例进行说明。

一、桥式起重机的主要结构及运动形式

（一）桥式起重机的主要结构

桥式起重机由大车（桥架）、小车（移动机构）和起重提升机构（主钩15t、副钩3t）等部分组成。大车安装在沿车间两侧的柱子敷设的轨道上，是带动整个桥架的运动机构，桥架横跨车间，可沿轨道顺车间长度方向来回水平运行。小车是带动主钩、副钩提升机构的运动机构，安装在大车桥架的轨道上，能沿车间宽度方向水平移动。提升机构是一个安装在小车上的绞车，钢绳一端固定在小车上，另一端带有吊钩、抓斗、夹钳等取物装置。这样，起重机就可以在车间范围内进行起重运输了。

（二）桥式起重机的运动形式

（1）大车在轨道上沿车间的纵向水平移动。
（2）小车沿桥架的横向水平移动。
（3）主钩和副钩对重物的提升和下降运动。

二、桥式起重机的电力拖动特点及控制要求

（1）桥式起重机的工作环境十分恶劣，经常处在多粉尘、高温及工作负载经常变化的短时重复工作条件下。因此，要选用为起重机设计的专用电动机。起重机专用的电动机应具有较高的机械强度和较大的过载能力，为了减小启动与制动时的能量损耗，电动机的电枢做成细长形，以减小其转动惯量，加快过渡过程。

（2）提升机构的电动机，经常有载启动，启动转矩要大，启动电流要小，要具有一定的调速范围，因此用绕线转子式异步电动机，并采用转子串电阻的方法进行启动和调速。当负载下放时，根据负载的大小，能自动转换运行的电动机状态、倒拉反接状态或再生发电制动状态。

提升机构需要合理的升降速度，空载、轻载的提升速度要快，重载时速度要慢。在提升工作开始或重物下降至预定位置附近时，要求低速。高速向低速过渡时应能连续平稳运行。提升的第一级作为预备级，用于消除传动间隙、使钢丝绳张紧，以避免过大的机械冲击。

为了保证设备和人身安全，提升机构采用电气和机械双重制动，不但减少机械抱闸的磨损，还可以防止因电源停电而使重物自由下落的事故。

（3）大车、小车的移动机构只要求具有一定的调速范围和分挡控制。启动的第一级也应具有消除传动机构间隙的作用。为了启动平稳和准确停车，要求能实现恒加速和恒减速控制，也可采用转子串电阻的方法进行启动和调速。

（4）交流起重机的电源为 AC 380V。由于起重机工作时是经常移动的，因此要采用可移动的电源线供电，一种是采用软电缆供电，软电缆可随大、小车的移动而伸缩，这仅适用于小型起重机；常用的方法是采用滑触线和电刷供电，电源由三根主滑触线通过电刷引入起重机驾驶室内的保护控制盘上，三根主滑触线沿着平行于大车轨道的方向敷设在车间厂房的一侧。

提升机构、小车上的电动机，交流电磁制动器的电源是由架设在大车上的辅助滑触线来供给的；转子电阻也是通过辅助滑触线与电动机连接的。滑触线通常用圆钢、角钢、V形钢或工字钢轨制成。

（5）大车、小车、吊钩提升机构运行时，都由行程限位开关进行限位保

护。每台电动机上都应装有过电流继电器进行过电流保护，还接有电磁制动器，以保证运行位置的准确可靠。在驾驶室的上方有通向桥架的舱口，门上装有安全开关，要求只有在舱门关闭好后，桥式起重机才能得电工作。

（6）桥式起重机要求有照明控制、电铃控制及事故紧急控制等各种保护环节。

三、15t/3t 桥式起重机电气控制电路分析

图 5-6 所示为 15t/3t 桥式起重机的电气控制电路图。在桥式起重机的控制电路中，一般选用绕线转子异步电动机作为驱动部件，利用在其转子中串入可调电阻的方式（即通过改变转子回路的电阻值），来达到调节电动机输出转矩和转速的目的，同时还可以起到限制电动机启动电流的作用。

电源总开关、熔断器、主接触器 KM1 以及过电流继电器都安装在保护控制盘上；保护控制盘、凸轮控制器及主令控制器均安装在驾驶室内，便于司机操纵；电动机转子的串联电阻及磁力控制屏则安装在大车桥架上。

供给起重机的三相交流电源（380V）由集电器从滑触线（导电轨）引接到驾驶室的保护控制盘上，再从保护控制盘引出两相电源送至凸轮控制器、主令控制器、磁力控制屏及各台电动机。另外一相称为电源的公用相，直接从保护控制盘接到各电动机的定子绕组接线端上。安装在小车上的电动机、交流电磁制动器和行程开关的电源都是从滑触线上引接的。

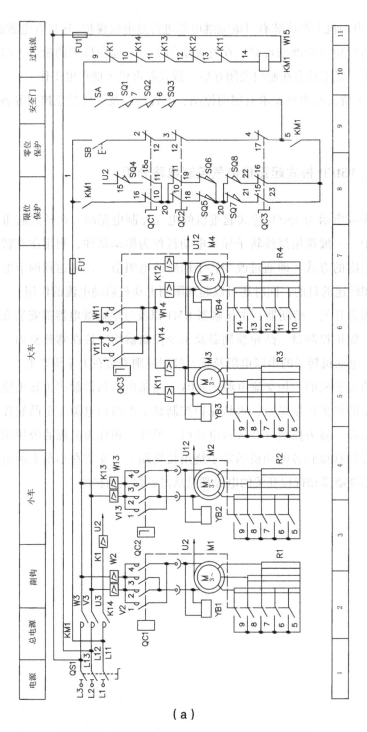

(a)

图 5-6　15t/3t 桥式起重机的电气控制电路图

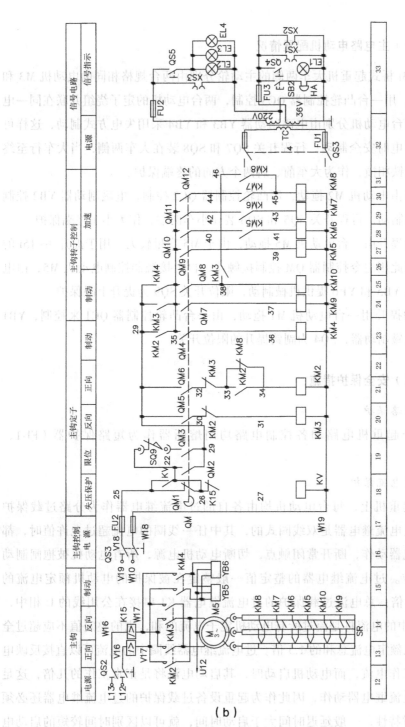

图 5-6 15t/3t 桥式起重机的电气控制电路图（续）

（一）主电路电动机配置情况

15t/3t 桥式起重机大车两侧的主动轮分别由两台规格相同的电动机 M3 和 M4 拖动，用一台凸轮控制器 QC3 控制，两台电动机的定子绕组并联在同一电源上；两台电动机分别由电磁制动器 YB3 和 YB4 采用失电方式制动，这样可以保证停电时安全制动；行程开关 SQ7 和 SQ8 装在大车两侧，当大车行至终点时与挡铁相撞，作为大车前、后两个方向的终端保护。

小车由电动机 M2 拖动，用凸轮控制器 QC2 控制，电磁制动器 YB2 控制机械抱闸制动，行程开关 SQ5 和 SQ6 装在小车两端，作为小车终端保护。

主钩提升由一台电动机 M5 拖动，由于 M5 容量较大，用于提升 3t~15t 的重物，因此用主令控制器 QM 控制接触器，再由接触器控制电动机 M5，由电磁制动器 YB5 和 YB6 提供机械制动，限位开关 SQ9 为提升上限保护。

副钩提升用一台电动机 M1 拖动，由一台凸轮控制器 QC1 来控制，YB1 为交流电磁制动器，SQ4 为副钩提升的限位开关。

（二）安全保护措施

1. 短路保护

整个起重机电路和各控制电路均用熔断器作为短路保护器（FU1、FU2）。

2. 过电流保护

在起重机上，每台电动机均由各自的过电流继电器作为分路过载保护装置，过电流继电器是双线圈式的，其中任一线圈的电流超过允许值时，都能使继电器动作，断开常闭触点，切断电动机电源，所有电动机被抱闸制动停在原位。过电流继电器的整定值一般整定在被保护的电动机额定电流的 2.25~2.5 倍，总电流过载保护的过电流继电器 K1 串接在公用线的 U 相中，K1 线圈中的电流将是流过所有电动机定子电流的和，它的整定值不应超过全部电动机额定电流总和的 1.5 倍。过电流继电器线圈中的电流可以直接反映电动机的工作电流，而电动机启动时，其启动电流将是正常工作的几倍，这足以使过电流继电器动作，因此作为起重设备过载保护的过电流继电器还必须具有延时特性，一般延迟时间大于启动时间，就可以区别时间较短的启动电流与时间较长的故障电流。

3. 零位保护

控制系统中设置零位联锁，图 5-6 上 9 区的 QC1（2、3）、QC2（3、4）、QC3（4、5）为相应凸轮控制器的零位触点，用于 KM1 的启动；8 区的 QC1（16、17）、QC2（17、18）、QC3（21、23）以及 QC1（15a、17）、QC2（17、19）、QC3（22、23）也为相应凸轮控制器的零位触点，用于 KM1 自锁。因此，必须将控制器的控制手柄全部置于零位，合上紧急开关 SA（9 区），按下启动按钮 SB（9 区），才能使 KM1（11 区）得电吸合并自锁，接通电源，这样可以保证各电动机转子都能串接电阻启动。否则，会产生很大的冲击电流而造成事故。

4. 极限位置保护

限位开关 SQ4、SQ5、SQ6、SQ7、SQ8（8 区）和 SQ9（19 区）分别被安装在不同的极限位置上，起极限保护作用。其中，SQ7 和 SQ8 分别与大车凸轮控制器 QC3 的限位保护触点 15、16 串联，实现对大车左右两个方向的极限保护；SQ5、SQ6 分别与小车凸轮控制器 QC2 的限位保护触点 10、11 串联，实现对小车前后两个方向的极限保护；SQ4 与副钩凸轮控制器 QC1 串联，实现对副钩提升时的上限终端保护，SQ9 串联在主钩上升接触器 KM3 线圈电路中，实现对主钩提升时的上限终端保护。

5. 停车保护

为使桥式起重机及时、准确地停止，常采用电磁制动器（YB1~YB6）作为准确停车装置，进行停车保护，使被起吊的重物在停车后可靠地停住。

6. 人身安全保护

为了保障维修人员的安全，在驾驶室舱口门盖及横梁栏杆门上分别装有安全行程开关 SQ1、SQ2、SQ3（9 区），其常开触点与过电流继电器的常闭触点相串联，若有人由驾驶室舱口或从大车轨道跨入桥架时，安全行程开关将随门的开启而分断触点，使主接触器 KM1 因线圈断电而释放，切断电源；同时主钩电路的接触器也因控制电源断电而全部释放，这样起重机的全部电动机都不能启动运行，保证了人身安全。起重机的导轨应当可靠地接零。

7. 应急保护

在驾驶室的保护控制盘上安装有一个单刀紧急开关 SA，其串联在主接触器 KM1 的线圈电路中，通常是闭合的；当发生紧急情况时，驾驶员可立即拉开此开关，切断电源以防事故扩大。

8. 失压保护

零电压继电器 KV 与主令控制器 QM（18 区）实现零电压保护。

9. 顺序联锁保护

在加速接触器 KM6、KM7、KM8 线圈电路中串接了前一级接触器 KM5~KM7 的常开触点，确保转子电阻按顺序依次短接，实现特性的平滑过渡，电动机转速逐级提高。

（三）主接触器 KM1 的控制

先合上总电源开关 QS1。在起重机进入运行前，紧急开关 SA 在闭合状态，应当将所有凸轮控制器的手柄扳到"零位"，凸轮控制器 QC1、QC2 和 QC3 在主接触器 KM1 控制电路（8~10 区）的常闭触点都处于闭合状态，然后按下保护控制盘上的启动按钮 SB，KM1 线圈获电吸合，KM1 主触点闭合，使各电动机三相电源进线通电；同时，接触器 KM1 的常开辅助触点闭合（8 区）自锁，主接触器 KM1 线圈便从另一条通路得电。但由于各凸轮控制器的手柄都扳在"零位"，只有 L1 相电源送入电动机定子绕组，而 L2 和 L3 两相电源没有送到电动机定子绕组，故电动机还不会运转，必须通过凸轮控制器控制电动机运转。

（四）凸轮控制器的控制

15t/3t 桥式起重机的大车、小车和副钩都是由凸轮控制器控制的。凸轮控制器是一种大型的控制电器，也是多挡位、多触点，利用手动操作，转动凸轮去接通和分断通过大电流的触头转换开关。凸轮控制器主要用于起重设备中控制中小型绕线转子异步电动机的启动、停止、调速、换向和制动，也适用于有相同要求的其他电力拖动场合。它通过凸轮的转动来带动触点的闭合与断开，从而使电源接通或短接电阻。凸轮控制器的触点电流一般为 32A 或 63A，一般用来直接控制在额定电流以内的电机进行启动、调速、制动或换向。例如 32A 的 KT10 系列交流凸轮控制器可直接控制 15kW 及以下的绕线式电动机，63A 的 KT10 系列交流凸轮控制器可直接控制 30kW 及以下的绕线式电动机。

凸轮控制器一般有 12 副触点，每副触点均有正、反方向闭合的功能，且正、反方向联锁。其 1~4 号触点用于接通和切断电动机定子电路，只控制电动机的两相，另一相不经过触点控制，直接由电源接至电动机定子，这是电动起重机械中电动机接线的特点。5~9号触点是用于分段切除转子串接电阻的。10~12号触点均为常闭触点，在零位是闭合的，用于保护电路。

现以小车为例来分析凸轮控制器QC2的工作情况。起重机投入运行前，把小车凸轮控制器的手柄扳到"零位"，此时大车和副钩的凸轮控制器也都放在"零位"，然后按下启动按钮SB1，主接触器KM1线圈获电吸合，KM1主触点闭合，总电源被接通。

小车电动机正、反转控制是采用对调定子电源任意两相来实现的。电源的V、W相通过凸轮控制器接入电动机定子（凸轮控制器的4副主触点1、2、3、4），U相是直接接在电动机定子绕组上的。控制器的操作手柄可由零位向顺时针（向前）和逆时针（向后）方向移动。当推动手柄由零位向顺时针方向转动时，主触点2、4闭合，定子绕组的V端经触点2与电源L2相连，W端经触点4与电源L3相连，而U端直接与L1相连，电动机M2正转，小车向前移动；反之将手柄扳到向后位置时，凸轮控制器QM2的主触点（2、4）闭合，电动机M2反转，小车向后移动。当操作手柄转到零位时，电动机失电停止，同时电磁制动器也失电，机械制动作用，使小车迅速准确地停车。

当将凸轮控制器QC2的手柄扳到第一挡时，5副常开触点（5、6、7、8、9）全部断开，小车电动机M2的转子绕组串入全部电阻器，此时电动机转速较慢；当凸轮控制器QC2的手柄扳到第二挡时，最下面一副常开触点（5）闭合，切除一段电阻器，电动机M2加速。这样，凸轮控制器手柄从一挡循序转到下一挡的过程中，触点逐个闭合，依次切除转子电路中的启动电阻器至电动机M2达到额定的转速下运转。

由于直接通过凸轮控制器的触点来接通和分断主电路，因此这部分触点装有灭弧装置。但毕竟受触点通断电流容量的限制，凸轮控制器控制的电动机功率不能太大。

大车的凸轮控制器，其工作情况与小车的基本类似。但由于大车的一台凸轮控制器QM同时控制M3和M4两台电动机，因此多了5副常开触点，以供切除第二台电动机的转子绕组串联电阻器用。

副钩的凸轮控制器QM1的工作情况与小车相似，但由于副钩带有负载，并考虑到负载的重力作用，在下降负载时，应把手柄逐级扳到"下降"的最后一挡，然后根据速度要求逐级退回升速，以免引起快速下降造成事故。

当运转中的电动机需作反方向运转时，应将凸轮控制器的手柄先扳回到"零位"，并略微停顿一下，再作反向操作，以减小反向时的冲击电流，同时也使传动机构获得较平稳的反向过程。

（五）主令控制器的控制

桥式起重机的主钩一般用来起吊额定重量的物体，驱动主钩提升的电动机 M5 容量较大，因此主钩电动机不能采用凸轮控制器直接控制，并应使其在转子电阻对称的情况下工作，使三相转子电流平衡。故采用了主令控制器 QM 来控制大容量的接触器，再由接触器控制电动机，从而完成主钩电动机的启动、停止、调速、正反转的控制。主令控制器的触点额定电流很小，一般用来控制接触器等电气设备，再由接触器控制电机。主钩的制动与小车的制动不同，主钩的制动电磁铁的得失电是可以控制的，而且在主钩下降过程中，下降的前三挡对电动机的转矩为提升转矩，对下降重物起反接制动的作用。

15t/3t 桥式起重机控制主钩升降的主令控制器有 12 副触点（SA1 至 SA12），可以控制 12 条回路。提升、下降各有 6 个工作位置。通过将控制器操作手柄置于不同的工作位置，实现电动机工作状态的改变。主令控制器 QM 的触点作用如下。

QM1 为零位保护联锁触点，控制电压继电器 KV，实现零电压保护。QM2 和 QM3 用于上升、下降的限位保护，上升限位由 SQ9 实现。QM4 用于控制 KM4，进而控制电磁制动器 YB5 和 YB6。

QM5 和 QM6 用于控制提升接触器 KM2 和下降接触器 KM3。

QM7 和 QM8 用于控制反接制动器 KM9 和 KM10。

QM9 和 QM10 用于控制调速电阻接触器 KM5 至 KM8。

先合上电源开关 QS3（16 区），并将主令控制器 QM 的手柄扳到"0"位置，触点 QM1（18 区）闭合，通过起过载保护的 K15 常闭触点，欠电压继电器 KV 线圈得电（18 区）吸合，其常开触点闭合（18 区）自锁，为主钩电动机 M5 工作做好准备。当重新启动时，必须将 QM 的手柄扳回到"0"位，其他任何位置均不能启动，实现了零位保护作用。

1. 主钩提升重物上升过程

（1）低速上升阶段。当 QM 手柄置于上升"1"挡位时，触点 QM3、QM4、QM6、QM7 闭合。QM3（20 区）闭合，为各接触器得电做准备。QM6（21

区）闭合，使接触器 KM2（21 区）得电吸合，电动机 M5 得电。同时，QM4（23区）和 KM2 的辅助触点 KM2（23 区）闭合，使接触器 KM4 得电吸合并自锁，电磁制动器 YB5、YB6 得电并松开制动闸，电动机 M5 开始做上升运动。QM7（24区）闭合，使接触器 KM9 得电吸合，切除转子回路的第一段电阻 5R1，电动机在串电阻 5R2 至 5R7 下正向启动运转，主钩低速提升运行。

（2）变速上升阶段。当控制器 QM 手柄被推到上升"2、3、4、5"挡位时，其对应触点 QM8（25 区）、QM9（27 区）、QM10（28 区）、QM11（29区）分别闭合，使 KM10、KM5、KM6、KM7 得电吸合，分别切除电阻 5R2至 5R5，使电动机转子回路中所串电阻逐级减小，主钩处于变速上升运行。为了防止加速电阻切除顺序错误，在每一个加速电阻接触器 KM6 至 KM8 线圈电路中都串接前一级接触器的常开触点，只有前级接触器投入工作，后一级接触器才能工作，从而避免事故的发生。

（3）高速提升阶段。控制器的控制手柄推到上升"6"挡后，触点 QM12闭合，使 KM8 得电吸合，切除电阻 5R6，即电动机转子回路的电阻最后一级，使电动机达到最大转速，起重机主钩高速提升重物。

在电动机达到最大转速后，电动机各相转子回路中仍保留一段为软化特性而接入的固定电阻，以保证电动机安全运行。

2. 主钩下降过程

（1）下降准备阶段。扳到制动下降"1"挡位时，主令控制器 QM3、QM6、QM7、QM8 闭合，行程开关 SQ9 也闭合。QM3（20 区）闭合，为各接触器得电做准备。QM6（21 区）闭合，使接触器 KM2（21 区）得电吸合，电动机 M5 得电接通正序电源，产生提升的电磁转矩。但由于 QM4 未闭合，制动接触器 KM4 未得电吸合，电磁制动器 YB 抱闸未松开，在电磁抱闸和载重力的作用下，电动机 M5 不能启动旋转，重物保持一定位置不动，为重物下降做好准备（制动下降）。同时 QM7、QM8 闭合，使 KM9、KM10 得电吸合，切除两段电阻。

这种操作用于吊钩吊动很重的货物停留在空中或在空中移动时，为防止机械抱闸抱不住而打滑，要使电动机产生一个向上的提升力，帮助抱闸克服货物产生的下降力。

（2）制动下降阶段。手柄扳到制动下降"2"挡时，当主令控制器 QM的触点 QM3、QM4、QM6、QM7 闭合，使接触器 KM2、KM4、KM9 得电吸合。制动接触器 KM4 线圈获电吸合，电磁制动器 YB5、YB6 的抱闸松开，同时接触器 KM2、KM9 线圈获电吸合，电动机可以运转。由于触点 QM8 断开，使接触器 KM10 因线圈断电而释放，转子电路接入五段电阻器，同时使电动机 M5 产生的提升方向的电磁转矩减小；若此时载重足够大，则在负载重力的作用下，电动机开始做反向（重物下降）运转，电磁转矩成为反接制动转矩，重负载低速下降。

手柄扳到制动下降"3"挡位时，主令控制器 QM 的触点 QM3、QM4、QM6 闭合，接触器 KM2、KM4 得电吸合，由于 QM7 断开，接触器 KM9 断电释放，此时转子回路电阻器全部被接入，使电动机向提升方向的转矩进一步减小，重负载下降速度比"2"挡位时增加。这样可以根据重负载情况选择第 2 挡位或第 3 挡位，作为重负载合适的下降速度。

（3）强力下降阶段。手柄扳到强力下降"4"挡位时，主令控制器 QM 的触点 QM2、QM4、QM5、QM7、QM8 闭合，QM3 断开，把上升行程开关 SQ9 从控制电路中切除；QM6 断开，上升接触器 KM2 因线圈断电而释放；QM5 闭合，下降接触器 KM3 因线圈获电而动作；QM7、QM8 闭合，接触器 KM9、KM10 因线圈获电而吸合；使转子电路中有四段电阻器，制动接触器 KM4 通过 KM2 的常开触点（23 区）闭合自锁。若保证在接触器 KM2 与 KM3 的切换过程中保持通电松闸，就不会产生机械冲击。这时，轻负载在电动机 M5 反转矩（下降方向）的作用下开始强力下降。轻负载在电动机转矩作用下下降，称为强力下降。

手柄扳到强力下降"5"挡位时，QM 的触点 QM2、QM4、QM5、QM7、QM8、QM9 闭合。和上一步相比，多了一个 KM5 接触器工作，转子电阻再切除一段，电动机加速下降，进一步提高下降速度。

手柄扳到强力下降"6"挡位时，主令控制器 QM 的触点 QM2、QM4、QM5、QM7、QM8、QM9、QM10、QM11、QM12 闭合，接触器 KM3 至 KM10 全部得电吸合，接触器 KM5 线圈先获电而吸合，KM5 常开触点（28 区）闭合，接触器 KM6、KM7、KM8 线圈先后获电而吸合，使它们的常开触点依次闭合，电阻器被逐级切除，从而避免过大的冲击电流。最后电动机 M5 以最高速度运转，负载加速下降，在这个位置上，下降较重负载时，负载转矩大于电磁转矩，转子转速大于同步转速，电动机成为发电制动状态。

如果要取得较低的下降速度，就需要把主令控制器扳回到制动下降"1""2"

挡位进行反接制动下降。为了避免在转换过程中可能产生过高的下降速度，因此用 KM8 的常开触点（31 区）自锁；同时，为了不影响提升的调速，在连接电路中再串一副 KM3 的常开触点（26 区）。若没有以上的联锁装置，则当手柄扳向零位回转时，如要下降中停下，或要求低速下降时，若操作人员不小心把手柄停留在"3"挡或"4"挡位上，则下降速度就要增加，不仅会产生冲击电流，而且可能发生事故。

在磁力控制屏电路中，串接在接触器 KM2 线圈电路中的 KM8 常闭触点（22 区）与接触器 KM2 的常开触点（21 区）并联，只有在接触器 KM8 线圈断电的情况下，接触器 KM2 线圈才能获电并自锁，这就保证了只有在转子电路中保持一定的附加电阻器的前提下才能进行反接制动，以防止反接制动时造成过大的冲击电流。

四、15t/3t 桥式起重机常见电气故障的分析与维修

（一）合上低压断路器 QS1 并按 SB 后，主接触器 KM1 不吸合

（1）线路无电压。可用万用表测试 QS1 的端电压是否正常，如不正常应查清原因，予以排除。

（2）熔断器 FU1 熔断。更换熔断器 FU1 的熔体。

（3）紧急开关 SA 或安全行程开关 SQ1、SQ2、SQ3 未合上。只要合上紧急开关 SA 或安全行程开关 SQ1、SQ2、SQ3 即可。

（4）主接触器 KM1 线圈断路。可更换接触器 KM1 线圈。

（5）凸轮控制器没在"零位"，则触点 QC1、QC2、QC3 断开。应将所有凸轮控制器的手柄扳到"零位"。

（二）合上 QS1 并按下按钮 SB 后，主接触器 KM1 吸合，但过电流继电器动作

该故障的原因往往是凸轮控制器电路接地。检修时，可将保护配电盘上凸轮控制器的导线都断开，然后再将三个凸轮控制器逐个接上，根据过电流继电器的动作确定接地的凸轮控制器，并用兆欧表找出接地点。

(三)当电源接通并合上凸轮控制器后,电动机不转动

(1)凸轮控制器的接触指与铜片未接触。应检查凸轮控制器的接触指与铜片,并使其接触良好。

(2)集电器发生故障。检查集电器并使其接触良好。

(3)电动机定子绕组或转子绕组断路。可依次检查电动机定子绕组的接线端、定子绕组和转子绕组,并修复。

(四)当电源接通并合上凸轮控制器后,电动机启动运转,但不能发出额定功率,且转速降低

(1)线路电压下降。检查线路电压下降的原因并修复。

(2)制动器未完全松开。检查并调整制动器。

(3)转子电路中串接的启动电阻器未完全切除。检查凸轮控制器中串接启动电阻器的接线端接触是否良好,并调整接触端。

(4)凸轮控制器机械卡阻。检查并排除机械卡阻。

(五)凸轮控制器的手柄在工作时卡住,转不动或转不到头

(1)凸轮控制器的接触指落到铜片下面。重新安装并调整控制器的接触指。

(2)定位机构发生故障。应检修控制器的固定销。

(六)凸轮控制器在工作时接触指与铜片冒火甚至烧坏

(1)控制器的接触指与铜片接触不良。应调整控制器的接触指与铜片的压力。

(2)控制器过载。减轻负载或调换较大容量的凸轮控制器。

(七)制动电磁铁响声较大或发热

(1)制动电磁铁过载,应减轻负载或调整弹簧压力。

(2)铁芯极面有油污,应清除油污。

(3)电源电压过高,应检查电源电压。

(4)制动电磁铁铁芯短路环损坏,检查铁芯短路环或更换铁芯。

（八）制动电磁铁线圈过热

（1）电磁铁线圈电压与线路电压不符，应更换电磁铁线圈，如三相电磁铁，可将三角形连接改成星形连接。

（2）电磁铁的牵引力过载，应调整弹簧压力或重锤位置。

（3）在工作位置上，电磁铁的可动部分与静止部分有间隙，可调整电磁铁的机械部分，减小间隙。

（4）制动器的工作条件与线圈数据不符，可更换符合工作条件的线圈。

（5）电磁铁铁芯歪斜或机械卡阻，应清除机械卡阻物并调整铁芯位置。

第六章 机床电气控制线路故障检查与维修

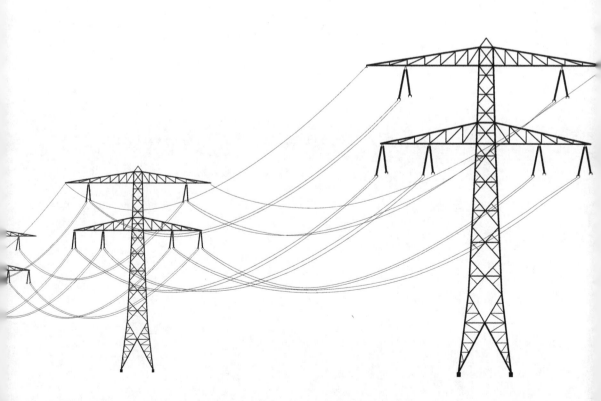

第六章 机床电气控制线路故障

检查与维修

第一节　电路故障的一般检查方法

一、直观检查法

直观检查法是根据故障的外部表现判断故障的方法。

（一）询问用户

询问用户是指向用户（操作者）询问有关机床故障发生的过程和现象，即调查故障情况。它如同医生询问病人的病情一样，是观察和分析机床故障的重要线索之一。

询问用户的内容很多，如故障在何时、何处发生？产生哪些故障现象，其过程又如何？是否有人修理过，等等。

如某用户说"本来一切工作正常，只是由于刚才进刀量大了一阵子，电动机才逐渐停下来的"。据此可以估计是因为电动机过载而使热继电器动作了，这时，可以按一下热继电器的复位按钮进行试验。

（二）感官判断

感官判断法是指用人的感觉器官（眼、耳、鼻、手）去发现故障点。具体方法如下：

（1）用眼睛去看。例如，熔体是否熔断；接线是否脱落；开关的触头接触是否良好；继电器动作是否正常；如果继电器动作情况不正常，故障点就在控制电路中，如果继电器动作正常而执行电器动作不正常（如电动机不转），则故障点在主电路中。

（2）用耳朵去听电器的动作情况。例如，电动机是否"嗡嗡"作响，如果有"嗡嗡"声，那么就是缺相运行或机械卡住。

（3）用鼻子去闻。例如，当有熔体熔断时，可以闻一下电动机或电器线圈，如果有焦味，那么就可能是线圈短路烧焦的气味，一般情况下，更换烧坏的电器线圈就可以了。

（4）在切断电源后，用手去触摸电器。例如，在检查中，发现因行程开关没有发出信号而使动作中断时，估计可能有两种故障：一是撞块没有碰撞到行程开关；二是行程开关本身损坏了。这时可用手代替撞块去碰一下行程开关，如果动作和复位时有"嘀嗒"声，一般情况，行程开关是好的，如果没有"嘀嗒"声，则说明行程开关已损坏，应给予更换。

（三）操作检查

操作检查就是操作某一开关或按钮，查看线路中各继电器、接触器等是否按规定的动作顺序进行动作。操作检查法也是检修故障的一个重要方法，它不仅可以代替询问用户，而且可对用户反映的情况加以探索和验证。

在初步检查后、确认故障不会进一步扩大，可进行初步试车。如有严重跳火、冒火、异常气味、异常声音时，应立即停车。

在初步试车无异常情况时，可继续试车，用观察火花的方法，可判断以下故障：

（1）正常紧固的导线与螺钉间有火花时，说明线头松动或接触不良。

（2）电器的触点在闭合、分断电路时跳火、说明电路通路；不跳火，说明电路不通。

（3）控制电动机的接触器主触点两相有火花、一相无火花时，可判断无火花的触点接触不良或一相电路断开；三相中有两相的火花比正常大，另一相比正常小，可判断为电动机相间短路或接地；三相火花都比正常大，可能是电动机过载或机械部分卡住。

（4）接触器线圈通电后，衔铁不吸合。可按一下起动按钮，当按钮常开触点再断开时，有轻微的火花，说明电路通路，接触器本身机械部分卡住；如触点间无火花，说明电路断开。

直观检查法的优点是简单、迅速，缺点是准确性差，还要和其他方法配合作用。

二、万用表检查法

万用表检查法是利用万用表具有的功能对线路进行测量检查。最常用的两种方法是：测电压法和测直流电阻法。

（一）测量电压法

它是指用万用表的交流电压挡去测量线路中各点电位，如电路正常，除接触器线圈电压等于电源电压外，其他相邻两点间的电压都应为 0；如应该相通的一条线路相邻两点间的电压为 380V，说明该两点间的触点或导线接触不良或断路。

测电压检查故障的方法快而准确，但千万要注意安全。

（二）测量电阻法

它是指用万用表的欧姆挡对电路中相邻两点间（包括电器的触头、线圈以及连接线）进行直流电阻值的测量，并以此来判断它们是否短路和断路。如两点间电阻很大，说明该触点接触不良或导线断路。例如，测得 1、3 两点间电阻很大，说明行程开关接触不良。但要注意，因为接触器线圈匝数很多，测出的电阻较大，接触器是否有故障，可以用电压测量法再做判断。

测量电阻法是不加电源电压，比较安全。但要注意对并联支路要先断开后再测量；测量数值相差较大的电阻时，应注意换挡，以防仪表误差。

三、其他方法

（一）置换元件法

为了加快维修，可以用性能良好的同类型元器件置换怀疑有故障的电器元件，以证实故障是否由此电器引起。

（二）对比法

把测得的电器数据和资料与平时比较，与完好的电器比较，以判断故障的方法。例如，比较继电器和接触器线圈电阻、动作时间、工作时发出的声音等；又如电动机正反转控制电路，若正转接触器不吸合，可操纵反转，若反转接触器吸合，则说明正转接触器电路有故障。反之亦然。

（三）逐步接入法

当电路出现短路或接地故障时，换上新熔断器后，逐步将各支路一条一条地接入电路，当接到某条支路时，熔断器又熔断，故障就在这条支路及其包含的电器元件上。

（四）强迫闭合法

对于电动机正反转控制电路，当按下起动按钮时，接触器不吸合，可用一绝缘棒按下接触器触点支架，使触点闭合，然后快速松开，要注意以下情况：

（1）电动机能起动，接触器不再跳开，说明起动按钮接触不良。

（2）当强迫接触器闭合时，电动机运转正常，松开后，电动机停转，接触器也随之跳开，一般是辅助电路中的熔断器 FU 熔断，起动按钮接触不良。

（3）当强迫闭合时，电动机不转，但有嗡嗡的声音，松开时看到三个主触点都有火花，且亮度均匀。其原因是电动机过载或辅助电路中的热继电器 FR 常闭触点断开。

（4）强迫闭合时，电动机不转，有嗡嗡的声音，松开时，只有两个主触点有火花，这说明电动机主电路一相断路，接触器有一个主触点接触不良。

（五）短接法

在各类故障中，出现较多的是断路，包括导线断路、虚连、松动、触点接触不良、虚焊、假焊、熔断器熔断等。短接法就用一根绝缘良好的导线，将所怀疑的断路部位短接起来，若电路工作恢复正常，说明该部位断路。此法要注意安全，切勿触电；且该方法只适用于电压降极小的导线，电流不大的触点（5A 以下），否则容易出事故。

还得说明一点，机床出现不动作等故障时，不一定是电气故障，也有可能是机械故障或其他故障，作为电气维修人员应该能够做出分析和判断。

第二节 典型机床控制线路的电路故障及检修

机床在使用过程中,常常因为电气设备损坏或使用不当,造成机床不能工作或部分工作。这就需要修理人员在充分了解机床电气控制原理的基础上,对这类故障进行分析、判断,直至修复。机床的故障有来自电气方面的原因,也有来自机械、液压等方面的原因。下面以 C620-1 卧式车床为例分析电气方面的原因。

一、电路组成及工作原理

C620-1 卧式车床的电气控制原理图如图 6-1 所示。

该控制电路分为主电路、控制电路和照明电路三个部分组成。

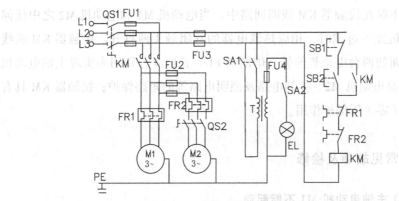

图 6-1 C620-1 型卧式车床电气控制原理图

(一) 主电路

图中 M1 为主轴电动机,用来拖动车床主轴的旋转,并通过进给机构实现车床的进给运动。M2 为冷却泵电动机,用来拖动冷却泵提供冷却液。由于电动机 M1 和电动机 M2 的容量都小于 10kW，所以采用全压直接起动，且两台电动机均为单方向旋转。车床主轴的正、反转是由机械方法来实现的。主轴电动机 M1 由接触器 KM 实现起动和停止控制。冷却泵电机由转换开关 QS2 控制，且在主轴电动机 M1 起动后才能通电，具有顺序控制关系。

（二）控制电路

控制电路的工作原理如下：当按下起动控制按钮 SB2 时，接触器 KM 的线圈通电并自锁，其常开主触头闭合接通主轴电动机 M1，此时合上开关 QS2，可以使冷却泵电动机 M2 通电旋转。当按下停止控制按钮 SB1 时，接触器 KM 的线圈断电，其主触头切断主轴电动机 M1 和冷却泵电动机 M2。

（三）照明电路

由照明控制变压器 T 供给 36V 安全电压，经照明开关 SA1 和灯座开关 SA2 控制照明灯 EL 的亮与灭。

（四）保护环节

热继电器 FR1、FR2 用来对电动机 M1、M2 实现长期过载保护；它们的常闭触头串联在接触器 KM 线圈回路中，当电动机 M1 和电动机 M2 之中任何一台电动机发生过载时，相应热继电器的常闭触头便打开，接触器 KM 的线圈将失电而使两台电动机停转。熔断器 FU1 至 FU4 分别用来实现主轴电动机 M1、冷却泵电动机 M2、控制电路及照明电路等的短路保护；接触器 KM 具有欠压和失（零）压保护作用。

二、常见故障及检修

（一）主轴电动机 M1 不能起动

首先应重点检查主轴电动机 M1 主电路及控制电路的熔断器 FU1、FU3 是否完好，其次再检查热继电器 FR1、FR2 是否动作过。这种故障的检查与排除较为简单，但更为重要的是应查明引起电路短路和过热的原因并排除之。此外，还应检查接触器 KM 的线圈是否断线、其接线端是否松动、三对主触头接触是否良好。最后再检查控制电路。如按钮 SB1、SB2 触头接触是否良好，各连接导线有无断线或虚接等。

（二）主轴电动机缺相运行

出现这种故障时，常常会听到电动机发出"嗡嗡"的声音，并发现电动机转速变慢，这也是我们判断电动机缺相运行的依据。这主要是由于电源缺相（如某相熔断器熔体熔断）或接触器主触头接触不良等原因所造成。

（三）主轴电动机能起动但不能自锁

这种故障的问题就出在自锁触头上。如接触器 KM 的自锁触头不能闭合，或自锁触头未接入控制电路等。

（四）主轴电动机能起动但不能停车

按下停止按钮 SB1 后，电动机不能停车，这往往是由于接触器 KM 的三对主触头发生熔焊造成的，应立即切断电源开关 QS1，并更换接触器 KM 的主触头或更换接触器。

（五）主轴电动机烧坏

电动机缺相运行，烧毁电动机；传动机构过紧，机械部分卡住；维修保养不当，电动机内部进入水或油，破坏绝缘面烧坏。

（六）局部照明灯 EL 不亮

检查照明控制变压器 T 的二次侧有无 36 V 电压，灯泡是否损坏以及照明电路的开关与线路是否完好。

（七）冷却泵不上水

可能的原因有电源无电压 FU2 熔断，开关 QS2 触点接触不良、电动机 M2 因相序接错而反转、输水管堵塞等。

（八）冷却泵电动机没声音

如电动机 M2 接线电压正常，电动机没声音，说明是电动机有故障。

第七章 可编程控制器

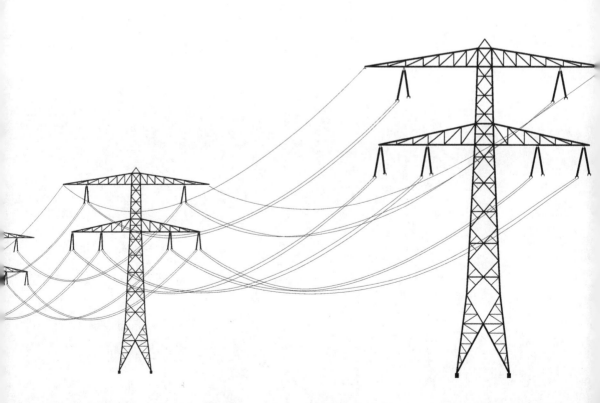

第十章 中频控制电路

第一节 可编程控制器概述

可编程序控制器（Programmable Logic Controller，PLC）是在继电器控制和计算机控制的基础上，以微处理器为核心，引入微电子技术、自动控制技术和通信技术而形成的一代新型工业控制装置。可编程序控制器在系统结构、硬件组成、软件结构、输入/输出（I/O）接口以及用户界面等方面都具有独特性。目前，可编程序控制器不仅具有继电器控制系统所能完成的逻辑运算、定时、计数等控制功能，同时还可以进行数据处理、模拟量控制、过程控制、远程控制、通信联网等功能。

1985年1月，国际电工委员会（IEC）颁布了对可编程序控制器的定义："可编程序控制器是一种数字运算操作的电子系统，专为在工业环境下应用而设计。它采用可编程序的存储器，用来在其内部存储执行逻辑运算、顺序控制、定时、计数和算术运算等操作的指令。并通过数字或模拟的输入和输出，控制各种类型的机械或生产过程。可编程序控制器及其存关设备，都应按易于与工业控制系统形成一个整体，易于扩充其功能的原则设计。"近年来，随着可编程序控制器的迅速发展，其功能已经远远超出了上述的定义范围。

一、可编程序控制器的产生与发展

在可编程序控制器出现以前，继电接触器控制系统承担着生产过程自动控制的重要任务。但是，这种控制系统电器元件数量多、接线复杂，安装需占用大量的控制柜，并且排除故障和维修困难。20世纪60年代初，随着电子技术在自动控制领域中的广泛应用，出现了体积小、无触点、可靠性高、由中小型集成电路构成的顺序控制器。然而，这种控制装置由于控制规模小、程序编制不够灵活，因而也没有得到广泛的应用。

1968年，美国GM（通用汽车）公司为适应汽车行业的激烈竞争，满足汽车生产工艺快速更新换代的要求，提出了一种取代传统继电器控制系统的新型控制装置。第二年，美国数字设备公司（DEC）研制出了世界上第一台基于集成电路和电子技术的控制装置，并在 GM 公司的汽车生产线上首次应用成功，取得了良好的经济效益。由于这种控制装置采用分立电子元件和小规模集成电路，指令系统简单，一般只具有简单的逻辑运算功能，因此人们把这种控制装置称为"可编程序逻辑控制器"。第一代可编程序控制器具有模块化、可扩充、可重复编程及用于工业环境的特性。20 世纪 70 年代初期，可编程序控制器在其他工业领域也得到广泛应用，食品、金属和制造等工业部门相继使用可编程序控制器代替继电器控制设备，迈出了可编程序控制器实用化阶段的第一步。

20 世纪 70 年代中期，随着微电子技术和计算机技术的发展，大规模集成电路（LSI）和 8 位微处理器（CPU）在 PLC 中得到应用，使可编程序控制器的技术产生了飞跃的发展。可编程序控制器的功能不断增强，并提高了运算速度，扩大了输入输出规模。20 世纪 70 年代末，由于超大规模集成电路的出现，使可编程序控制器向大规模、高性能方向发展，形成了多种系列化产品。在这个时期，日本、德国和法国相继研制出自己的可编程序控制器。

从 20 世纪 80 年代至 90 年代末，是可编程序控制器发展较快的时期，它的软、硬件功能进一步得到加强，在处理模拟量、数据运算、人机接口、自诊断及网络通信等方面的能力得到大幅度提高。可编程序控制器逐渐进入过程控制领域，在某些应用上取代了在过程控制领域处于统治地位的分布式控制（DCS）系统。此时，最初人们命名的"可编程序逻辑控制器"的控制功能不断扩大，已经不仅限于简单的逻辑控制，因此，美国电气制造商协会将"可编程序逻辑控制器"更名为"可编程序控制器"（Programmable Controller，PC）。个人电脑（Personal Computer，PC）发展起来后，为了与之区别，现在仍然把可编程序控制器称为 PLC。

可编程序控制器经过几十年的发展，主要经历了三个阶段：第一阶段的"可编程序逻辑控制器"只能进行逻辑开关量控制、定时、计数；第二阶段的"可编程序控制器"可以进行模拟量控制、数据处理、控制以及数据通信；第三阶段的"可编程序计算机控制器"则实现了集计算机技术、通信技术和自动控制技术的一体化。

目前，可编程序控制器已经成为工业控制领域中最重要、应用最多的通用控制装置，在现代工业生产自动化的三大支柱（可编程序控制器、智能机器人工、CAD/CAM）中居首位。可编程序控制器应用的深度和广度已经成为衡量一个国家现代化生产水平的重要标志。现在，主要的可编程序控制器的生产商都集中在日本、德国和美国等发达国家，我国生产和制造可编程序控制器的工艺技术还相对落后，作为实现工业自动化不可缺少的部分，大力发展可编程序控制器对于我国具有深远的意义。

二、可编程序控制器的特点

可编程序控制器的种类虽然多，但在现代工业自动化生产中却有着许多共同点。

（一）抗干扰能力强，可靠性高

工业生产对电气控制系统的可靠性要求是非常高的。可编程序控制器由于采用了现代大规模集成电路技术，它的工作可靠程度是使用机械触点的继电器无法比拟的。此外，为了保证可编程序控制器能够适应恶劣的工作环境，它在硬件和软件的设计与制造过程中均采取了一些抗干扰的措施。

（1）可编程序控制器一般都采用光电耦合器来传递信号，有效抑制了外部电路与可编程序控制器内部之间的电磁干扰。

（2）主机的输入、输出电路采用独立电源供电，避免了电源之间的干扰。

（3）在可编程序控制器的电源和输入、输出电路中设置多种滤波电路，避免了高频信号的干扰。

（4）可编程序控制器内部设置联锁、故障检测和诊断电路，出现问题时可及时发出警报信息，保证其工作安全性。

（5）在应用程序中，技术人员还可以编入外围器件的故障自诊断程序，使可编程序控制器以外的电路及设备也获得故障自诊断保护，在软件方面提高了可靠性。

（6）可编程序控制器采用密封、防尘、抗震的外壳封装，可以适应在恶劣的环境下工作。

（二）功能完善，适应性强

目前的可编程序控制器已经标准化、系列化和模块化，不仅具有逻辑运算、定时、计数、顺序控制等功能，还具有 A/D、D/A 转换，算术运算及数据处理，通信联网和生产过程监控等功能。它能根据实际需要，方便灵活地组装成大小各异、功能不一的控制系统：可以控制一台单机、一条生产线，也可以控制一组机器、多条生产线；可以进行现场控制，也可以实现远程控制。

针对不同的工业现场信号，如交流或直流、开关量或模拟量、电流或电压、脉冲或电位、强电或弱电等，可编程序控制器都有相应的 I/O 接口模块与工业现场控制器件和设备直接连接可编程序联锁，用户可以根据需要方便地进行配置，组成实用、紧凑的控制系统。更重要的是可编程序控制器能够使同一设备仅仅通过改变程序就能实现改变生产加工过程的要求，因此更加适用于多品种、小批量的生产场合。

（三）编程语言易学易用

作为通用工业控制装置，可编程序控制器的编程语言简单易学，梯形图语言的图形符号、表达方式与继电器电路图相当接近，使不懂计算机原理和汇编语言的技术人员也能较快掌握。

（四）调试、使用、维修方便

可编程序控制器用软件编程代替传统控制装置的硬件接线，大大地减少了控制系统设计及建造周期。它的模块化结构，使得系统构成十分灵活。可编程序控制器的故障率很低，一旦发生故障可以依靠系统的自诊断能力和指示灯的状态迅速查明原因，排除故障。

（五）易于实现机电一体化

由于小型的可编程序控制器体积小，很容易装入机器内部，是实现机电一体化的理想控制设备。

三、可编程序控制器的分类及应用领域

（一）根据结构形式分类

（1）整体式 整体式结构的可编程序控制器是将中央处理器、电源部件、输入/输出接口电路集中配置在一起，使其结构紧凑、体积小、质量轻、价格

低、容易装配在控制设备的内部。小型的可编程序控制器常采用这种结构，同对配有许多专用的特殊功能模块，如位置控制模块、数据输入模块等，可使其功能得到扩展，适用于工业化生产中的单机控制。

（2）模块式 这种结构的可编程序控制器将各部分以单独的模块分开设置，如中央处理器模块、电源模块、输入/输出模块等。使用时，将各模块直接插入机架底板上的插座内即可。模块式可编程序控制器配置灵活、装配方便、维修简单、易于功能扩充，可根据控制要求配置不同的模块，构成不同的控制系统。一般大、中型可编程序控制器采用这种结构。

（二）根据输入/输（I/O）出点数分类

1. 小型机

I/O 点数在 256 点以下的可编程序控制器称为小型机。小型机一般只具有简单的逻辑运算、定时、计数等功能，其特点是体积小、价格低，适用于单机控制和开发机电一体化产品。

2. 中型机

I/O 点数在 256~1024 点之间的可编程序控制器称为中型机。它除了具备逻辑运算功能外，还可以控制模拟量的输入、输出，进行算术运算和数据处理等。中型机的功能强，配置灵活，适用于连续生产过程控制和模拟量控制，如温度、压力、流量、速度、位置等。

3. 大型机

I/O 点数在 1024 点以上的称为大型机。大型机一般功能更加完善，可以模拟调节、监视、记录、联网通信，实现远程控制。在用于大规模过程控制中，可以构成分布式控制系统或整个工厂的自动化网络。

（三）根据用途和应用场合分类

目前，可编程序控制器在国内外已广泛应用于钢铁、石油、化工、电力、建材、机械制造、汽车、轻纺、交通运输、环保及文化娱乐等各个行业，根据使用情况大致可归纳为以下几类。

1. 开关量的逻辑控制

可编程序控制器取代传统的继电器电路，实现逻辑控制、顺序控制，既可用于单台设备的控制，也可用于多机群控及自动化流水线。如注塑机、印刷机、订书机械、组合机床、磨床、包装生产线、电镀流水线等。

2. 模拟量控制

在工业生产过程当中,有许多连续变化的量,如温度、压力、流量、液位和速度等都是模拟量。为了使可编程序控制器处理模拟量,必须实现模拟量(Analog)和数字量(Digital)之间转换,即 A/D 转换和 D/A 转换。

3. 运动控制

可编程序控制器一般使用专用的运动控制模块实现圆周运动或直线运动的控制,如可驱动步进电机或伺服电机的单轴或多轴位置控制模块。可编程序控制器运动控制功能,广泛用于机床、机器人、电梯等机电设备控制场合。

4. 过程控制

过程控制是指对温度、压力、流量等模拟量的闭环控制。可编程序控制器支持编制各种控制算法程序,完成闭环控制。过程控制在冶金、化工、热处理、锅炉控制等场合有非常广泛的应用。

5. 数据处理

可编程序控制器具有各种数学运算、数据传送、数据转换、排序、查表、位操作等功能,可以完成数据的采集、分析及处理。这些数据可以与存储器中的参考值比较,完成一定的控制操作,也可以利用通信功能传送到其他的智能装置或将它们打印制表。数据处理一般用于大型控制系统,如无人控制的柔性制造系统;也可用于过程控制系统,如造纸、冶金、食品工业中的一些大型控制系统。

6. 通信联网

通信包括可编程序控制器之间的通信及与其他智能设备之间的通信。随着计算机控制和工厂自动化网络的发展,生产厂商非常重视联网通信功能,纷纷推出各自的网络系统,目前生产的可编程序控制器都具有通信接口,通信十分方便。

第二节 可编程控制器的组成及工作原理

一、可编程控制器的基本组成

PLC 实质上是一种为工业控制而设计的专用计算机，因此尽管其品种繁多，结构、功能多种多样，但系统组成和工作原理基本相同。概括起来，系统都是由硬件和软件两大部分组成，都是采用集中采样、集中输出的周期性循环扫描方式进行工作。

可编程控制器的硬件由电源、微处理器、存储器、I/O 接口电路、扩展接口、外设接口及编程器等组成。可编程控制器的硬件简化框图如图 7-1 所示。

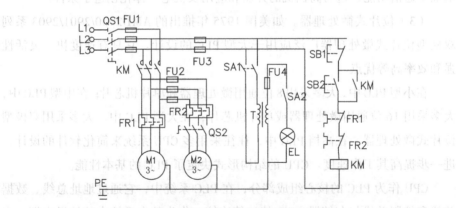

图 7-1 可编程控制器的硬件简化框图

（一）电源

PLC 根据型号的不同，有的采用交流供电，有的采用直流供电。交流一般为单相 220V（有的型号采用交流 100V），直流多为 DC24V。PLC 对电源的稳定度要求不高，通常允许电源额定电压在 +10%~-15% 范围内波动。小型 PLC 电源往往和 CPU 整合为一体；中、大型 PLC 都为组合式结构，一般都有单独电源模块。

PLC内部一般都设直流开关稳压电源，其稳压性能好，抗干扰能力强，不仅可为机内电路及扩展单元供电（DC5V），还可以为输入电路、外部电子检测装置（如光电开关等）及扩展模块提供24V直流电源。而PLC所控制的现场执行机构的电源，则由用户根据PLC型号、负载情况自行选择。

（二）微处理器（CPU）

1. 分类

PLC中所用CPU随机型的不同而有所不同，一般有以下几类芯片。

（1）通用微处理器。常用8位机和16位机，如Intel公司的8080、8086、8088、80186、80286、80386，Motorola的6800、68000型等。低档PLC用Z80A型微处理器作CPU较为普遍。

（2）单片机。常用的有Intel公司的MCS48/51/96系列芯片。由单片机CPU制成的PLC体积小，同时逻辑处理能力、数值运算能力都有很大提高，增加了通信功能，这为高档机的开发和应用及机电一体化创造了条件。

（3）位片式微处理器。如美国1975年推出的AMD2900/2901/2903系列双极型位片式微处理器广泛应用于大型PLC的设计。它具有速度快、灵活性强和效率高等优点。

在小型PLC中，大多采用8位通用微处理器和单片机芯片；在中型PLC中，大多采用16位通用微处理器或单片机芯片；在大型PLC中，大多采用双极型位片式微处理器。在高档PLC中，往往采用多CPU系统来简化软件的设计，进一步提高其工作速度。CPU的结构形式决定了PLC的基本性能。

CPU作为PLC的核心组成部分，在PLC系统中，它通过地址总线、数据总线和控制总线与存储器、I/O接口等连接，作为整个系统中的神经中枢，来协调控制整个系统。它根据系统程序赋予的功能完成的任务有以下几个方面。

2. 任务

（1）接收并存储从个人计算机（PC）或专用编程器输入的用户程序和数据。

（2）诊断电源、内部电路工作状态和编程过程中的语法错误。

（3）进入运行状态后，用扫描方式接收现场输入设备的检测元件状态和数据，并存入对应的输入映像寄存器或数据寄存器中。

（4）进入运行状态后，从存储器中逐条读取用户程序，经命令解释后，按指令规定的功能产生有关的控制信号，去开启或关闭有关的控制门电路；分时、分渠道地进行数据的存取、传送、组合、比较和变换等操作，完成用户程序中规定的逻辑或算术运算。

（5）依据运算结果更新有关标志位的状态和输出映像寄存器的内容，再由输出映像寄存器的位状态或数据寄存器的有关内容实现输出控制、制表、打印或数据通信等功能。

（三）存储器

存储器是具有记忆功能的半导体电路，用来存放系统程序、用户程序、逻辑变量及其他信息。可编程控制器的存储器按用途可分为以下两种。

1. 系统程序存储器

系统程序存储器由 ROM（只读存储器）或 EPROM（可擦除可编程只读存储器）或 EEPROM（电可擦除可编程只读存储器）组成，用以存放系统程序。系统程序相当于个人计算机的操作系统，决定了 PLC 具有的基本智能，不同厂家、不同型号的 PLC 系统程序也不相同，但都在不断地加以改进，以提高性能/价格比，增强市场竞争力。生产厂家在 PLC 出厂前已将系统程序固化其中，用户一般不做更改。系统程序由以下三部分内容组成。

（1）系统管理程序。

它主要用来控制 PLC 的运行，在 PLC 加电后进行整机工作状态检查，协调各部件间的工作关系，使 PLC 按部就班地工作。

（2）编译程序。

它将用户输入的控制程序即编程语言转换成机器指令语言，检查语法正确性，再由 CPU 执行这些指令。

（3）监控程序。

它按用户的需要调用相应的内部程序，即调用不同的操作方式。

2. 用户存储器

用户存储器用来存放从编程器或个人计算机输入的用户程序和数据。用户存储器分为两个区存放两类用户应用程序，一个是用户程序存储器区（程序区）；另一个是工作数据存储器区（数据区）。

（1）用户程序存储器区。

它用以存放用户编制好的或正在调试的控制程序。用户可通过编程器等编程工具进行程序的编辑。在 PLC 中，为了读写修改方便，其用户程序通常是放在 RAM 中。为防止用户程序在 PLC 断电时丢失，通常采用锂电池保持，一般可保持 5 至 10 年时间。各厂家的 PLC 产品手册中给出的存储器类型和容量就是指这一部分，它是反映 PLC 性能的重要指标之一，内存容量一般以"步"为单位。

（2）工作数据存储器区。

也称为系统 RAM 存储器。它一般用来存放 PLC 工作过程中经常变化、需经常存取的数据。工作数据存储器中开辟有输入、输出映像寄存器区、定时器、计数器的设定值和现值存储区，各种内部编程元件（内部辅助继电器、定时器、计数器）状态及特殊标志位存储区，暂存数据和中间运算结果的数据存储器区等，它们被称为 PLC 的编程元件，是 PLC 应用中用户涉及最频繁的存储区。不同厂家生产的 PLC 有不同的定义符号。此外 PLC 运行有关的机内配置参数也存储在数据存储区。

（四）I/O 接口电路（又称 I/O 单元、I/O 模块）

实际生产过程中，PLC 控制系统所需要采集的输入信号的电平、速率等是多种多样的，系统所控制执行机构需要的电平、速率等更是千差万别，而 PLC 的 CPU 所能处理的信号只能是标准电平，所以必须设计输入输出电路来完成电平转换、速度匹配、驱动功率放大、电气隔离、A/D 或 D/A 变换等任务。它们是 CPU 和外部现场联系的桥梁。总之，输入输出电路是将外部输入信号变换成 CPU 能接受的信号，将 CPU 的输出信号变换成需要的控制信号去驱动控制对象，从而确保整个系统的正常工作。

PLC 的每一个输入、输出对应 PLC 面板上的一个输入、输出接线柱，称为一个 I/O 点，根据工业控制的特点，I/O 点数之比有 2:1、3:1 或 1:1 等。

1. 输入接口电路

输入接口用于接收和采集两种类型的输入信号：一类是由按钮、转换开关、限位开关、主令控制器、继电器触头等无源器件提供的开关量输入信号；随着电子类电器的兴起，输入器件越来越多地使用有源器件，如接近开关、光电开关、霍尔开关等。有源器件本身所需的电源一般采用 PLC 输入端口内部所提供的直流 24V 电源（容量允许的情况下，否则需外设电源）。有的 PLC 外部电路所需电源由 PLC 内部提供，但有的 PLC 外部电路需外界提供电源。

通常 PLC 的开关量输入接口按使用的电源不同有三种类型：直流 12~24V，交流 100~120V、200~240V、交流 12~24V。另一类是由电位器、测速发电机和各种变换器提供的连续变化的模拟量输入（通过 A/D 转换）信号，将这些信号转换成 CPU 能识别的数字信号，存放在输入映像寄存器中，然后通过数据总线送至 CPU 供其使用。

输入接口电路一般由信号连接器件、输入电路、信号隔离/电平转换电路、输入信号寄存电路、选通电路和中断请求逻辑电路等环节组成，这些电路集成在一个芯片上。输入接口内部电路按电源性质分三种类型：直流输入电路、交流输入电路和交直流输入电路。为保证 PLC 能在恶劣的工业环境下可靠地工作，三种电路都采用了光电隔离、滤波等措施。

图 7-2 是某 PLC 直流输入接口的内部电路和外部接线图。图中，当输入端接近开关接通时，光电耦合器导通，直流输入信号被转换成 PLC 能处理的 5V 标准信号电平（简称 TTL），同时 LED 输入指示灯亮，表示信号接通。交流输入、交直流输入接口电路与直流输入接口电路类似。图中光电耦合器能有效地避免输入端引线可能引入的电磁场干扰和辐射干扰，现场的输入信号通过光电耦合后转换为 5V 的 TTL 送入输入数据寄存器，再经数据总线传送给 CPU。光敏管输出端设置的 RC 滤波器能有效地消除开关类触点输入时抖动引起的误动作，但 RC 滤波器也会使 PLC 内部产生约 10ms 的响应滞后（有些 PLC 某几个输入点的滤波常数可以通过软件来设定）。可见，PLC 是以牺牲响应速度来换取可靠性，而这样所具有的响应速度在工业控制中是足够的。

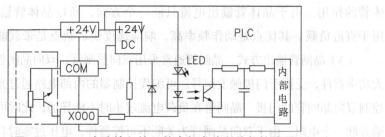

图 7-2　PLC 直流输入接口的内部电路和外部接线图

2. 输出接口电路

输出接口电路将 CPU 送出的弱电控制信号转换成现场需要的强电信号输

出以驱动执行元件。常用执行元件有接触器、电磁阀、调节阀（模拟量）、调速装置（模拟量）、指示灯、数字显示装置和报警装置等。输出接口电路一般由微电脑输出接口电路和功率放大电路组成，与输入接口电路类似，内部电路与输出接口电路之间采用光电耦合器进行抗干扰电隔离。

输出接口电路一般由输出数据寄存器、选通电路和中断请求逻辑电路集成在芯片上，CPU通过数据总线将输出信号送到输出数据寄存器中，功率放大电路是为了适应工业控制要求，将微电脑的输出信号放大。为了能适应不同的负载需要，每种系列PLC的输出接口电路按输出开关器件分为晶体管输出、晶闸管输出和继电器输出等类型。晶体管和晶闸管输出为无触点输出型电路，晶体管输出型用于高频、小功率负载，晶闸管输出型用于高频、大功率负载；继电器输出为有触点输出型电路，用于低频负载。

（1）继电器输出方式。由于继电器的线圈与触点在电路上是完全隔离的，因此它们可以分别接在不同性质和不同电压等级的电路中。利用继电器的这一性质，可以使可编程控制器的继电器输出电路中内部电子电路与可编程控制器驱动的外部负载在电路上完全分隔开。由此可知，继电器输出接口电路中不再需要隔离。实际中，继电器输出接口电路常采用固态电子继电器。由于继电器是触点输出，所以它既可以带交流负载，也可以带直流负载。继电器输出方式最常用，其优点是带载能力强，缺点是动作频率与响应速度慢。

（2）晶体管输出方式。输出信号由内部电路中的输出锁存器给光电耦合器，经光电耦合器送给晶体管。晶体管的饱和导通状态和截止状态相当于触点的接通和断开。稳压管能够抑制关断过电压和外部浪涌电压，起到保护晶体管的作用。由于晶体管输出电流只能一个方向，所以晶体管输出方式只适用于直流负载。其优点是动作频率高，响应速度快，缺点是带载能力小。

（3）晶闸管输出方式。晶闸管通常采用双向晶闸管，双向晶闸管是一种交流大功率器件，受控于门极触发信号。可编程控制器的内部电路通过光电隔离后去控制双向晶闸管的门极。晶闸管在负载电流过小时不能导通，此时可以在负载两端并联一个电阻。由于双向晶闸管为关断不可控器件，电压过零时自行关断，因此晶闸管输出方式只适用于交流负载。其优点是响应速度快，缺点是带载能力不大。

（五）其他接口

若主机单元的I/O数量不够用，可通过I/O扩展接口电缆与I/O扩展单元（不带 CPU）相接进行扩充。PLC 还常配置连接各种外围设备的接口，可通过电缆实现串行通信、EPROM 写入等功能。

（六）编程器

编程器是将用户编写的程序下载至 PLC 的用户程序存储器，并利用编程器检查、修改和调试用户程序，监视用户程序的执行过程，显示 PLC 状态、内部器件及系统的参数等。

编程器有简易编程器和图形编程器两种。简易编程器体积小，携带方便，但只能用语句形式进行联机编程，适合小型 PLC 的编程及现场调试。图形编程器既可用语句形式编程，又可用梯形图编程，同时还能进行脱机编程。

目前 PLC 制造厂家大都开发了计算机辅助 PLC 编程支持软件，当个人计算机安装了 PLC 编程支持软件后，可用作图形编程器，进行用户程序的编辑、修改，并通过个人计算机和 PLC 之间的通信接口实现用户程序的双向传送、监控 PLC 运行状态等。

二、PLC 工作原理

（一）等效电路

可编程序控制器控制系统的等效电路可分用户输入设备、输入电路、内部控制电路、输出电路和用户输出设备五部分。

1. 用户输入设备

用户输入设备包括常用的按钮、行程开关、限位开关、继电器触点和各类传感器等，其作用就是将各种外部控制信号送入可编程序控制器的输入电路。

2. 输入部分

输入部分由可编程序控制器的输入端子和输入继电器组成。外部输入信号通过输入端子来驱动输入继电器的线圈。每个输入端子对应一个相同编号的输入继电器，当用户的输入设备处于接通状态时，对应编号的输入继电器的线圈"得电"（由于可编程序控制器的继电器为"软继电器"，因此这里的"电"指的是概念电流）。

输入部分的电源可以用可编程序控制器内部的直流电源，也可以用独立的交流电源供电。

3. 内部控制电路

内部控制电路是由用户程序形成的用"软继电器"代替硬继电器的控制逻辑。它的作用是对输入、输出信号的状态进行运算、处理和判断，然后得到相应的输出。

4. 输出部分

输出部分由可编程序控制器的输出继电器的外部动合触点和输出端子组成，其作用是驱动外部负载。每个输出继电器除了内部控制电路提供的触点外，还为输出电路提供一个与输出端子相连的实际常开触点。驱动外部负载的电源由外部交流电源提供。

5. 用户输出设备

用户输出设备是用户根据控制需要使用的实际负载，常用的如继电器的线圈、指示灯、电磁阀等。

（二）工作过程

可编程序控制器一般采用循环扫描的工作方式。当可编程序控制器加电后，首先进行初始化处理，包括清除 I/O 及内部辅助继电器、复位所有定时器、检查 I/O 单元的连接可编程序联锁等。开始运行之后，串行执行存储器中的程序，这个过程可以分为以下三个阶段。

1. 采样输入阶段

可编程序控制器首先对各输入端的状态进行扫描，将扫描信号输入状态寄存器中，当有简易编程器、图形编程器、打印机等外部设备与控制器相连时，都将执行来自外部设备的命令。

2. 程序执行阶段

在这个阶段，CPU 将指令逐条调出并执行，即按程序对所有的数据（输入和输出的状态）进行处理，包括逻辑、算术运算，再将结果送到输出状态寄存器。

3. 输出刷新阶段

可编程序控制器的 CPU 在每个扫描周期进行一次输入，来刷新上一次的输入状态。CPU 对各个输入端进行扫描，并将输入端的状态送到输入状态寄存器中；同时，把输出状态寄存器的状态通过输出部件转换成外部设备能接受的电压或电流信号，以驱动被控设备。这种对输入、输出状态的集中处理过程，称为批处理，这是可编程序控制器工作的重要特点。

如果可编程序控制器正处于程序执行阶段，输入信号的状态发生了变化，对应的输入状态寄存器的内容不会变化。那么输出的信号就不会随之变化。必须到下一次采样输入时，输入状态寄存器的内容才发生变化。

（三）扫描周期

可编程序控制器完成一次从采样输入、程序执行到输出刷新整个工作过程所需要的时间，称为扫描周期。扫描时间长短取决于系统的配置、I/O 通道数、程序中使用的指令及外围设备的连接可编程序联锁，等等。

三、PLC 编程语言

PLC 作为一种工业控制计算机，包含硬件和软件两部分。不同厂家，不同型号 PLC 有自己的编程软件和编程语言。IEC 中 PLC 编程语言标准有 5 种编程语言：顺序功能图编程语言、梯形图编程语言、功能块图编程语言、指令语句表编程语言和结构文本编程语言。

（一）顺序功能图编程语言

顺序功能图编程语言是一种位于其他编程语言之上的图形语言，用来编制顺序控制程序。该语言提供了一种组织程序的图形方法，根据它可以方便地画出顺序控制梯形图程序，也可在顺序功能图中嵌套别的语言进行编程。步、转换和动作是顺序功能图中的 3 种主要元件。

（二）梯形图编程语言

梯形图编程语言习惯上叫梯形图。该语言沿袭了继电器控制电路的形式．形象、直观、实用，电器技术人员易于接受，是目前应用最多的一种 PLC 编程语言。

PLC 的梯形图是形象化的编程语言，梯形图左右两端的母线是不接任何电源的。梯形图中并没有真实的物理电流或能量在流动，但为了便于理解与分析，我们通常假想在 PLC 梯形图中存在一种所谓的"电流"或"能流"，这仅仅是虚拟化的概念电流（虚电流），或称为假想电流。注意，假想电流只能从左往右流动，层次改变只能先上后下。假想电流是执行用户程序时满足输出执行条件的形象理解。

梯形图格式要求如下：

（1）梯形图按行从上至下编写，每一行从左往右顺序编写。PLC 程序执行顺序与梯形图编写顺序一致。

（2）图左、右两边垂直线分别称为起始母线（左母线）、终止母线（右母线）。每一逻辑行必须从起始母线开始，终止于继电器线圈或终止母线（有些 PLC 终止母线可以省略）。

（3）梯形图的起始母线与线圈之间一定要有触点，而线圈与终止母线之间则不能有任何触点。

（三）功能块图编程语言

功能块图编程语言是一种类似于数字逻辑门电路的编程语言，有数字电路基础的人易于掌握。该语言用类似与门、或门的方框来表示逻辑运算关系，方框的左侧为逻辑运算的输入变量，右侧为输出变量，输入、输出端的小圆圈表示"非"运算，方框被"导线"连接可编程序联锁在一起，信号从左向右流动。个别微型 PLC 模块使用功能块图编程语言。

（四）指令语句表编程语言

指令语句表编程语言是一种与计算机汇编语言类似的助记符编程方式，用一系列操作指令组成的语句将控制流程描述出来，并通过编程器输入到 PLC 中去。需要指出的是，厂家不同编程指令也并不相同。指令语句表是由若干条语句组成的程序。语句是程序的最小独立单元。每个操作系统由一条或几条语句执行。PLC 语句表达形式与一般微机编程语言语句表达形式类似，也是由操作码和操作数两部分组成。操作码用助记符表示（如 LD 表示逻辑取、AND 表示逻辑与等），用来说明要执行的功能。操作数一般由标识符和参数组成。标识符表示操作数的类型（如 X 表示输入继电器、Y 表示输出继电器等）。参数表明操作数的地址或预先设定值。

（五）结构文本编程语言

结构文本编程语言是为 IEC61131-3 标准专门创建的一种专用的高级编程语言。与梯形图相比，能实现复杂的数学运算，但编写的程序非常简洁和紧凑。

除了提供几种编程语言供用户选择外，标准还允许编程者在同一程序中使用多种编程语言，这使编程者能选择不同的语言来适应特殊的工作。可编程序控制器是专为工业自动控制开发的装置，其主要使用对象是电气技术人员。考虑到他们的传统习惯和掌握能力，为利于推广普及，通常可编程序控制器不采用计算机的编程语言，而采用梯形图语言、助记符语言，因此这两种编程语言使用较多。

第三节　FX 系列可编程控制器编程

目前，可编程控制器的生产厂家众多，每个厂家又生产多个系列，不同系列都具有自己的设计特点和特定的指令系统。尽管国际电工委员会颁布了可编程控制器的标准，但由于各个厂家转换需要一个过程，从而导致不同规格产品的技术性能存在比较大的差异。下面以日本三菱公司生产的 FX_{2N} 系列 PLC 为例，介绍其内部继电器、编程指令及编程方法。

一、FX_{2N} 系列 PLC 的型号表示及构成

（一）型号表示

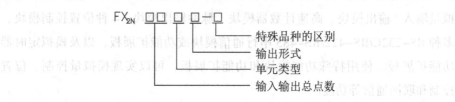

输入输出总点数：4~128点。

单元类型：M——基本单元；

E——输入输出混合单元与扩展单元；

EX——输入专用扩展模块；

EY——输出专用扩展模块。

输出形式：R——继电器输出；

T——晶体管输出；

S——双向可控硅输出。

特殊品种的区别：D——DC（直流）电源，DC输出；

A1—AC（交流）电源，AC输入（AC100至120V）或AC输出模块；

H——大电流输出扩展模块（1A/1点）；

V——立式端子排的扩展模块；

C——接插口输入输出方式；

F——输入滤波时间常数为1ms的扩展模块；

L——TTL输入扩展模块；

S——独立端子（无公共端）扩展模块。

若无符号，则为AC电源、DC输入、横式端子排、标准输出（继电器输出为2A/1点，晶体管输出为0.5A/1点，双向可控硅输出为0.3A/1点）。

例如：型号为FX_{2N}-40MR-D的PLC属于FX_{2N}系列，有40个输入输出点，为基本单元，继电器输出型，使用DC24V电源。

（二）基本构成

FX_{2N}系列PLC基本指令执行时间达$0.08\mu s$，超过很多大型可编程序控制器。用户存储容量可扩展到16K步，最大可以达到256个I/O点，有5种模拟量输入/输出模块、高速计数器模块、脉冲输出模块、4种位置控制模块、多种RS-232C/RS-422/RS-485串行通信模块或功能扩展板，以及模拟定时器功能扩展板。使用特殊功能模块和功能扩展板，可以实现模拟量控制、位置控制和联网通信等功能。

FX_{2N}有128种功能指令，具有中断输入处理、个性输入滤波器时间常数、数学运算、逻辑运算、浮点数运算、数据检索、数据排序、PID 运算、开方、三角函数运算、脉冲输出、脉宽调制、ASC Ⅱ 码输出、BCD 与 BIN 的相互转换、串行数据传送、校验码等功能指令。FX_{2N} 内装实时钟，有时间数据的比较、加减、读出/写入指令，可用于时间控制。

FX_{2N} 还有矩阵输入、10 键输入、数字开关、方向开关、7 段显示器扫描显示、示教定时器等方便指令。

二、FX_{2N} 系列 PLC 内部编程继电器

不同厂家、甚至同一厂家的不同型号的可编程序控制器编程元件的数量和种类都不一样。

FX_{2N} 微型可编程序控制器的各种编程元件（软继电器）的功能是相互独立的，它们均用字母来表示，其中输入继电器用 X 表示，输出继电器用 Y 表示，定时器用 T 表示、计数器用 C 表示、辅助继电器用 M 表示、状态继电器用 S 表示、数据寄存器用 D 表示、变址寄存器用 V/Z 表示。每一个编程元件由上述字母和相应的地址编号表示。在 FX 型 PLC 中，输入继电器和输出继电器的地址编号采用八进制表示，其他元器件均采用十进制编号表示。

（一）输入继电器 X

输入继电器与 PLC 的输入端相连，是 PLC 接受外部开关信号的接口。与输入端子连接可编程序联锁的输入继电器是光电隔离的电子继电器，其常开触点、常闭触点在编程时可无限次使用。FX_{2N} 系列 PLC 输入继电器地址编号范围为 X0 至 X267，最多可达 184 点。

（二）输出继电器 Y

输出继电器的输出端是 PLC 向外部传送信号的接口。只能在程序内部由指令驱动。输出触点接到 PLC 的输出端子，输出触点的通和断取决于输出线圈的通和断状态。每个输出继电器有无数对常开和常闭触点供编程使用。输出继电器的地址编号范围为 Y0~Y267，最多可达 184 点。

（三）辅助继电器 M

PLC 内部有很多辅助继电器，和输出继电器一样，只能由程序驱动，每个辅助继电器也有无数对常开、常闭触点供编程使用。其作用相当于继电器控制线路中的中间继电器。辅助继电器的触点在 PLC 内部编程时可以任意使用，但它不能直接驱动负载，外部负载必须由输出继电器的输出触点来驱动。

1. 通用辅助继电器

FX_{2N} 系列 PLC 通用辅助继电器采用十进制地址编号，有 M0~M499，共 500 个。

2. 断电保持辅助继电器

PLC 在运行中发生停电，输出继电器和通用辅助继电器全变为断开状态。上电后，除了 PLC 运行时被外部输入信号接通的以外，其他仍断开。断电保持辅助继电器是由 PLC 内装锂电池支持的。

FX_{2N} 系列 PLC 有 M500~M1023 共 524 个断电保持用辅助继电器，此外，还有 M1024~M3071 共 2048 个断电保持专用辅助继电器。

3. 特殊辅助继电器

FX_{2N} 系列 PLC 有 M8000~M8255 共 256 个特殊辅助继电器，这些特殊辅助继电器各具有特定的功能。通常分为下面的两大类。

（1）只能利用其触点的特殊辅助继电器线圈由 PLC 自动驱动，用户只可利用其触点。

（2）可驱动线圈型特殊辅助继电器用户激励线圈后，PLC 作特定动作。例如：M8030 为锂电池电压指示灯特殊辅助继电器，当锂电池电压跌落时，M8030 动作指示灯亮，提醒维修人员，需要赶快更换锂电池了。

M8033 为 PLC 停止时输出保持特殊辅助继电器。

需要说明的是：未定义的特殊辅助继电器不可在用户程序中使用。

（四）状态器 S

状态器 S 是构成状态转移图的重要软元件，它与后续的步进梯形指令配合使用。通常状态继电器软元件有下面几种类型：

（1）初始状态继电器 S0~S9 共 10 点。

（2）回零状态继电器 S10~S19 共 10 点。

（3）通用状态继电器 S20~S499 共 480 点。

（4）停电状态继电器 S500~S899 共 400 点。

（5）报警用状态继电器 S900~S999 共 100 点。

状态继电器触点使用次数不限。不用步进梯形指令时，状态继电器 S 可作为辅助继电器 M 在程序中使用。

（五）定时器 T

定时器在 PLC 中的作用相当于一个时间继电器，它有一个设定值寄存器（一个字长）、一个当前寄存器（一个字长）以及无限个触点（一个位）。对于每个定时器，这 3 个量使用同一地址编号名称，但使用场合不一样。通常在一个 PLC 中有几十至数百个定时器 T。

定时器累计 PLC 内的 1ms，10ms，100ms 等的时钟脉冲，当达到设定值时，输出触点动作。定时器可以使用用户程序存储器内的常数 K 作为设定值，也可以用后述的数据寄存器 D 的内容作为设定值。这里的数据寄存器应有断电保持功能。

（六）计数器 C0~C255

1. 内部信号计数器

内部信号计数器是在执行扫描操作时对内部器件（如 X，Y，M，S，T 和 C）的信号进行计数的计数器，其接通时间和断开时间应比 PLC 的扫描周期稍长。

（1）16 位递加计数器设定值范围 1~32767。

其中，C0~C99 共 100 点是通用型，C100~C199 共 100 点是断电保持型。

（2）32 位双向计数器设定值范围 –2147483648~+2147483647。

其中 C200~C219 共 20 点是通用型，C220~C234 共 15 点为断电保持型计数器。

32 位双向计数器是递加型计数还是递减型计数将由特殊辅助继电器 M8200 至 M8234 设定。特殊辅助继电器接通时（置 1），为递减型计数；特殊辅助继电器断开（置 0）时，为递加型计数操作。

与 16 位计数器一样，32 位双向计数器可直接用常数 K 或间接用数据寄存器 D 的内容作为设定值。间接设定时，要用器件号紧连在一起的两个数据寄存器。

2. 高速计数器

高速计数器 C235~C255 共 21 点，共用 PLC 的 8 个高速计数器输入端 X0~X7。这 21 个计数器均为 32 位加/减计数器。

（七）数据寄存器 D

在进行输入输出处理、模拟量控制、位置控制时，需要许多数据寄存器存储数据和参数。数据寄存器为 16 位，最高位为符号位；也可用两个数据寄存器合并起来存放 32 位数据，最高位仍为符号位。数据寄存器分成下面几类。

1. 通用数据寄存器 D0~D199（共 200 点）

在数据寄存器中写入数据，只要不再写入其他数据，就不会变化。但是当停止（STOP）或断电时，该类数据寄存器的数据即被清除为 0。只有特殊辅助继电器 M8033 置 1 后，在 PLC 停止时，数据才可以保持。

2. 断电保持/锁存寄存器 D200~D7999（共 7800 点）

断电保持/锁存寄存器有断电保持功能，PLC 从 RUN 状态进入 STOP 状态时，断电保持寄存器的值保持不变。利用参数设定，可改变断电保持的数据寄存器的范围。

3. 特殊数据寄存器 D8000~D8255（共 256 点）

这些数据寄存器供监视 PLC 中器件运行方式用。该值在 PLC 由 RUN 状态到 STOP 状态保持不变。对于未定义的数据寄存器，用户不能用。

4. 文件数据寄存器 D1000~D7999（共 7000 点）

文件数据寄存器以 500 点为一个单位，可被外部设备存取。

（八）变址寄存器（V/Z）

变址寄存器除了和普通的数据寄存器有相同的使用方法外，还常用于修改器件的地址编号。V、Z 都是 16 位的寄存器，可进行数据的读写，当进行 32 位操作时，将 V、Z 合并使用，指定 Z 为低位。

（九）指针（P/I）

分支指令用 P0~P62，P64~P127 共 127 点。指针 P0~P62，P64~P127 为标号，用来指定条件跳转、子程序调用等分支指令的跳转目标。P63 为结束跳转使用。

（十）常数（K/H）

常数也作为器件对待，它在存储器中占有一定的空间，十进制常数用 K 表示，如 18 表示为 K18；十六进制常数用 H 表示，如 18 表示为 H12。

三、FX 系列 PLC 的基本指令

指令语句表和梯形图是各种 PLC 基本都采用的编程语言，下面以 FX 系列 PLC 为蓝本，介绍这两种编程语言的用法。

1. 逻辑取，取反，线圈驱动指令 LD，LDI，OUT

LD——取指令。表示一个与输入母线相连的常开触点指令，即常开触点逻辑运算起始。

LDI——取反指令。表示一个与输入母线相连的常闭触点指令，即常闭触点逻辑运算起始。

LD，LDI 两条指令的目标元件是 X，Y，M，S，T，C，用于将触点接到起始母线上。可以与后述的 ANB 指令、ORB 指令配合使用，也用在分支起点处。LD，LDI 是一个程序步指令，这里的一个程序步即一个字。

OUT——线圈驱动指令，也叫输出指令。它的目标元件是 Y，M，S，T，C。对输入继电器 X 不能使用。OUT 指令可以连续使用多次。当 OUT 指令的目标元件是定时器 T 和计数器 C 时，必须设置常数 K。

2. 触点串联指令 AND，ANI

AND——与指令。用于单个常开触点与前面的触点或触点块的串联。

ANI——与非指令。用于单个常闭触点与前面的触点或触点块的串联。

AND 与 ANI 都是一个程序步指令，这两条指令可以多次重复使用。这两条指令的目标元件为 X，Y，M，S，T，C。

3. 触点并联指令 OR，ORI

OR——或指令，用于单个常开触点与上面的触点或触点块的并联。

ORI——或非指令，用于单个常闭触点与上面的触点或触点块的并联。

OR 与 ORI 指令都是一个程序步指令，它们的目标元件是 X，Y，M，S，T，C。这两条指令都是并联一个触点。两个以上串联连接可编程序联锁电路块进行并联连接可编程序联锁时，要用后述的 ORB 指令。

OR，ORI 是从该指令的当前步开始，对前面的 LD，LDI 指令并联连接可

编程序联锁。并联的次数无限制。

4. 取脉冲指令 LDP，LDF

LDP——取脉冲上升沿，指在输入信号的上升沿到达时接通一个扫描周期。

LDF——取脉冲下降沿，指在输入信号的下降沿到达时接通一个扫描周期。

这两条指令都占两个程序步。他们的目标元件为 X，Y，M，S，T，C。

5. 与脉冲指令 ANDP，ANDF

ANDP——针对与脉冲上升沿接通一个扫描周期。

ANDF——针对与脉冲下降沿接通一个扫描周期。

这两条指令都占两个程序步，它们的目标元件为 X，Y，M，S，T，C。

6. 或脉冲指令 ORP，ORF

ORP——针对或脉冲上升沿接通一个扫描周期。

ORF——针对或脉冲下降沿接通一个扫描周期。

这两条指令都占两个程序步，它的目标元件为 X，Y，M，S，T，C。

7. 串联电路块的并联连接可编程序联锁指令 ORB

两个或两个以上的触点串联连接可编程序联锁的电路叫串联电路块。串联电路块并联连接可编程序联锁时，在分支开始用 LD 或 LDI 指令，分支结尾处用 ORB 指令。ORB 指令与后述的 ANB 指令均为无操作目标元件指令，步长均为一个程序步。ORB 指令有时也简称或块指令。

ORB 指令的使用方法有两种：一种是在要并联的每个串联电路块后加 ORB 指令；另一种是集中使用 ORB 指令。对于前者分散使用 ORB 指令时，并联电路块的个数没有限制；但对于后者集中使用 ORB 指令时，要求并联电路块的个数不能超过 8 个（即重复使用 LD，LDI 指令的次数限制在 8 次以下），所以不推荐用后者编程。

8. 并联电路块的串联连接可编程序联锁指令 ANB

两个或两个以上触点并联的电路称为并联电路块，分支电路并联电路块与前面电路串联连接可编程序联锁时，使用 ANB 指令。分支的起点用 LD 或 LDI 指令，并联电路块结束后，使用 ANB 指令与前面电路串联。

ANB 指令也简称与块指令，ANB 也是无操作目标元件指令，步长为一个程序步。

9. 多重输出指令 MPS，MRD，MPP

MPS——进栈指令。

MRD——读栈指令。

MPP——出栈指令。

这 3 条指令均为无操作目标元件指令，都为一个程序步长。这组指令用于多输出电路。可将连接可编程序联锁触点先储存，用于连接可编程序联锁后面的电路。

FX 系列 PLC 中 11 个存储中间结果的存储区域被称为栈存储器。使用一次进栈指令 MPS 时，各层的数据依次向上移动一次，将最上端的数据读出后，数据就从栈中消失。

MRD 是读出最上层所存的最新数据的专用指令。读出时，栈内数据不发生移动，仍然保持在栈内的位置不变。

MPS 和 MPP 指令必须成对使用，而且连续使用应少于 11 次。

10. 主控及主控复位指令 MC，MCR

MC——主控指令，用于公用串联触点的连接可编程序联锁。

MCR——主控复位指令，即 MC 的复位指令。

在编程时，经常遇到多个线圈同时受一个或一组触点控制。如果在每个线圈的控制电路中都串入同样的触点，将多占用存储单元，应用主控指令可以解决这一问题。使用主控指令的触点称为主控触点，它在梯形图中与一般的触点垂直。它们是与母线相连的常开触点，是控制一组电路的总开关。

11. 取反指令 INV

该指令用于运算结果的取反。当执行该指令时，将 INV 指令之前存在的 LD，LDI 等指令的运算结果反转（由原来 ON 变为 OFF；由原来 OFF 变为 ON）。它不能直接与母线连接可编程序联锁，也不能像 OR，ORI 等指令那样单独使用。该指令是一个无操作目标元件指令，占一个程序步。

12. 置位与复位指令 SET，RST

SET——置位指令，使动作保持。

RST——复位指令。

SET 指令的操作目标元件为 Y，M，S，而 RST 指令的操作元件为 Y，M，S，D，V，Z，T，C。这两条指令占 1~3 个程序步。

用 RST 指令可以对定时器、计数器、数据寄存器、变址寄存器的内容清零。

13. 脉冲输出指令 PLS，PLF

PLS 指令在输入信号上升沿产生脉冲输出，而 PLF 在输入信号下降沿产生脉冲输出，这两条指令都占两个程序步。它们的目标元件是 Y 和 M，但特殊辅助继电器不能做目标元件。使用 PLS 指令，元件 Y，M 仅在驱动输入接通后的一个扫描周期内动作（置 1）。而使用 PLF 指令，元件 Y，M 仅在输入断开后的一个扫描周期内动作。

使用这两条指令时，要特别注意目标元件。例如，在驱动输入接通时，若 PLC 由运行——停机——运行，此时 PLS M0 动作，但 PLS M600（断电时由电池后备的辅助继电器）不动作。这是因为 M600 是特殊保持继电器，即使在断电停机时其动作也能保持。

14. 空操作指令 NOP

NOP 为空操作指令，该指令是一条无动作、无目标元件、占一个程序步的指令。空操作指令使该步程序做空操作。用 NOP 指令替代已写入指令，可以改变电路。在程序中加入 NOP 指令，在改动或追加程序时可以减少步序号的改变。执行完清除用户存储器的操作后，用户存储器的内容全部变为空操作指令。

15. 程序结束指令 END

END 是一条无目标元件、占一个程序步的指令。PLC 反复进行输入处理、程序运算、输出处理，若在程序最后写入 END 指令，则 END 以后的程序步就不再执行，直接进行输出处理。在程序调试过程中，按段插入 END 指令，可以顺序扩大对各程序段动作的检查。采用 END 指令将程序划分为若干段，在确认处于前面电路块的动作正确无误之后，依次删去 END 指令。要注意的是在执行 END 指令时，也刷新监视时钟。

第八章 可编程控制器控制的设计

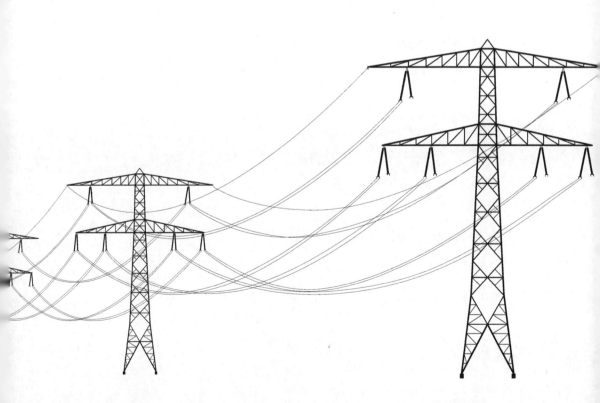

第一节 PLC 控制系统设计原则、内容流程

控制系统的开发包括原理设计及施工设计两大部分。其中施工设计的主要内容与普通电气工程施工设计基本相同，在此就不进行讨论了，此处主要讨论原理设计。

一、机械设备 PLC 控制系统设计的基本原则

在设计 PLC 控制系统时，应遵循以下基本原则。

（1）机械设备 PLC 控制系统应能控制机械设备最大限度地满足其生产工艺要求。设计前，应深入生产现场进行实地考察和调查研究，搜集资料，并与机械设备的机械设计人员和实际操作人员密切配合，共同拟定机械设备控制方案，协同解决设计中出现的各种问题。

（2）在满足生产工艺要求的前提下，力求使 PLC 控制系统简单、经济、操作使用及维护维修方便。

（3）要充分保证 PLC 控制系统的安全性和可靠性。

（4）考虑到今后加工生产的可持续发展和机械设备工艺的不断改进，在配置 PLC 硬件设备时应适当留有一定的扩展裕量。

二、机械设备 PLC 控制系统设计的基本内容

机械设备 PLC 控制系统是由 PLC 与机械设备输入、输出设备连接而成的。因此，机械设备 PLC 控制系统设计的基本内容应包括以下方面。

（1）选择机械设备输入设备（按钮、操作开关、限位开关、传感器等）、输出设备（继电器、接触器、信号灯等执行元件）以及由输出设备驱动的控制对象（电动机、电磁阀等）。这些设备属于一般的电器元器件。

（2）PLC 是 PLC 控制系统的核心部件，正确选择 PLC 对于保证整个控

制系统的技术经济性能指标起着重要的决定性作用。PLC 的选择要结合机器的基本功能及控制规模考虑。基本功能包含运算速度、储存能力、指令功能、性能价格比等因素。规模主要是考虑所选机型的输入输出口数量、I/O 模块、电源模块及扩展能力。在选用整体式 PLC 时，输入输出点数要留有余量。

（3）分配 I/O 点，绘制 PLC 的实际接线图。

（4）控制程序设计，包括控制系统流程图、状态转移图、梯形图、语句表（即指令字程序清单）等的设计。控制程序是控制整个机械设备系统工作的软件，是保证机械设备系统工作正常、安全、可靠的关键。因此，设计的机械设备控制程序必须经过反复调试、修改，直到满足机械设备生产工艺要求为止。

（5）必要时还要设计机械设备控制台（柜）等。

（6）编制机械设备 PLC 控制系统的技术文件。包括设计说明书、电气图及电器元器件明细表。传统的电气图一般包括电气原理图、电器布置图及电气安装图。在 PLC 控制系统中，该部分图统称为"硬件图"。它在传统电气图的基础上增加了 PLC 部分，因此在电气图中应增加 PLC 的 I/O 接口的实际接线图。

另外，在机械设备 PLC 控制系统中的电气图中还应包括控制程序图（梯形图），通常称为"软件图"。向机械设备用户提供"软件图"，可便于机械设备用户在生产发展或工艺改进时修改程序，并有利于机械设备用户在维护或维修时分析和排除故障。

三、机械设备 PLC 控制系统设计的一般流程

设计机械设备 PLC 控制系统的一般流程主要包括以下方面。

（一）深入了解和分析被控对象的工艺条件和控制要求

（1）被控对象主要包括受控的机械设备、电气设备、生产线或生产过程。

（2）控制要求主要指控制的基本方式、应完成的动作、自动工作循环的组成、必要的保护和联锁等。对较复杂的控制系统，可用功能图表或状态流程图的形式全面表达出来，必要时还可将控制任务分成几个独立部分，这样可化繁为简，有利于编程和调试。

（3）根据生产的工艺过程分析控制要求，具体了解需要完成的动作（动作顺序、动作条件、必需的保护和联锁等）、操作方式（手动、自动、连续、

单周期、单步等）。

（二）确定 PLC 控制系统的输入、输出设备，并选择 PLC 类型

根据被控对象对 PLC 控制系统的功能要求，确定系统所需的输入、输出设备。常用的输入设备有按钮、选择开关、行程开关、传感器等，常用的输出设备有继电器、接触器、指示灯、电磁阀等。

根据已确定的 I/O 设备，统计出所需要的输入信号和输出信号的点数，选择合适的 PLC 类型，包括机型、存储容量、I/O 模块、电源模块的选择等。对于开关量控制的应用系统，如对小型泵的顺序控制、单台机械的自动控制等，当对控制速度要求不高时，可选用超小型或微型 PLC。如有脉冲串输出要求时，需考虑相应功能单元的能力及数量。对于以开关量控制为主、带有部分模拟量控制的控制系统，如工业生产中常遇到的温度、压力、流量、液位等连续量的控制，应选用带有 A/D 转换的模拟量输入模块和带有 D/A 转换的模拟量输出模块，配接相应的传感器及变送器（对温度控制系统，可选用温度传感器直接输入的温度模块）和驱动装置，并选择运算功能较强的小型 PLC。

对于控制比较复杂的中、大型控制系统，如闭环控制、PID 调节、通信联网（要考虑适用的通信协议及通信口的数量）等，可选择中、大型 PLC。当系统的各个控制对象分布在不同的位置时，应根据各部分的具体要求来选择 PLC，以组成分布式控制系统。

（三）分配 I/O 点

根据被控对象的 I/O 信号及所选定的 PLC 型号，分配 PLC 的硬件资源，为梯形图的各种继电器或接点进行编号，列出 I/O 点分配表或画出 PLC-I/O 端子实际接线图。一般来说，输入点与输入设备一一对应，输出点与输出设备也一一对应，按系统配置的通道和继电器号，对每一个输入设备和输出设备进行编号，并以表格的形式全部列出来。个别情况下，也有两个设备共用一个输入点，那就应该在接入 PLC 的输入点之前，按逻辑关系先接好线，如将两个按钮先串联（或并联）后再接到 PLC 的输入点上。在分配 PLC 的 I/O 点时，应注意以下几点。

（1）确定 I/O 通道范围。不同型号的 PLC，其 I/O 通道的范围是不一样的，应根据所选 PLC 型号，查阅相应的编程手册，不可"张冠李戴"。

（2）合理使用内部辅助继电器。内部辅助继电器不对外输出，不能直接连接外部器件，而是在控制其他内部继电器、定时器/计数器时作数据存储或数据处理用。从功能上讲，内部辅助继电器相当于传统电控柜中的中间继电器，只供编程使用。

（3）分配定时器/计数器。应注意定时器和计数器的编号和设定常数。不同的 PLC 有不同的规定值，不能乱用。

（4）数据存储器。在数据存储、数据转换及数据运算等场合，经常需要处理以通道为单位的数据，此时应用数据存储器很方便。数据存储器中的内容，即使在 PLC 断电、运行开始或停止时也能保持不变。数据存储器也应根据程序设计的需要和在程序中的用途合理安排，避免重复使用。

分配完 I/O 点后，即可进行 PLC 程序设计，同时还可进行控制柜或操作台的设计和现场施工。

（四）画出系统的控制流程图或时序（工作）波形图

对较复杂的控制系统，在进行梯形图程序设计之前，应根据生产工艺要求先画出控制流程图或波形图，以清晰地表明每步动作的顺序和转换条件，以利于 PLC 程序设计；对于较简单的控制系统，则可省去这一步。

（五）设计应用系统的梯形图程序

根据系统的控制流程图或波形图设计 PLC 梯形图程序，即编程。这一步是整个应用系统设计的核心工作，也是比较困难的一步。常用的编程方法有经验设计法、逻辑设计法、波形图设计法和流程图设计法等。要设计好梯形图，首先要深入了解控制要求，同时还要有一定的电器设计的实践经验。在编写程序过程中，可以借鉴现成的标准程序，但必须弄懂这些程序段，否则会给后继工作带来困难。编写程序过程中，要注意及时对编出的程序进行注释，以免忘记其相互关系，要随编随注。注释包括程序的功能、逻辑关系说明、设计思想、信号的来源和去向，以方便阅读和调试。

（六）将程序输入 PLC

当使用简易编程器将程序输入 PLC 时，需要先将梯形图转换成指令助记符，以便输入。当使用 PLC 的辅助编程软件在计算机上编程时，可通过 RS-

232-C 电缆将程序下载到 PLC 中。

（七）系统调试

系统调试划分为两个阶段，第一阶段为模拟调试，第二阶段为现场运行调试。在程序输入 PLC 后，应首先进行模拟调试。因为在程序设计过程中，难免会有疏漏的地方，因此在将 PLC 连接到现场设备之前，必须进行模拟调试，以排除程序中的错误，同时也为现场运行调试打好基础，缩短现场调试的周期。在模拟调试时，外接适当数量的输入开关作为模拟输入信号，通过输出模块上的发光二极管来观察 PLC 的输出是否满足要求，发现问题立即修改和调整程序，直到满足控制要求。

在 PLC 软、硬件设计和控制柜及现场施工完成后，就可进行整个系统的现场运行调试。如果控制系统由几个部分组成，则先作局部调试，然后进行整体调试，若控制程序的步序较多，则可先进行分段调试，然后再连接起来总调试。调试中发现的问题，要逐一排除，直至调试成功。

现场调试完成后，为防止程序遭到破坏或丢失，可将已调试通过的用户程序写入 EPROM 或 EEPROM，将程序固化；并使 PLC 执行 EPROM 或 EEPROM 中的用户程序。为方便修改和不断完善，当然也可写入由锂电池保护的 RAM 中。

（八）编制技术文件

系统技术文件包括设计和使用维护维修说明书、电路原理图、电器布置图、电器元器件明细表、PLC 梯形图等。

（九）经试生产后竣工验收，交付使用。

第二节 机械设备 PLC 控制系统常用设计方法

机械设备 PLC 控制系统常用设计方法有经验设计法、逻辑设计法、波形图设计法、流程图设计法、调用子程序编程方法、矩阵式编程方法、顺序功能图的设计方法等。在这里主要介绍经验设计法、波形图设计法和顺序功能图设计法。

一、经验设计法

经验设计法就是在典型控制环节程序段的基础上，根据被控对象的具体要求，凭经验进行组合、修改，以满足控制要求。例如，要编制一个控制一台电动机正、反转的梯形图程序，可将两个"启—保—停"环节梯形图组合，再加上互锁的控制要求进行修改即可。有时为了得到一个满意的设计结果，需要进行多次反复调试和修改，增加一些辅助触点和中间编程元件。该设计方法没有普遍的规律可遵循，具有一定的试探性和随意性，最后得到的结果也不是唯一的，而且设计所用的时间、质量与设计者的经验有关。经验设计法对于简单控制系统的设计是非常有效的，并且它是设计复杂控制系统的基础，要很好地掌握。但这种方法主要依靠设计者的经验，所以要求设计者在日常的工作中注意收集与积累工业控制系统和生产上常用的各种典型环节程序段，从而不断丰富自己的经验。

图 8-1 所示的洗衣机电路的程序即采用经验设计法设计，它由几个基本环节有机组合而成。PLC 的 Y0 输出端口控制电动机的转动和停止，Y1 输出端口控制电动机的正转和反转。点动 X0 输入端口的常开按钮后，电动机停止 20s、正转 20s、停止 20S、反转 20s……停止的时间由 T0 设定，转动的时间由 T1 设定。最上面是一个自保停电路，该电路的输出 M0 作为下面振荡电路的输入信号，即 M0 为 ON 后 Y0 开始振荡，而 Y0 决定了电动机的转动与否。Y1 为 ON，电动机正转，反之，电动机反转。由此可见，经验设计法需要扎

实的基础知识。由此设计法设计的程序灵活性比较差,比如说,这个电路一个周期内正反转动的时间一样长,两次停顿的时间一样长,无法改变。如果要改变,则需要使用其他的方法重新设计一个新的电路。

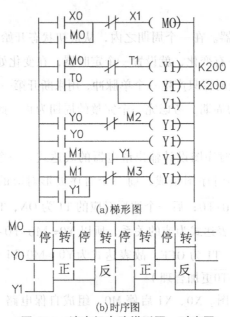

图 8-1 洗衣机电路梯形图,时序图

二、波形图设计法

用经验设计法设计系统的梯形图时,没有一套固定的方法和步骤可以遵循,试探性和随意性很大。经过长时间的努力,或许也不能得到一个非常满意的结果。而且采用这种方法设计出的梯形图,需要对程序改进时存在着较大困难,因为其中复杂的逻辑关系除设计者以外的任何人分析起来都会很困难。设计人员应该而且必须掌握一些有章可循的设计方法。波形图设计法也称为时序设计法,是根据控制要求先画出对应信号的工作波形图,然后找出各信号状态转换的时刻和条件,再对应时间用逻辑关系去组合,从而设计出梯形图程序。它对于按时间先后顺序动作的时序控制系统的设计尤为方便,可以用多个定时器的"接力赛"来实现其功能。与经验设计法设计的程序比较,波形图设计法思路清晰,规律性强,程序灵活性大,调试、维修及改进时都很方便。但时序设计法的使用场合受到一定的限制。

（一）洗衣机电路设计

（1）控制要求。此电路要求在 M0 为 ON 期间，Y0、Y1 变化时序如图 8-1（a）所示。

（2）设置定时器。在一个周期之内，从最初状态开始，综合考虑所有的输出继电器状态，一有变化，就设置一个定时器，在变化处使其为 ON，周期内最后一处变化的定时器只产生一个单脉冲，用来断开第一个定时器的线圈，以便开始下一个新的周期，考虑完一个完整的周期为止。此处共设置了 T0 至 T3 四个定时器。

（3）根据上述时序图设计输出继电器的表达式。一个周期内，Y0 的时序图由 2 个为 ON 的时序图组成，前一个时序波形对应的 M0 为 ON，T0 为 OFF，故表达式为 $M0 \cdot \overline{T0}$；后一个波形对应的 T1 为 ON，T2 为 OFF，故表达式为 $T1 \cdot \overline{T2}$；这两个表达式为或的关系，所以 $Y0 = M0 \cdot \overline{T0} + T1 \cdot \overline{T2}$。Y1 时序图对应的 M0 为 ON，T1 为 OFF，故表达式为 $Y0 = M0 \cdot \overline{T1}$（其实对于洗衣机电路来说，$Y0 = M0 \cdot \overline{T0}$ 更加合理）。

（4）设计梯形图。X0、X1 启停 M0，组成自保电路。由时序图可得，M0 常开触点控制 T0 线圈，T0 常开触点控制 T1 线圈，依次类推，最后 T2 常开触点控制 T3 线圈，就像"接力赛"一样首尾相接。如果一直循环下去，T3 常闭触点应该控制 T0 线圈，以确保"循环接力赛"。$Y0 = M0 \cdot \overline{T0} + T1 \cdot \overline{T2}$，用 M0 常开触点、T0 常点的串联和 T1 常开触点、T2 常闭触点的串联进行并联来控制 Y0 的线圈。$Y1 = M0 \cdot \overline{T1}$，用 M0 常开触点、T1 常闭触点（其实用 T0 的常闭触点更加合理）的串联来控制 Y1 的线圈。由上可得图 8-1 所示的梯形图，图中 T0 的设定值规定了正向转动的时间，T1 的设定值规定了正向转动后停顿的时间，T2 的设定值规定了反向转动的时间，T3 的设定值规定了反向转动后停顿的时间。

三、顺序功能图设计法

在机械设备控制中，往往需要多个执行机构按生产工艺预先规定好的顺序自动而有序地工作。对该类控制系统，由于各编程元件之间的关系极为复杂，如果直接用梯形图语言进行设计，难度会很大，需要经验丰富的设计者才能担此重任，且设计出的程序即使设计者加了注释，可读性仍旧很差，这不利于其他工程技术人员对系统进行维修和改进。如果采用顺序功能图图形语言（Sequential Function Chart，SFC），即使初学者也能对此类复杂的控制系统进行编程设计。因此国际电工委员会1994年5月公布的可编程控制器标准IEC1131中，将SFC确定为可编程控制器位居首位的编程语言。

顺序功能图是描述控制系统的控制过程、功能和特性的一种图形，也是设计PLC顺序控制功能的工具。顺序功能图用来设计执行机构自动有顺序工作的控制系统，此类系统的动作是循环的动作。顺序功能图是在梯形图、控制系统流程图、指令（语句）表和高级语言之上的图形语言。它不涉及实现所描述的控制功能的具体技术。这种图形语言将一个动作周期按动作的不同及顺序划分为若干相连的阶段，每个阶段称为一步，用状态器S或辅助继电器M表示。动作的顺序进行对语言来说意味着状态的顺序转移，故顺序功能图又习惯上叫作状态转移图或状态功能图。

（一）顺序功能图的组成

顺序功能图主要由步、有向连线、转换条件和所驱动的负载等组成。

1. 步

在顺序功能图中，步对应状态，用矩形方框表示。方框内用S或M连同其编号进行注释。系统正处于某一步所在的阶段时，此步称为活动步。与系统初始状态对应的步称为初始步，用双线的方框表示，根据系统的实际情况，它用初始条件来驱动，或者用M8002来驱动。用状态器S编程时，S0~S9为初始步专用状态器。一个步可以是动作的开始、持续或结束。一个工作过程分步越多，描述工艺流程就越精确。

2. 有向连线

将各步对应的方框按它们成为活动步的顺序用有向连线连接起来，使图成为一个整体。有向连线的方向代表了系统动作的顺序。顺序功能图中，从上到下、从左到右的方向，有向连线代表方向的箭头可以省略。

3. 转换条件

当活动步对应的动作完成后，系统就应该转入下一个动作，即活动步应该转入下一步。活动步的转换与否，需要一个条件。完成信号或相关条件的逻辑组合可以用作转换条件，它既是本状态的结束信号，又是下一步对应状态的启动信号。转换条件一般用文字语言、布尔代数表达式或图形符号标注在与有向连线垂直相交的短线旁边。

4. 驱动的负载

驱动的负载指每一步对应的工作内容，它直接与相应的步相连。有的步根据需要可以不驱动任何负载，称为等待步。

（二）顺序功能图的基本结构

（1）单流程状态转移图功能图由一系列相继成为活动步的步组成，每一步后面仅有一个转换条件，每一个转换条件后面只有一个步。

（2）选择性分支与汇合顺序功能图存在多种工作顺序的状态流程图为分支、汇合流程图。分支流程可分为选择性分支和并行性分支两种。从多个流程顺序中选择执行一个流程，称为选择性分支。选择的开始称为分支，选择的结束称为汇合。分支、汇合处的转换条件应该标在分支序列上。

（3）并行性分支与汇合顺序功能图多个流程分支可同时执行的分支流程称为并行性分支。如果某步的转换条件满足时，该步被置 ON 的同时，根据需要应该将几个序列同时激活，即需要几个状态同时工作，这就存在并行的问题。在并行序列的开始处（亦称为分支），几个分支序列的首步是同时被置为活动步的，为了强调转换的同步实现，水平连线用双线表示，转换条件应该标注在双线之上，并且只允许有一个条件。各并行分支序列中活动步的进展是相互独立的。在并行序列的结束处（也称为合并），当所有的并行分支序列最后一步都成为活动步且转换条件满足时，所有的并行分支序列最后一步同时变为不活动步，为了表示同步实现，合并处也用水平双线表示。

（三）设计顺序功能图时应该注意的问题

（1）两个步之间必须有转换条件。如果没有，则应该将这两步合为一步处理。

（2）从生产实际考虑，顺序功能图必须设置初始步，否则，系统没有停止状态。

（3）完成生产工艺的一个全过程以后，最后一步必须有条件地返回到初始步，这是单周期工作方式，也是一种回原点式的停止。如果系统还具有连续工作方式，还应该将最后一步有条件地返回到第一步。总之，顺序功能图应该是一个或两个由方框和有向线段组成的闭环。

（4）要想能够正确地按顺序功能图顺序运行，必须用适当的方式将初始步置为活动步。一般用初始化脉冲 M8002 的常开触点作为转换条件，将初始步置为活动步。在手动工作方式转入自动工作方式时，也应该用一个适当的信号将初始步置为活动步。

（5）在个人计算机上使用支持 SFC 的编程软件进行编程时，顺序功能图可以自动生成梯形图或指令表。如果编程软件不支持 SFC 语言，则需要将设计好的顺序功能图转化为梯形图程序，然后再写入可编程控制器。

第九章 可编程控制器在机械设备中的应用

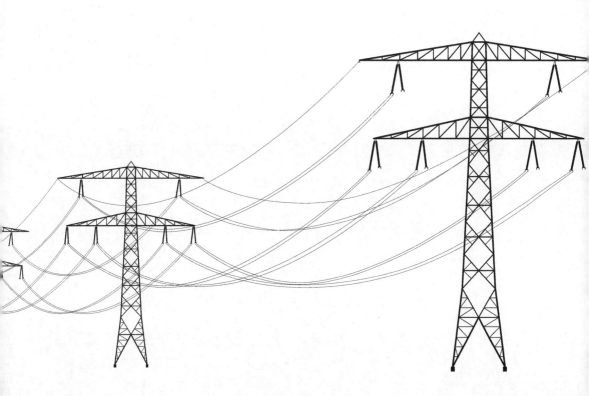

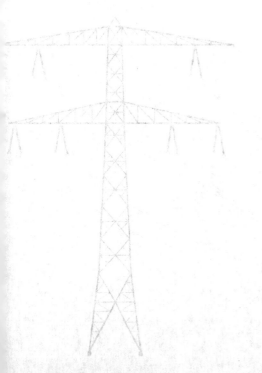

第一节 PLC 在机床中的应用

一、机床工作台自动循环 PLC 控制系统

机床工作台前进/后退自动循环电气控制电路如图 9-1 所示，为其设计 PLC 控制系统。

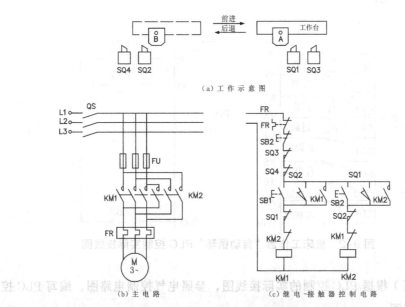

图 9-1 机床工作台前进/后退自动循环电气控制电路图

（一）分析机床工作台自动循环电气控制电路图，根据其输入/输出设备，选用 PLC

本控制系统需要和 PLC 输入端子相连接的输入设备有 8 个，包括正转启动按钮（SB1）、反转启动按钮（SB2）、停止按钮（SB3）、过热继电器接点（FR）、正向限位开关（SQ1）、反向限位开关（SQ2）、正向极限限位开关（SQ3）、

反向极限限位开关（SQ4）。需要和 PLC 输出端子相连接的输出设备有 2 个，包括：正向运行接触器（KM1）、反向运行接触器（KM2）。

因此，只要选用具有 8 个输入端口 /2 个输出端口的 PLC 即能满足控制要求。本控制系统可选用 8 个输入端口 /8 个输出端口的 FX2N-MR16 型 PLC，其多余的 6 个输出端口可作为它用（如增加电源显示、工作 / 停机状态显示、前进 / 后退方向显示等或留作功能扩展时备用）。

（二）根据控制要求，对 PLC 进行 I/O 口地址分配，画出 PLC 控制的实际接线图

根据控制要求，对 PLC 进行 I/O 口地址分配，其 PLC 控制的实际接线图如图 9-2 所示。

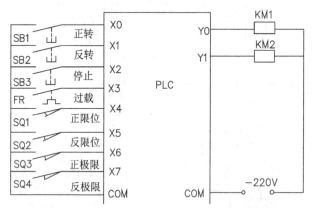

图 9-2　机床工作台"自动循环"PLC 控制实际接线图

（三）根据 PLC 控制的实际接线图，参照电气控制电路图，编写 PLC 控制的梯形图

根据 PLC 控制的实际接线图，参照电气控制电路图，可以很容易地编写 PLC 控制的梯形图，如图 9-3 所示。

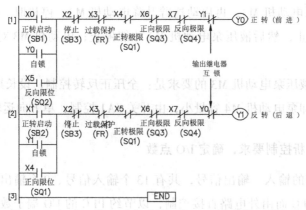

图 9-3　机床工作台"自动循环"PLC 控制梯形图程序

二、Z3040 摇臂钻床 PLC 控制系统

图 9-4 为 Z3040 摇臂钻床电气控制系统电路,为其设计 PLC 控制系统。

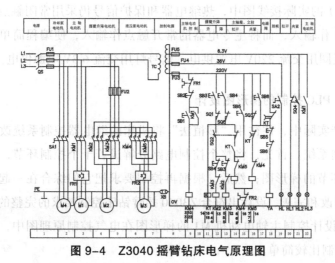

图 9-4　Z3040 摇臂钻床电气原理图

(一)分析控制对象,确定控制要求

Z3040 型摇臂钻床是一个多台电动机拖动系统,采用 PLC 控制时,要实现以下要求。

(1) 对主轴电动机 M1 的要求是:单方向旋转,有过载保护。

(2) 对摇臂升降电动机 M2 的要求是:全压正反转控制,点动控制;启动时,先启动液压泵电动机 M3，再启动摇臂升降电动机 M2；停机时，摇臂升降电动机 M2 先停止，然后液压泵电动机 M3 才能停止；电动机 M3 对 M2 设有必要的联锁保护。

（3）对液压泵电动机 M3 的要求是：全压正反转控制，设长期过载保护。

（4）冷却泵电动机 M4 容量小，由开关 SA1 控制，单方向运转。

（二）分析控制要求，确定 I/O 点数

PLC 控制的输入、输出信号，共有 13 个输入信号、9 个输出信号。照明灯可不通过 PLC 而由外电路直接控制，以节约 PLC 的 I/O 端子数。考虑将来的发展需要，留一定余量，选用 FX2N-32MR PLC。将输入、输出信号进行地址分配。

（三）PLC 的实际（I/O 端子）接线图

根据 PLC 的 I/O 分配结果，绘制 PLC（I/O 端子）的实际接线图。在 PLC（I/O 端子）的实际接线图中，热继电器和保护信号仍采用常闭触点（可改用常开触点）作输入，而将主令电器的常开触点作输入，使编程简单。接触器和电磁阀线圈用交流 220V 电源供电，信号灯用交流 6.3V 电源供电。

（四）PLC 控制的梯形图设计

在生产实际中，往往用"移植法"将机床的继电器控制系统改造成为可编程序控制系统。首先，将整个控制电路分解成若干个控制环节，分别设计出各控制环节的梯形图；然后，根据再控制要求把它们综合在一起；最后，经整理、修改和完善，设计出符合 Z3040 摇臂钻床控制要求的完整的梯形图。

（1）设计控制主轴电动机 M1 的梯形图在电气控制原理图中，主轴电动机 M1 的控制比较简单。

（2）设计控制摇臂升降电动机 M2 和液压泵电动机 M3 的梯形图

1）摇臂升降过程。摇臂的升降、夹紧控制与液压系统紧密配合示。由上升按钮 SB3 和下降按钮 SB4 与正、反转接触器 KM2、KM3 组成电动机 M2 的正反转点动控制。摇臂升降为点动控制，且摇臂升降前必须先启动液压泵电动机 M3，将摇臂松开，然后方能启动摇臂升降电动机 M2。按摇臂上升按钮 SB3（X3=ON），PLC 内部继电器 M0 线圈通电，电气原理图中的时间继电器

KT在梯形图中由定时器T0代替，时间继电器的瞬时动作触点KT由辅助继电器M0代替，使得输出继电器Y4和Y0动作，则KM4和电磁阀YA线圈同时通电，电动机M3正转将摇臂松开。松开到位压下摇臂松开的行程开关SQ2（X10动作），使输出继电器Y4断电，Y2动作，KM4断电，同时KM2通电，摇臂维持松开进行上升。上升到位松开按钮SB3（X3=OFF），M0线圈断电，摇臂停止上升，同时定时器T0线圈通电延时1至3s后触点动作，输出继电器Y5动作，使KM5线圈通电，电动机M3反转，摇臂夹紧。夹紧时压下行程开关SQ3（X11动作），输出继电器Y5和Y0复位，KM5和电磁阀线圈断电，电动机M3停转。

2）主轴箱和立柱箱的松开与夹紧控制。主轴箱和立柱箱的松开与夹紧控制是同时进行的，在电气控制电路中，由按钮SB5和SB6控制。按下按钮SB5（X5触点动作），输出继电器Y4动作，使KM4线圈得电，电磁阀线圈YA断电，电动机M3正转，将主轴和立柱箱松开；同时，压下行程开关SQ4（X12动作），输出继电器Y10线圈通电，指示灯HL1亮，表明已经松开。反之，当按下按钮SB6时，使Y5通电、Y0断电，KM5线圈得电，电磁阀YA仍断电，电动机M3反转将主轴箱和立柱箱夹紧；同时行程开关SQ4复位，输出继电器Y11动作，夹紧指示灯HL2亮，表明夹紧动作完成。

三、T68型卧式镗床PLC控制系统

（一）电气控制任务

T68镗床的电气设备及控制要求在前面已经介绍过，已知双速电动机M1作为主轴及进给的驱动，电动机M2为进给快速移动的驱动。对M1的具体控制要求如下。

（1）正反转点动控制及反接制动。

（2）正反转连续运转及反接制动。

（3）高、低速的转换控制。

（二）I/O的分配表

根据要求配置好PLC的输入/输出端子的分配表。

（三）PLC 控制的梯形图设计

1. M1 正反转控制的梯形图

用 PLC 来完成对 M1 的正反转控制，需要 PLC 内部继电器 M101 和 M102 作为正反转控制的辅助继电器，为了可靠地保证正反转的切换，要用定时器 T1 和 T2 来完成 0.5s 的转换延时。

2. M1 反转制动的梯形图

速度继电器 KS 有两对独立的常开触头 KS1 和 KS2。当电动机 M1 正转时 KS1 闭合，反转时 KS2 闭合。KS1 串接在反转电路中，KS2 串接在正转电路中。当电动机正转时，通过自锁使反转电路不能得电。当按下停止按钮 SB6，X000 动作，使正转电路断电，与此同时反转电路通电，进行反接制动。当速度低到使速度继电器触头 KS 断开时，反转电路断电，制动结束。

3. 高低速转换控制的梯形图

SQ 为高、低速选择开关，当将操作手柄推向高速位置时，SQ 被压下，X005 接通，经过定时器 T3 延时后，其常闭触头将低速接触器 KM6 断电；其常开触头将高速接触器 KM7、KM8 通电，此时电动机 M1 绕组为 YY 连接，进入高速运行。

第二节　PLC 在工业自动化生产线中的应用

一、输送机分拣的 PLC 控制系统

（一）工作过程

图 9-5 所示为分拣大、小球的自动装置示意图。

（1）当输送机处于起始位置时，上限位开关 SQ3 和左限位开关 SQ1 被压下，极限开关 SQ 断开。

（2）启动装置后，操作杆下行，一直到极限开关 SQ 闭合。此时，若碰到的是大球，则下限位开关 SQ2 仍为断开状态；若碰到的是小球，则下限位开关 SQ2 为闭合状态。

（3）接通控制吸盘的电磁阀线圈 Y001。

（4）假设吸盘吸起小球，则操作杆向上行，碰到上限位开关 SQ3 后，操作杆向右行，碰到右限位开关 SQ4（小球的右限位开关）后，再向下行，碰到下限位开关 SQ2 后，将小球释放到小球箱里，然后返回到原位。

（5）如果启动装置后，操作杆下行一直到 SQ 闭合后，下限位开关 SQ2 仍为断开状态，则吸盘吸起的是大球，操作杆右行碰到右限位开关 SQ5（大球的右限位开关）后，将大球释放到大球箱里，然后返回到原位。

（6）当按下停止按钮后，分拣装置要将当前循环工作过程进行到最后一步才能停止下来。

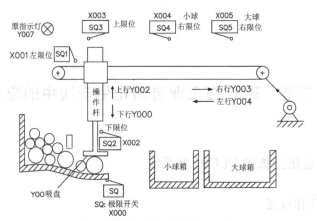

图 9-5 自动分拣装置示意图

（二）I/O 地址分配

按要求配置好 I/O 端口，采用 FX2N 系列 PLC 实现控制。

（三）顺序控制功能图的设计

自动分拣顺序控制 STL 功能图如图 9-6 所示。分拣装置自动控制过程如下。

（1）图中 M8002 产生初始脉冲，使状态继电器 S20~S30 均复位，再将初始状态继电器 S0 置位；此时操作杆在最上端 X003 接通，最左端 X001 接通，并且吸盘控制线圈 Y001 断开。状态由 S0 转移到 S20，Y000 通电使操作杆向下移动，直至极限开关 SQ（X000）闭合。进入选择顺序的两个分支电路。

（2）此时若吸盘吸起的是大球，则 X002 的常开触头仍为断开状态，而常闭触头闭合，S20 状态转移到 S24；若吸盘吸起的是小球，则 X002 的常开触头闭合，S20 状态转移到 S21。

当状态转移到 S21 后，吸盘电磁阀 Y001 被置位，Y001 通电吸起小球，并同时启动时间继电器 T0；延时 1s 后，状态转移到 S22，使上行继电器 Y002 通电，操作杆上行，直到压下上限位开关 X003，状态转移到 S23，右行继电器 Y003 通电，使操作杆右行，直到压下右限位开关 X004，状态转移到 S27，使下行继电器 Y000 通电，操作杆下行，直到压下下限位开关 X002，状态转移到 S28，使得电磁阀 Y001 复位，将小球释放在小球箱内，其动作时间由 T1 控制；延时 1s 后，状态转移到 S29，使得电磁阀 Y002 通电，使操作杆上行，压下上限位开关 X003 后，状态转移到 S30，使左行继电器 Y004 通电，操作杆左行,直到压下左限位开关 X001 后,操作杆返回到初始状态 S0。系统中大球的拣出过程和小球的拣出过程相同。

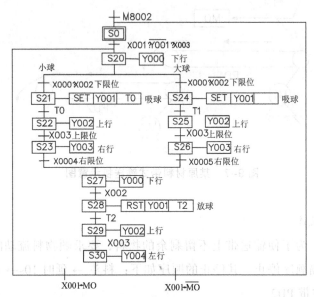

图 9-6 自动分拣顺序控制 STL 功能图

二、带式输送机的 PLC 控制

带式输送机广泛应用于冶金、化工、机械、煤矿和建材等工业生产中。图 9-7 所示为某原材料带式输送机的示意图。原材料从料斗经过 PD1、PD2 两台带式输送机送出;由电磁阀 M0 控制从料斗向 PD1 供料;PD1、PD2 分别由电动机 M1 和 M2 控制。

(一) 控制要求

1. 初始状态

料斗、皮带 PD1 和皮带 PD2 全部处于关闭状态。

2. 启动操作

启动时,为了避免在前段输送带上造成物料堆积,要求逆料方向按一定的时间间隔顺序启动。其操作步骤如下:皮带 PD2→ 延时 5s→ 皮带 PD1→

延时 5s → 料斗 M0。

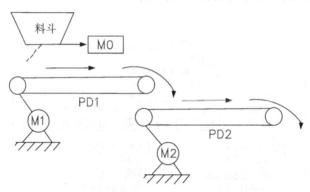

图 9-7 某原材料带式输送机示意图

3. 停止操作

停止时，为了使输送带上不留剩余的物料，要求顺物料流动的方向按一定的时间间隔顺序停止。其停止的顺序如下：料斗 → 延时 10s → 皮带 PD1 → 延时 10s → 皮带 PD2。

4. 故障停止

在带式输送机的运行中，若输送带 PD1 过载，应把料斗和输送带 PD1 同时关闭，输送带 PD2 应在输送带 PD1 停止 10s 后停止。若输送带 PD2 过载，应把输送带 PD1、输送带 PD2（M1、M2）和料斗 M0 都关闭。

（二）I/O 地址分配表

按要求配置好 I/O 分配表。

（三）PLC 控制的梯形图设计

用步进指令根据带式输送机控制要求设计功能图。

三、PLC 在机械手控制系统中的应用

机械手控制系统是用于自动生产线上的典型工业顺序控制系统，用步进指令编程既方便、又简单。图 9-8 所示为二机械手的工作示意图。该机械手的任务是将工件从工作台 A 搬往工作台 B，设计该机械手的 PLC 控制系统。

（一）控制系统要求

（1）机械结构图中，机械手的动作均采用电液控制、液压驱动。它的上升/下降和左移/右移均采用双线圈三位电磁阀推动液压缸完成。当某电磁阀线圈通电，就一直保持当前的机械动作，直到相反动作的线圈通电为止。例如当下降电磁阀线圈通电后，机械手下降，即使线圈再断电，仍保持当前的下降动作状态，直到上升电磁阀线圈通电为止。机械手的夹紧/放松采用单线圈二位电磁阀推动液压缸完成，线圈通电时执行夹紧动作，线圈断电时执行放松动作。

为了检测机械手在上、下、左、右四个方向的运动是否到位，机械手上安装了 4 个限位开关 SQ1、SQ2、SQ3、SQ4，分别对机械手进行下降、上升、右行、左行等动作的限位，并给出了动作到位的信号。另外，还安装了光电开关 SP，负责监测工作台 B 上的工件是否已移走，从而产生无工件信号，为下一个工件的下放做好准备。

（2）工艺过程机械手的动作顺序、检测元件和执行元件。机械手的初始位置在原点，按下启动按钮，机械手将依次完成下降→夹紧→上升→右移→下降→放松→上升→左移 8 个动作，实现机械手一个周期的动作。机械手的下降、上升、左移、右移的动作转换靠限位开关来控制，而夹紧放松动作的转换是由时间继电器来控制的。

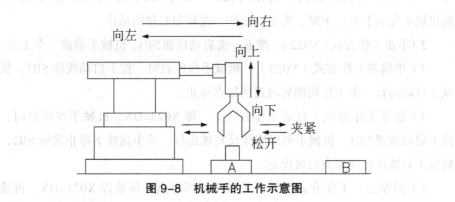

图 9-8 机械手的工作示意图

（3）控制要求。

1）初始位置。机械手停在初始位置上，压合左限位开关与上限位开关。

2）启动运行状态。机械手由初始位置开始向下运动，直到压合下限位开关；机械手夹紧 A 工作台上的工件，时间为 1s；机械手夹紧工件后向上运动，直到压合上限位开关为止；机械手再向右运动，直到压合右限位开关为止；机械手再向下运动，直到压合下限位开关为止；机械手松开，将工件放到工作台 B 上，其松开时间为 1s；机械手再向上运动，直到压合上限位开关为止；机械手再向左运动，直到压合左限位开关，一个工作周期结束；机械手返回初始状态，压合左限位开关与上限位开关。

3）停止状态。按下停止按钮后，机械手要将一个工作周期的动作完成后，才返回到初始位置停止。

4）机械手动作的操作方式。要求机械手有 4 种操作方式：点动工作方式、单步工作方式、单周期工作方式和连续（自动）工作方式。

（二）PLC 控制设计

（1）按要求配置好 I/O 分布图，并画好 PLC 控制系统外部 I/O 接线图。

（2）配置好 PLC 的 I/O 地址、内部继电器分配表和外部设备与 PLC 的 I/O 地址分配表。

（3）机械手的操作方式。在操作面板上设置有控制按钮 SB1 至 SB9、工作方式选择开关及接通与断开 PLC 外部负载的启动按钮和急停按钮，以实现机械手各种工作方式的选择。

1）手动工作方式（X020）。首先将工作方式选择开关置于"手动"位置，即 X020=ON，再操作面板上的按钮 SB3、SB4、SB8、SB7、SB5 和 SB6，控制机械手完成上升、下降、夹紧、放松、左移和右移的动作。

2）单步工作方式（X022）。按下一次启动按钮 SB1，机械手前进一个工步。

3）单周期工作方式（X023）。机械手在原点时，按下启动按钮 SB1，机械手自动运行一个工作周期后再返回原点停止。

4）连续工作方式（自动工作方式）。即 X024=ON，机械手在原点时，按下启动按钮 SB1，机械手可以连续反复地运行。若中途按下停止按钮 SB2，机械手只能运行到原点后再停止。

5）回原点。工作方式选择开关置于"回原点"位置即 X021=ON，再按下回原点按钮 SB9，机械手自动返回原点。

6）面板上设置的另一组启动按钮和急停按钮无 PLC 的 I/O 编号，说明它们不进入 PLC 的内部，与 PLC 运行程序无关。这两个按钮是用来接通或断开 PLC 外部负载的电源。

（三）机械手控制系统的程序设计

1. 初始状态设定

利用起始状态指令 FNC60（IST）自动设定与各个运行方式相应的初始状态及首元件编号。系统的初始化梯形图如图 9-9 所示。图中，X20 是输入的首元件编号；S20 是自动方式的最小状态器编号；S27 是自动方式的最大状态器编号。当功能指令 IST 满足执行条件时，下面的初始状态器及相应的特殊辅助继电器自动被指定以下功能。

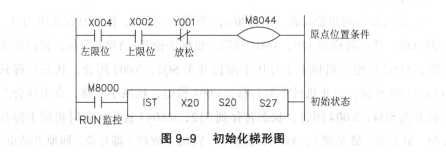

图 9-9 初始化梯形图

S0：手动操作初始状态。
S1：回原点初始状态。
S2：自动操作初始状态。
M8048：禁止转移。
M8041：开始转移。
M8042：启动脉冲。
M8047：STL 监控有效。

2. 初始化程序

机械手控制系统的初始化程序是设定初始状态和原点位置条件，图 9-9 中的特殊辅助继电器 M8044 作为原点位置条件使用，M8044 为 FX2 系列 PLC 的原点条件继电器。当原点位置条件满足时 M8044 接通，用 M8044=ON 作为执行自动程序的进入条件。其他初始状态是由 IST 指令自动设定。初始化程序是在开始执行程序时执行一次，其结果储存在寄存器中，这些状态在程序执行过程中大部分都不再变化，但 S2 的状态例外，它随着程序的执行而变化。

3. 手动工作方式的程序

将操作面板上的工作方式选择开关置于手动工作位置（X020=ON）时，机械手进入手动工作状态。S0 为手动方式时的初始状态。

按下夹紧按钮 SB8，X012 得电闭合，Y001 被置位，实现夹紧动作；按下放松按钮 SB7，X007 得电闭合，Y001 被复位实现放松动作。同理上升、下降、左移和右移都是由相应的按钮来控制的。在上升、下降和左移、右移的控制作用中加入互锁作用。上限位开关 SQ2 压合，X002 得电闭合为左移、右移动作的进入条件，即机械手必须处于最上端位置压合 SQ2 后才能进行左移、右移的动作。

4. 回原点方式

S1 是回原点的初始状态，由初始化程序使 S1 置位，按下原点按钮 SB9，X025=ON，状态转移到 S10，Y001 复位，机械手松开；Y000 复位，机械停止下降；Y002 得电，机械手上升压上限位开关 SQ2，X002 闭合，状态转移到 S11；Y003 复位，停止机械手的右移，Y004 得电，机械手左移，直至压合左限位开关 SQ4，X004 闭合，状态转移到 S12，M8043 置位。此时机械手停在原位（最上端、最左端），Y001（夹紧）、Y002（放松）都复位，回原点结束。M8043 是 FX2 系列 PLC 的回原点结束继电器。

5. 自动工作方式

将工作方式选择开关置于"自动"工作位置（X024=ON），机械手进入自动工作状态。S2 是自动方式的初始状态，状态继电器 S2 和状态转移开始辅助继电器 M8041 及原点位置条件辅助继电器 M8044 的状态都是在初始化程序中设定的，在程序运行中不再改变。当辅助继电器 M8041、M8044 闭合时，状态从 S2 向 S20 转移，S20 置位，Y000 得电，机械手下降；当下降运行到下限位，开关 SQ1 压合，X001 闭合时，状态转移到 S21（S20 自动复位，Y000 失电），Y001 得电，机械手夹紧工件，同时定时器 T0 开始计时；当 1s 时间到，T0 触点闭合，状态转移到 S22，Y002 得电，机械手上升；一直到上位，压合 SQ2，X002 闭合时，状态转移到 S23，Y003 得电，机械手右移；一直到右限位，压合 SQ3，X003 闭合时，状态转移到 S24，Y000 得电，机械手下降，直到下限位，压合 SQ1，X001 又闭合，状态转移到 S25，使 Y001 复位，机械手松开工件，同时定时器 T1 开始计时，经过 1s 延时后，状态转移到 S26，

Y002得电，机械手上升；直到上限位开关SQ2压合，X002闭合，状态转移到S27，Y004得电，机械手左移，直到左限位开关SQ4压合，X004闭合，状态返回到S2，又进入下一个周期的工作过程。

第十章 数控机床的电气控制应用

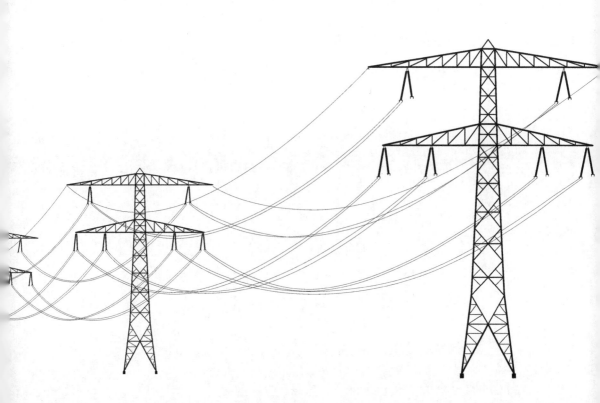

第十章 数控机床的产业化应用

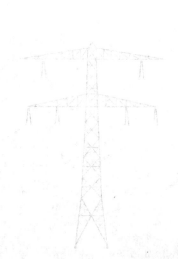

第一节　数控机床的发展概况

自 1952 年美国研制成功第一台数控机床以来，随着电子技术、计算机技术、自动控制和精密测量等技术的发展，数控机床也在迅速地发展和不断地更新换代，先后经历了 5 个发展阶段。第 1 代数控机床：1952—1959 年采用电子管元件构成的专用数控装置（Numerical Control，NC）。第 2 代数控机床：从 1959 年开始采用晶体管电路的 NC 系统。第 3 代数控机床：从 1965 年开始采用小、中规模集成电路的 NC 系统。第 4 代数控机床：从 1970 年开始采用大规模集成电路的小型通用电子计算机控制的系统（Computer Numerical Control，CNC）。第 5 代数控机床：从 1974 年开始采用微型计算机控制的系统（Microcomputer Numerical Control，MNC）。

近年来，微电子和计算机技术日益成熟，其成果正不断渗透到机械制造的各个领域中，先后出现了计算机直接数控（DNC）系统、柔性制造系统（FMS）和计算机集成制造系统（CIMS）。这些高级的自动化生产系统均以数控机床为基础，它们代表着数控机床今后的发展趋势。

一、计算机直接数控系统

所谓计算机直接数控（Direct Numerical Control，DNC）系统，即使用一台计算机为数台数控机床进行自动编程，编程结果直接通过数据线输送到各台数控机床的控制箱。中央计算机具有足够的内存容量，因此可统一存储、管理与控制大量的零件程序。利用分时操作系统，中央计算机可以同时完成一群数控机床的管理与控制，因此也称为计算机群控系统。

目前 DNC 系统中的各台数控机床都有各自独立的数控系统，并与中央计算机连成网络，实现分级控制，而不再考虑让一台计算机去分时完成所有数控装置的功能。

随着 DNC 技术的发展，中央计算机不仅用于编制零件的程序以控制数控机床的加工过程，而且进一步控制工件与刀具的输送，形成了一条由计算机控制的数控机床自动生产线，它为柔性制造系统的发展提供了有利条件。

二、柔性制造系统

柔性制造系统（Flexible Manufacturing System，FMS）也叫作计算机群控自动线，它是将一群数控机床用自动传送系统连接起来，并置于一台计算机的统一控制之下，形成一个用于制造的整体。其特点是由一台主计算机对全系统的硬、软件进行管理，采用DNC方式控制两台或两台以上的数控加工中心机床，对各台机床之间的工件进行调度和自动传送；利用交换工作台或工业机器人等装置实现零件的自动上料和下料，使机床每天24h均能在无人或极少人的监督控制下进行生产。如日本FANUC公司有一条FMS由60台数控机床、52个工业机器人、2台无人自动搬运车、1个自动化仓库组成，这个系统每月能加工10000台伺服电机。

三、计算机集成制造系统

计算机集成制造系统（Computer Integrated Manufacturing System，CIMS）是指用最先进的计算机技术，控制从订货、设计、工艺、制造到销售的全过程，以实现信息系统一体化的高效率的柔性集成制造系统。它是在生产过程自动化（例如计算机辅助设计、计算机辅助工艺规程设计、计算机辅助制造、柔性制造系统等）的基础上，结合其他管理信息系统的发展逐步完善的，有各种类型计算机及其软件系统的分析、控制能力，可把全厂的生产活动联系起来，最终实现全厂性的综合自动化。

第二节　数控机床的组成与分类

一、数控机床的工作原理

（1）对零件图样进行分析，明确加工的内容和要求；确定加工方案；选择合适的数控机床；选择或设计刀具和夹具；确定合理的走刀路线及选择合理的切削用量等。

（2）在确定了工艺方案后，就需要根据零件的几何尺寸、加工路线等，计算刀具中心运动轨迹，以获得刀位数据，编制零件加工程序，并进行程序检验。

（3）将编制好的加工程序通过操作面板上的键盘或输入机将数字信息输送给数控装置。

（4）数控装置将所接收的信号进行一系列处理后，再将处理结果以脉冲信号形式进行分配：一是向进给伺服系统发出进给等执行命令，二是向可编程序控制器发出主轴功能（S）、辅助功能（M）及刀具功能（T）等指令信号。

（5）可编程序控制器接到S、M、T等指令信号后，即控制机床主体立即执行这些指令，并将机床主体执行的情况实时反馈给数控装置。

（6）伺服系统接到进给执行命令后，立即驱动机床主体的各坐标轴（进给机构）严格按照指令要求准确进行位移，自动完成工件的加工。

（7）在各坐标轴位移过程中，检测反馈装置将位移的实测值迅速反馈给数控装置，以便与指令值进行比较，然后以极快的速度向伺服系统发出补偿执行指令，直到实测值与指令值符合为止。

（8）在各坐标轴位移过程中，如发生"超程"现象，其限位装置即可向可编程序控制器或直接向数控装置发出某些坐标轴超程的信号，数控装置则一方面通过显示器发出报警信号，另一方面则向进给伺服系统发出停止执行命令，以实施超程保护。

综上所述，数控设备的工作原理可归纳为：在数控机床上加工工件时，首先要根据加工零件的图样与工艺方案，用规定的格式编写程序单，并且记录在程序载体上；把程序载体上的程序通过输入装置输入到数控装置中去；数控装置将输入的程序经过运算处理后，向机床各个坐标的伺服系统发出信号；伺服系统及可编程序控制器向机床主轴及进给等执行机构发出指令，通过伺服执行机构（如步进电动机、直流伺服电动机、交流伺服电动机），经传动装置（如滚珠丝杠螺母副等），驱动机床各运动部件，并在检测反馈装置的配合下，使机床按规定的动作顺序、速度和位移量进行工作，如刀具相对于工件的运动轨迹、位移量和进给速度等，从而制造出符合图样要求的零件。

二、数控机床的基本结构

由上述数控机床的工作过程可知，数控机床的基本组成包括数控装置、伺服系统、检测反馈装置、电气控制系统、机床本体和各类辅助装置等。但对较多的数控设备，在结构上已普遍将数控装置与伺服系统（执行电动机除外）进行了一体化设计，因此数控设备的基本结构主要由机床主体和数控系统两大部分组成。

（一）控制介质（Control Medium）

数控机床加工时所需的各种控制信息要靠某种中间载体携带和传输，这种载体称为"控制介质"。控制介质是存储数控加工所需的全部动作和刀具相对于工件位置信息的媒介物，它记载着零件的加工程序。控制介质有多种类型。早期的数控机床采用穿孔带、穿孔卡、磁带和磁盘等，现代数控机床则采用各种类型的存储器，并且可以与计算机进行通信。

（二）数控装置（Numerically Controlled System）

数控装置是数控机床实现自动加工的核心，是整个数控机床的灵魂所在。主要由输入装置、监视器、主控制系统、可编程控制器、各类输入/输出接口等组成。主控制系统主要由CPU存储器、控制器等组成。数控系统的主要控制对象是位置、角度、速度等机械量，以及温度压力、流量等物理量，其控制方式可分为数据运算处理控制和时序逻辑控制两大类。

数控系统的输入数据包括零件的轮廓信息（起点、终点、直线、圆弧等）、加工速度及其他辅助加工信息（如换刀、变速、冷却液开关等）。主控制器内的插补模块就是根据所读入的零件程序，通过译码、编译等处理后，进行相应的刀具轨迹插补运算，并通过与各坐标轴伺服系统的位置、速度反馈信号的比较，从而控制机床各坐标轴的位移。所谓插补运算，就是将每个程序段输入的工件轮廓上的某起始点和终点的坐标数据送入运算器，经过运算之后在起点和终点之间进行"数据密化"，并按控制器的指令向输出装置送出计算结果。数据处理程序还包括刀具半径补偿、速度计算及辅助功能的处理等。时序逻辑控制通常由可编程控制器（PLC）来完成，它根据机床加工过程中各个动作要求进行协调，按各检测信号进行逻辑判别，从而控制机床各个部件有序地工作。

数控装置都有很完善的自诊断能力，日常使用中更多的是要注意严格按规定操作，而日常的维护则主要是对硬件使用环境的保护和防止系统软件的破坏。

（三）伺服系统（Servo System）

伺服系统是数控装置和机床本体之间的连接环节，是数控系统的执行部分。它是以机床运动部件的位置和速度作为控制量的自动控制系统，主要由驱动装置和位置检测与反馈装置等组成。伺服系统控制包括数控机床的进给伺服控制和主轴伺服控制。驱动装置由主轴驱动单元、进给驱动单元和主轴伺服电动机、进给伺服电动机组成。步进电动机、直流伺服电动机和交流伺服电动机是常用的伺服电机。数控装置发出的指令信号与位置或速度反馈信号比较后产生的控制指令，经过驱动单元的功率放大、整形处理后，转换成机床执行部件的直线位移或角位移运动，对其定位精度和速度进行控制。如许多数控机床的走刀运动就是利用伺服电机驱动滚珠丝杠来完成的。

由于伺服系统是数控机床的最后环节，其性能将直接影响数控机床的精度和速度等技术指标，因此，对数控机床的伺服驱动装置，要求具有良好的快速反应性能，准确而灵敏地跟踪数控装置发出的数字指令信号，并能忠实地执行来自数控装置的指令，提高系统的动态跟随特性和静态跟踪精度。指令信息是脉冲信息的体现，每个脉冲使机床移动部件产生的位移量叫作脉冲当量。机械加工中一般常用的脉冲当量为 0.01mm/脉冲、0.005mm/脉冲、0.001mm/脉冲，目前所使用的数控系统脉冲当量一般为 0.001mm/脉冲。

测量元件将数控机床各坐标轴的实际位移值检测出来并经反馈系统输入到机床的数控装置中，数控装置对反馈回来的实际位移值与指令值进行比较，并向伺服系统输出达到设定值所需的位移量指令。

（四）电气控制系统（Electrical Control System）

电气控制系统分强电控制系统和弱电控制系统，除了提供数控装置、伺服系统等弱电控制系统的输入电源，以及各种短路、过载、欠压等电气保护外，主要在 PLC 的输出接口与机床各类辅助装置的电气执行元件之间起桥梁连接作用，控制机床辅助装置的各种电动机、液压系统电磁阀或电磁离合器等。此外，它也与机床操作台有关手动按钮连接。强电控制系统由各种中间继电器、接触器、变压器、电源开关、接线端子和各类电气保护元器件等构成。它与一般普通机床的电气类似，但为了提高对弱电控制系统的抗干扰性，要求各类频繁启动或切换的电动机、接触器等电磁感应器件中均必须并接 RC 阻容吸收器；对各种检测信号的输入均要求用屏蔽电缆连接。

（五）机床本体（Mechanical Structure of Machine Tool）

机床主机是在数控机床上自动地完成各种切削加工的机械部分。与传统的机床相比，数控机床主体具有如下结构特点。

（1）广泛采用高性能的主轴伺服驱动和进给伺服驱动装置，使数控机床的传动链缩短，简化了机床机械传动系统的结构。数控设备机床主体的组成部分与该类普通机床基本相同，但为了实现其特殊的整体功能要求，故在其设计上，进行了一系列专门的处理。例如，简化了主轴箱及其变速、变向等传动系统；简化了从主轴至工作台（或刀架滑板）间的机械传动结构，使机械传动链较短。数控机床的主运动、进给运动都由单独的伺服电动机驱动，所以传动链短、结构较简单。

（2）采用具有高刚度、高抗震性及较小热变形的机床新结构。通常用提高结构系统的静刚度、增加阻尼、调整结构件质量和固有频率等方法来提高机床主机的刚度和抗震性，使机床主体能适应数控机床连续自动地进行切削加工的需要。采取改善机床结构布局、减少发热、控制温升及采用热位移补偿等措施，可减少热变形对机床主机的影响。

（3）采用高传动效率、高精度、无间隙的传动装置和运动部件，如滚珠丝杠螺母副、塑料滑动导轨、直线滚动导轨、静压导轨等。

机械结构基本组成：机床基础件（又称机床大件），通常指床身、底座、立柱、滑座和工作台等，它们是整个机床的基础和框架，其功用是支撑机床本体的其他零部件，并保证这些零部件在工作时或者固定在基础件上，或者在它的导轨上运动；主传动系统，其功能是实现主运动，如切削加工等；进给系统，其功能是实现进给运动，如工作台的前后移动等；实现工件回转、分度定位的装置和附件，如回转工作台；刀库、刀架和自动换刀装置；自动托盘交换装置；实现某些部件动作和辅助功能的系统和装置，如液压、气动、润滑、冷却、防护和排屑等装置；特殊功能装置，如刀具破损检测、精度检测和监控装置等。

三、数控设备的结构特点

数控设备具有诸多特点以满足数控机床高自动化、高效率、高精度、高速度、高可靠性和高柔性的要求。

（一）高刚度和高抗震性

数控设备常需要在高速、重载、强力切削条件下正常工作，故要求机床的各主要机械部件（如床身、工作台、刀架等）具有很高的刚度。数控设备运动构件产生的振动（特别是切削时产生的谐振），不仅影响到机床的灵敏度，还将影响到加工工件的宏观几何精度以及工件表面的质量（表面粗糙度）。工作中应无变形或振动，以保证切削加工过程能平稳地进行。提高机床静刚度和固有频率，保持最佳的运动间隙，减少机械传动机构，缩短传动链，改进机床结构的阻尼特性等是提高机床动刚度和抗震性的有效方法。通过机床结构、筋板的合理布局，例如加大主轴的支承轴径，缩短主轴端部的受力悬伸段，床身采用钢板焊接结构等方法来提高刚度。采用新材料、特殊结构也可以提高动刚度和抗震能力。

（二）减小机床热变形

机床相对运动的构件在高频率的位移及换向过程中，容易产生热量，导致其构件产生热变形，从而影响到构件的运动精度。因此，要求各构件的发热量要最少，即要求构件（材料）的热变形系数尽量小，降热条件尽量好。为了减小热变形，常采取以下措施：采用热对称结构及热平衡措施；对于发热部件（如主轴箱、静压导轨液压油等）采取散热、风冷、液冷等控制温升；对切削部位采取强冷措施；专门采用热位移补偿，即预测热变形规律，建立数学模型，存入计算机，来进行实时补偿。

（三）高柔性

数控设备的高柔性，是指数控设备灵活与可变的特性。它所具有的柔性是数控设备同其他组合机床、仿形机床及自动化专用机床的显著区别之一。当数控设备的加工对象改变时，只需要改变加工程序和重新调整刀具，就能自动完成工件的加工，而不必对机床（含靠模板等附件）进行特殊调整。这样，不仅能满足多品种零件的加工要求，还缩短了生产准备周期，对品种频繁改型及科研、新品试制具有突出的优越性。

（四）高灵敏度

因数控设备是在自动状态下工作的，要求机床的运动精度较高，对需要进行相对运动的机构均应减小摩擦力，且在低速位移时无爬行现象。在机床结构上，通常采用滚动摩擦取代滑动摩擦（如采用滚动导轨、滚珠丝杠等）或减小运动的摩擦系数（如采用静压导轨、静压轴承及贴塑导轨等）等高效率、无间隙、低摩擦传动，以适应数控设备的高灵敏度要求。

（五）高精度保持性

数控设备能在高速、强力切削情况下，满负荷或超负荷地工作，是因为它具有高的精度保持性，使机床在长期运行中具有稳定的加工精度。除了正确选择有关构件的材料外，还要采取诸如特种淬火、冷热时效处理等工艺措施，以提高运动部件的耐磨性，减小使用中的变形，同时延长构件的寿命。

（六）高可靠性

数控设备主要在自动条件下工作，必须保证其在较长时间连续运行时的稳定性和可靠性，同时在使用寿命周期内发生故障的概率应尽可能小。因此，数控设备中的 CNC 系统软件（系统程序）以及主要运动构件（如主轴、滑板等）

应保证不出故障，对需要频繁操作的刀库、换刀装置等构件，也必须保证其在长期工作中要十分可靠。对机床数控系统的平均无故障时间，也有相应的标准做出规定。例如，简化的机械传动结构，采用高性能、宽调速范围的交直流主轴电动机和伺服电动机，使主轴箱、进给变速箱及其传动系统大为简化，提高传动精度和可靠性。

四、数控机床的分类

数控机床的种类繁多，根据数控机床的功能和组成的不同，可以从多种角度对数控机床进行分类。

（一）按机床运动的控制轨迹分类

1. 点位控制的数控机床

它的特点是在刀具相对工件移动的过程中，不进行切削加工，对定位过程中的运动轨迹没有严格要求，只要求从一坐标点到另一坐标点的精确定位。点与点之间移动轨迹、速度和路线决定了生产率的高低。为了提高加工效率，保证定位精度，系统采用"快速趋近、减速定位"的方法实现控制。这类数控机床有数控坐标镗床、数控钻床、数控冲床、数控点焊机和数控测量机等。随着数控技术的发展和数控系统价格的降低，单纯用于点位控制的数控系统已不多见。

2. 直线控制数控机床

直线控制系统不仅控制起点与终点之间的准确位置，而且要求刀具由一点到另一点之间的运动轨迹为一条直线，并能控制位移的速度，因为这类数控机床的刀具在移动过程中要进行切削加工。直线控制系统的刀具运动轨迹一般是平行于各坐标轴的直线；特殊情况下，如果同时用两套运动部件，其合成运动的轨迹是与坐标轴成一定夹角的斜线。这类数控机床有数控车床、数控铣床、数控磨床等。单纯用于直线控制的数控机床已不多见。

3. 轮廓控制数控机床，也称连续控制数控机床

其特点是能够同时对两个或两个以上的坐标轴进行连续控制。加工时不仅要控制起点和终点位置，而且要控制两点之间每一点的位置和速度，使机床加工出符合图纸要求的复杂形状（任意形状的曲线或曲面）的零件。它要

求数控机床的辅助功能比较齐全。CNC 装置一般都具有直线插补和圆弧插补功能。如数控车床、数控铣床、数控磨床、数控加工中心、数控电加工机床、数控绘图机等都采用此类控制系统。这类数控机床绝大多数具有两坐标或两坐标以上的联动功能，不仅有刀具半径补偿、刀具长度补偿功能，而且还具有机床轴向运动误差补偿，丝杠、齿轮的间隙补偿等一系列功能。

（二）按伺服控制的控制方式分类

1. 开环控制数控机床

这类机床的进给伺服驱动是开环的，即没有检测反馈装置。数控装置根据信息载体上的指令信号，经控制运算发出指令脉冲，使伺服驱动元件转过一定的角度，并通过传动齿轮、滚珠丝杠螺母副，使执行机构（如工作台）移动或转动。这种控制方式没有来自测量元件的反馈信号，对执行机构的动作情况不进行检查，指令流向为单向，因此被称为开环控制系统。

步进电动机伺服系统是最典型的开环控制系统。数控系统输出的进给指令信号通过脉冲分配器来控制驱动电路，它以变换脉冲的个数来控制坐标位移量，以变换脉冲的频率来控制位移速度，以变换脉冲的分配顺序来控制位移的方向。这种控制系统的特点是系统简单，调试维修方便，工作稳定，成本较低。由于数控系统发出的指令信号流是单向的，因此不存在控制系统的稳定性问题，但由于机械传动的误差不经过反馈校正，开环系统的精度主要取决于伺服元件和机床传动元件的精度、刚度和动态特性，因此控制精度较低。早期的数控机床均采用这种控制方式，只是故障率比较高，目前由于驱动电路的改进，仍有较多的应用。尤其是在我国，一般经济型数控系统和旧设备的数控改造多采用这种控制方式。另外，这种控制方式可以配置单片机或单板机作为数控装置，使得整个系统的价格很低。

2. 闭环控制数控机床

这类数控机床的进给伺服驱动是按闭环反馈控制方式工作的，其驱动电动机可采用直流或交流两种伺服电机，并需要配置位置反馈和速度反馈，在加工中随时检测移动部件的实际位移量，并及时反馈给数控系统中的比较器，它与插补运算所得到的指令信号进行比较，其差值又作为伺服驱动的控制信号，进而带动位移部件以消除位移误差。

按位置反馈检测元件的安装部位和所使用的反馈装置的不同，它又分为全闭环和半闭环两种控制方式。

（1）全闭环控制。其位置反馈装置采用直线位移检测元件（目前一般用光栅尺），安装在机床的床鞍部位，即直接检测机床坐标的直线位移量，通过反馈可以消除从电动机到机床床鞍的整个机械传动链中的传动误差，得到很高的机床静态定位精度。但是，由于在整个控制环内，许多机械传动环节的摩擦特性、刚性和间隙均为非线性，并且整个机械传动链的动态响应时间与电气响应时间相比又非常大，这为整个闭环系统的稳定性校正带来很大困难，系统的设计和调整也都相当复杂。因此，这种全闭环控制方式主要用于精度要求很高的数控坐标镗床、数控精密磨床等。

（2）半闭环伺服系统。这种控制系统不是直接测量工作台的位移量，而是通过旋转变压器、光电编码盘或分解器等角位移测量元件，测量伺服机构中电动机或丝杠的转角，来间接测量工作台的位移。由于大部分机械传动环节未包括在系统闭环环路内，因此可获得较稳定的控制特性。丝杠等机械传动误差不能通过反馈来随时校正，但是可采用软件定值补偿方法来适当提高其精度。

半闭环伺服系统介于开环和闭环之间，由于角位移测量元件比直线位移测量元件结构简单，因此装有精密滚珠丝杠螺母副和精密齿轮的半闭环系统被广泛应用。目前已经把角位移测量元件与伺服电动机设计成一个部件，使用起来十分方便。半闭环伺服系统的加工精度虽然没有闭环系统高，但是由于采用了高分辨率的测量元件，这种控制方式仍可获得比较满意的精度和速度。系统调试比闭环系统方便，稳定性好，成本也比闭环系统低，目前，大多数数控机床采用半闭环伺服系统。

3. 混合控制数控机床。

将上述各种控制方式的特点有选择地集中，可以组成混合控制的方案。如前所述，由于开环控制方式稳定性好、成本低、精度差，而全闭环稳定性差，所以为了互相弥补，以满足某些机床的控制要求，宜采用混合控制方式。混合控制数控机床采用较多的控制方式有开环补偿型和半闭环补偿型两种方式。

（三）按联动轴数分类

数控机床的联动数是指机床数控装置的坐标轴同时达到空间某一点的坐标数目。有两轴联动，主要是加工平面曲线，如数控车床、数控线切割机床等；

三轴联动，主要是加工空间曲面，如数控铣床；四轴联动和五轴联动，也是主要加工空间曲面的，如加工中心。联动轴数越多，数控系统的控制算法就越复杂。

（四）按功能水平分类

按照 CNC 装置的功能水平可大致把数控机床分为高、中、低（经济型）三档。大体上可从分辨率、进给速度、伺服系统、同时控制轴数（联动轴数）、通信功能、显示功能、有无 PLC 及主 CPU 水平等几方面加以区分。这种分类方式在我国用得很多。低、中、高档的界限是相对的，不同时期的划分标准有所不同。

（五）按工艺用途分类

数控机床按不同工艺用途分类有数控的车床、铣床、磨床与齿轮加工机床等。在数控金属成形机床中，有数控的冲压机、弯管机、裁剪机等。在特种加工机床中有数控的电火花切割机、火焰切割机、点焊机、激光加工机等。近年来在非加工设备中也大量采用数控技术，如数控测量机、自动绘图机、装配机、工业机器人等。

加工中心是一种带有自动换刀装置的数控机床，它的出现突破了一台机床只能进行一种工艺加工的传统模式。它是以工件为中心，能实现工件在一次装夹后自动地完成多种工序的加工。常见的有以加工箱体类零件为主的镗铣类加工中心和几乎能够完成各种回转体类零件所有工序加工的车削中心。近年来一些复合加工的数控机床也开始出现，其基本特点是集中多工序、多刀刃、复合工艺加工在一台设备中完成。

五、数控机床的特点及应用范围

数控机床具有普通机床所不具备的许多优点，而且它的应用范围还在不断扩大，但是在目前还不能完全取代普通机床，即它不能以最经济的方式来解决加工制造中所有的问题。为了更好地说明这个问题，应该了解采用数控机床加工的优缺点。

（一）数控加工的特点

数控加工主要优点有：自动化程度高，可以减轻工人的体力劳动强度，加工的零件一致性好，精度高，质量稳定，能实现复杂的运动，生产效率较高，便于产品研制，便于实现计算机辅助制造，有利于生产管理。

数控加工主要缺点有：数控机床单位加工成本较高，只适宜于多品种小批量或中批量生产（占机械加工总量70%~80%），加工中的调整相对复杂，维修难度大。

（二）数控加工的适用范围

根据数控加工的优缺点及国内外大量应用实践，一般可按适应程度将零件分为下列三类。

1. 最适应类

对于下述零件，首先应考虑能不能把它们加工出来，即要着重考虑可能性问题。只要有可能，可先不要过多地去考虑生产率与经济上是否合理，都应把对其进行数控加工作为优选方案。最适宜于采用数控加工的情形类主要有：形状复杂，加工精度要求高，用通用机床无法加工或虽然能加工但是很难保证产品质量的零件；用数学模型描述的复杂曲线或曲面轮廓零件；具有难测量、难控制进给、难控制尺寸的不敞开内腔的壳体或盒形零件；必须在一次装夹中合并完成铣、镗、锪、铰或攻螺纹等多工序的零件。

2. 较适应类

这类零件在分析其可加工性以后，还要在提高生产率及经济效益方面做全面衡量，一般可把它们作为数控加工的主要选择对象。较适宜于采用数控加工的情形类主要有：在通用机床上加工时极易受人为因素（如情绪波动、体力强弱、技术水平高低等）干扰，零件价值又高，一旦质量失控便造成重大经济损失的零件；在通用机床上加工时必须制造复杂专用工装的零件；需要多次更改设计后才能定型的零件；在通用机床上加工需要做长时间调整的零件；用通用机床加工时，生产率很低或体力劳动强度很大的零件。

3. 不适应类

这一类零件采用数控加工后，在生产效率与经济性方面一般无明显改善，还可能弄巧成拙或得不偿失，故此类零件一般不应作为数控加工的选择对象。

不适宜于采用数控加工的情形类主要有：装夹困难或完全靠找正定位来保证加工精度的零件；加工余量很不稳定，且数控机床上无在线检测系统可自动调整零件坐标位置的；生产批量大的零件（当然不排除其中个别工序用数控机床加工）；必须用特定的工艺装备协调加工的零件。

根据数控加工的适应性，可以根据所拥有的数控机床来选择加工对象，或根据零件类型来考虑哪些应该先安排数控加工，或从技术改造角度考虑是否要投资添置数控机床。

六、数控机床的发展趋势

随着世界先进制造技术的兴起和不断成熟，对数控加工技术提出了更高的要求，超高速切削、超精密加工等技术的应用，对数控机床的各个组成部分提出了更高的性能指标。当今的数控技术不断采用计算机、控制理论等领域的最新技术成就，数控机床正在朝着高速化、高精度化、多功能化、智能化、系统化与高可靠性等方向发展。

（一）高速度与高精度化

速度和精度是数控机床的两个重要指标，它直接关系到加工效率和产品的质量，特别是在超高速切削、超精密加工技术的实施中，它对机床各坐标轴位移速度和定位精度提出了更高的要求；另外，这两项技术指标又是相互制约的，即要求位移速度越高，定位精度就越难提高。现代数控机床配备了高性能的数控系统及伺服系统，其位移分辨率和进给速度已经可达到1μm（100~240m/min）、0.１１μm（24m/min）、0.01μm（400至800mm/min）。20世纪90年代以来，欧、美、日各国争相开发应用新一代高速数控机床，加快机床高速化发展的步伐。为实现更高速度、更高精度的指标，目前主要在下列几方面采取措施进行研究。

1. 数控系统

采用位数、频率更高的微处理器，以提高系统的基本运算速度。目前已由原来的8位CPU过渡到16位和32位CPU及64位CPU，主频已由原来的5MHz提高到16MHz、20MHz、32MHz，有些系统已开始采用双CPU结构，以提高系统的数据处理能力，即提高插补运算的速度和精度。

2. 伺服驱动系统

全数字交流伺服系统大大提高了系统的定位精度、进给速度。数字伺服系统就是伺服系统中的控制信息用数字量处理。随着数字信号微处理器速度的大大提高，伺服系统的信息处理可完全用软件来完成，这就是当前所说的"数字伺服"。数字伺服系统利用计算机技术，在电机上有专用的CPU用来实现数字控制，它一般具有下列特性。

（1）采用现代控制理论，通过计算机软件实现最佳最优控制。

（2）数字伺服系统是一种离散系统，它是由采样器和保持器两个基本环节组成的。其校正环节PID控制由软件实现。计算机处理位置、速度和电流构成的三反馈全部数字化。

（3）数字伺服系统具有较高的动、静态精度。在检测灵敏度、时间和温度漂移以及噪声和外部干扰方面有极大的优越性。

（4）系统一般配有SERCOS（Serial Real-time Communication System，串行实时通信系统）板。这种新标准接口提供了数字驱动设备、I/O端口与运动/机床控制器之间的开放的数字化接口。与现场总线相比，它可以实现高速位置闭环控制，处理多个运动轴的控制，同时可以采用精确、高效的光纤接口，以确保通信过程的无噪声，简化模块之间的电缆连接，提高系统的可靠性。

在采用全数字伺服系统的基础上，开始采用直线电动机直接驱动机床工作台的"零传动"直线伺服进给方式。直线伺服电机是为了满足数控机床向高速、超高速方向发展而开发的新型伺服系统。

3. 机床静、动摩擦的非线性补偿控制技术

机械动、静摩擦的非线性会导致机床爬行。除了在机械结构上采取措施降低摩擦外，新型的数控伺服系统具有自动补偿机械系统静、动摩擦非线性的控制功能。

4. 高速大功率电主轴的应用

机床向高速化方向发展，不但可以大幅度提高加工效率、降低加工成本，还可以提高零件的表面加工质量和精度。超高速加工技术对制造业实现高效、优质、低成本生产有广泛的适用性。

在超高速加工中，对机床主轴转速提出了极高的要求（10000~75000r/min），传统的齿轮变速主传动系统已不能适应其要求。为此，比较多地采用了所谓"内装式电动机主轴"（build-in motor spindle），简称"电主轴"（转

速为 15000~100000r/min）它是采用主轴电动机与机床主轴合二为一的结构形式，即采用无外壳电动机，将其空心转子直接套装在机床主轴上，带有冷却套的定子则安装在主轴单元的壳体内，机床主轴单元的壳体就是电动机座，实现了变频电动机与机床主轴一体化。主轴电动机的轴承需要采用磁浮轴承、液体动静压轴承或陶瓷滚动轴承等形式，以适应主轴高速运转的要求。

同时，高速且高加/减速度的进给运动部件（快移速度为 60~120m/min，切削进给速度高达 60m/min）、高性能数控和伺服系统以及数控工具系统都出现了新的突破。随着超高速切削机理、超硬耐磨长寿命刀具材料和磨料磨具、大功率高速电主轴、高加/减速度直线电动机驱动进给部件以及高性能控制系统（含监控系统）和防护装置等一系列技术领域中关键技术的解决，为开发应用新一代高速数控机床提供了技术基础。

目前，在超高速加工中，车削和铣削的切削速度已达到 5000~8000m/min 以上；主轴转速在 30000r/min（有的高达 10^5r/min）以上；工作台的移动速度（进给速度）：在分辨率为 1μm 时，在 100m/min（有的到 200m/min）以上，在分辨率为 0.1μm 时，在 24m/min 以上；自动换刀速度在 1s 以内；小线段插补进给速度达到 12m/min。

5. 配置高速、功能强的内装式可编程控制器（PLC）

提高可编程控制器的运行速度，来满足数控机床高速加工的速度要求。新型的 PLC 具有专用的 CPU，基本指令执行时间可达 0.2μs/步，编程步数达到 16000 步以上。利用 PLC 的高速处理功能，使 CNC 与 PLC 之间有机地结合起来，满足数控机床运行中的各种实时控制要求。

6. 采用高速高精度加工机床的进给驱动

当前，在机械加工高精度的要求下，普通级数控机床的加工精度已由 ± 10μm 提高到 ± 5μm；精密级加工中心的加工精度则从 ±（3~5）μm 提高到 ±（1~1.5）μm，甚至更高；超精密加工精度进入纳米级，主轴回转精度要求达到 0.01 至 0.05μm，加工圆度为 0.1μm，加工表面粗糙度 Ra=0.003μm 等。这些机床一般都采用矢量控制的变频驱动电主轴（电动机与主轴一体化），主轴径向跳动小于 2μm，轴向窜动小于 1μm，轴系不平衡度达到 G0.4 级。高速高精度加工机床的进给驱动，主要有"回转伺服电动机加精密高速滚珠丝杠"和"直线电动机直接驱动"两种类型。

滚珠丝杠由于工艺成熟，应用广泛，不仅精度能达到较高级，而且实现高速化的成本也相对较低。当前使用滚珠丝杠驱动的高速加工机床最大移动速度为 90m/min，加速度为 1.5g。但滚珠丝杠属机械传动，在传动过程中不可避免地存在弹性变形、摩擦和反向间隙，相应地造成运动滞后和其他非线性误差，为了排除这些误差对加工精度的影响，1993 年开始在机床上应用直线电动机直接驱动，由于是没有中间环节的"零传动"，不仅运动惯量小、系统刚度大、响应快，可以达到很高的速度和加速度，而且其行程长度理论上不受限制，定位精度在高精度位置反馈系统的作用下也易达到较高水平，是高速高精度加工机床，特别是中、大型机床较理想的驱动方式。目前使用直线电动机的高速高精度加工机床最大快移速度已达 208m/min，加速度为 2g。

（二）多功能化（multifunction）

在零件加工过程中有大量的无用时间消耗在工件搬运、上下料、安装调整、换刀和主轴的升、降速上，为了尽可能降低这些无用时间，人们希望将不同的加工功能整合在同一台机床上，因此，多功能的机床成为近年来发展很快的机种，以最大限度地提高设备利用率。柔性制造范畴的机床复合加工概念是指将工件一次装夹后，机床便能按照数控加工程序，自动进行同一类工艺方法或不同类工艺方法的多工序加工，以完成一个复杂形状零件的主要乃至全部车、铣、钻、镗、磨、攻螺纹、铰孔和扩孔等多种加工工序。机床复合加工能提高加工精度和加工效率，节省占地面积，特别是能缩短零件的加工周期。同时，前台加工、后台编辑的前后台功能，可以充分提高其工作效率和机床利用率。具有更高的通信功能，现代数控机床除具有通信口、DNC 功能外，还具有网络功能。

（三）智能化

智能化是 21 世纪制造技术发展的一个大方向。智能加工是一种基于神经网络控制、模糊控制、数字化网络技术和理论的加工，它是要在加工过程中模拟人类专家的智能活动，以解决加工过程许多不确定性的、要由人工干预才能解决的问题。智能化的内容包括在数控系统中的各个方面。

1. 引入自适应控制技术

自适应控制 AC（Adaptive Control）技术的目的是要求在随机变化的加工过程中，通过自动调节加工过程中所测得的工作状态、特性，按照给定的评价指标自动校正自身的工作参数，以达到或接近最佳工作状态。由于在实际加工过程中，大约有 30 余种变量直接或间接地影响加工效果，如工件毛坯余量不均匀、材料硬度不均匀、刀具磨损、工件变形、机床热变形等，这些变量事先难以预知，编制加工程序时，只能依据经验数据，以致在实际加工中，很难用最佳参数进行切削。而自适应控制系统则能根据切削条件的变化，自动调节工作参数，如伺服进给参数、切削用量等，使加工过程中能保持最佳工作状态，从而得到较高的加工精度和较小的表面粗糙度，同时也能提高刀具的使用寿命和设备的生产效率。

2. 采用故障自诊断、自修复功能

这主要是指利用 CNC 系统的内装程序实现在线故障诊断，一旦出现故障时，立即采取停机等措施，并通过 CRT 进行故障报警，提示发生故障的部位、原因等，并利用"冗余"技术，自动使故障模块脱机，接通备用模块。

3. 刀具寿命自动检测和自动换刀功能

利用红外、声发射（AE）、激光等检测手段，对刀具和工件进行检测。发现工件超差、刀具磨损、破损等，进行及时报警、自动补偿或更换备用刀具，以保证产品质量。

4. 提高驱动性能及使用连接方便的智能化

应用前馈控制、电动机参数的自适应运算、自动识别负载、自动选定模型、自整定等技术。

5. 简化编程、简化操作的智能化

应用智能化的自动编程、智能化的人机界面等技术。

6. 引进模式识别技术

应用图像识别和声控技术，使机器自己辨识图样，按照自然语言命令进行加工。

（四）高的可靠性（high reliability）

随着数控机床网络化应用的发展，数控机床的高可靠性已经成为数控系统制造商和数控机床制造商追求的目标。目前国外数控装置的 MTBF 值已达 6000h 以上，驱动装置达 30000h 以上。数控机床的可靠性取决于数控系统和各伺服驱动单元的可靠性，为提高可靠性，目前主要采取的措施有：提高系统硬件质量；采用硬件结构模块化、标准化、通用化方式；增强故障自诊断、自恢复和保护功能。

（五）多轴化

随着 5 轴联动数控系统和编程软件的普及，5 轴联动控制的加工中心和数控铣床已经成为当前的一个开发热点，由于在加工自由曲面时，5 轴联动控制对球头铣刀的数控编程比较简单，并且能使球头铣刀在铣削三维曲面的过程中始终保持合理的切速，从而显著改善加工表面的粗糙度和大幅度提高加工效率，5 轴联动机床以其无可替代的性能优势已经成为各大机床厂家积极开发和竞争的焦点。

（六）信息化

随着网络技术的成熟和发展，最近业界又提出了数字制造的概念。数字制造，又称"e 制造"，是机械制造企业现代化的标志之一，也是国际先进机床制造商当今标准配置的供货方式。随着信息化技术的大量采用，越来越多的国内用户在进口数控机床时要求具有远程通信服务等功能。

机械制造企业在普遍采用 CAD/CAM 的基础上，越加广泛地使用数控加工设备。数控应用软件日趋丰富和具有"人性化"。虚拟设计、虚拟制造等高端技术也越来越多地为工程技术人员所追求。通过软件智能替代复杂的硬件，正在成为当代机床发展的重要趋势。在数字制造的目标下，通过流程再造和信息化改造，ERP 等一批先进企业管理软件已经脱颖而出，为企业创造出更高的经济效益。

（七）柔性化

数控机床向柔性自动化系统发展的趋势是从点（数控单机、加工中心和数控复合加工机床）、线（FMC、FMS、FTL、FML）向面（工段车间独立制造岛、FA）、体（CIMS、分布式网络集成制造系统）的方向发展，另一方面向注重应用性和经济性方向发展。柔性自动化技术是制造业适应动态市场需求及产品迅速更新的主要手段，是各国制造业发展的主流趋势，是先进制造领域的基础技术。其重点是以提高系统的可靠性、实用化为前提，以易于联网和集成为目标；注重加强单元技术的开拓、完善；CNC 单机向高精度、高速度和高柔性方向发展；数控机床及其构成柔性制造系统能方便地与 CAD、

CAM、CAPP、MTS 连接，向信息集成方向发展；网络系统向开放、集成和智能化方向发展。

（八）绿色化

21 世纪的机床必须把环保和节能放在重要位置，即要实现切削加工工艺的绿色化。目前这一绿色加工工艺主要集中在不使用切削液上，这主要是因为切削液既污染环境和危害工人健康，又增加资源和能源的消耗。干切削一般是在大气氛围中进行，但也包括在特殊气体氛围中（氮气中、冷风中或采用干式静电冷却技术），不使用切削液进行的切削。但对于某些加工方式和工件组合，完全不使用切削液的干切削目前尚难应用于实际，故又出现了使用极微量润滑的准干切削。目前在欧洲的大批量机械加工中，已有 10%~15% 的加工使用了干切削和准干切削。对于面向多种加工方法/工件组合的加工中心之类的机床来说，主要采用准干切削，通常是让极微量的切削油与压缩空气的混合物经由机床主轴与工具内的中空通道喷向切削区。

总之，数控机床技术的进步和发展为现代制造业的发展提供了良好的条件，促使制造业向着高效、优质以及人性化的方向发展。随着数控机床技术的发展和数控机床的广泛应用，制造业将迎来一次足以撼动传统制造业模式的深刻革命。

第三节　数控机床电气控制系统的组成与特点

一、数控机床电气控制系统的组成

数控设备的数据处理和控制电路以及伺服机构等统称数控系统。数控系统是一种过程控制系统，它能逻辑地处理输入到系统中的数控加工程序，控制数控机床运动并加工出零件。它由程序输入/输出设备、计算机数字控制装置、可编程控制器、主轴进给及驱动装置等组成。

（一）操作面板

它是操作人员与数控装置进行信息交流的工具，是数控机床的特有部件。它由按钮站、状态灯、按键阵列（功能与计算机键盘一样）和显示器组成。

（二）输入/输出设备及接口

数控设备操作人员与数控系统之间的信息交流过程是通过输入/输出（VO）设备或接口来完成的。除了操作面板上的键盘及显示器和启动键之外，还有信息输入、存储装置及计算机的通信和联网装置等。交互的信息通常是零件加工程序，即将编制好的记录在控制介质上的零件加工程序输入CNC系统或将调试好的零件加工程序通过输出设备存放或记录在相应的控制介质上。

现代的数控系统除采用I/O设备进行信息交换外，一般都具有用通信方式进行信息交换的能力，是实现CAD/CAM的集成、FMS和CTMS的基本技术。采用的方式有：串行通信（RS-232等串口）、自动控制专用接口和规范（DNC方式、MAP协议等）、网络技术（Internet、LAN等）。

外部设备一般指PC、打印机等输出设备，多数不属于机床的基本配置。使用中的主要问题与输入装置一样，是匹配问题。

（三）数控装置

数控装置（简称CNC）是数控机床实现自动加工的核心，是整个数控机床的灵魂所在。它由主控制器（又称为微处理器或CPU）、运算器、外围逻辑电路及接口（PIO）等组成，其实质就是一台工业计算机。CNC系统由硬件和软件组成，两者缺一不可。

CNC系统的硬件包括中央处理器（CPU）负责运算及对整个系统进行控制和管理；可编程只读存储器（EPROM）和随机存储器（RAM）用于存储系统软件、零件加工程序及运算的中间结果等；输入/输出接口供系统与外部进行信息交换；MDI/CRT接口完成手动数据输入并将信息显示在CRT上；位置控制部分是CNC装置的重要组成部分，它通过速度控制单元，驱动进给电机输出功率和转矩，实现进给运动。CNC系统的软件包括管理软件和控制软件两大类。管理软件由输入程序、I/O处理程序、显示程序和诊断程序等组成；控制软件由译码程序、刀具补偿计算程序、速度控制程序、插补运算程序和位置控制程序等组成。

（四）PLC、机床 I/O 电路和装置

PLC 在数控设备中，通常不采用微机编程语言，而是采用时序逻辑控制，通过它编制出所需要的顺序，配合数控系统以交换不同处理方式下的控制信息，完成对数控设备的主轴功能（S）、辅助功能（M）及刀具功能（T）的控制。当它与机床电器一起传递其控制的执行信号时，可替代大量的继电器、电磁阀及接触器等，从而提高了机床强电控制的可靠性和灵活性，还可减轻机床数控系统中微处理器（CPU）繁重的工作负担，节省其内存容量。

机床辅助设备的控制是由 PLC 来完成，PLC 是数控机床各项功能的逻辑控制中心。它将来自 CNC 的各种运动及功能指令进行逻辑排序，使它们能够准确地、协调有序地安全运行；同时将来自机床的各种信息及工作状态传送给 CNC，使 CNC 能及时准确地发出进一步的控制指令，以实现对整个机床的控制。当代 PLC 多集成于数控系统中，这主要是指控制软件的集成化，而 PLC 硬件则在规模较大的系统中往往采取分布式结构。PLC 与 CNC 的集成是采取软件接口实现的，一般系统都是将两者间各种通信信息分别指定其固定的存放地址，由系统对所有地址的信息状态进行实时监控，根据各接口信号的现时状态加以分析判断，据此做出进一步的控制命令，完成对运动或功能的控制。

机床 I/O 电路和装置是实现 I/O 控制的执行部件，由继电器、电磁阀、行程开关、接触器等组成的逻辑电路，它除了对机床辅助运动和辅助动作（包括电动系统、液压系统、气动系统、冷却箱及润滑油箱等）的控制外，还包括对保护开关、各种行程极限开关和操作盘上所有元件（包括各种按键、操作指示灯、波段开关）的检测和控制。在机床强电控制系统中，PLC 可替代机床上传统的强电控制中大部分机床电器，从而实现对润滑、冷却、气动、液压和主轴换刀等系统的逻辑控制。

（五）伺服系统

伺服系统是数控装置和机床本体之间的连接环节，是数控系统的执行部分。它是以机床运动部件的位置和速度作为控制量的自动控制系统，主要由驱动装置和位置检测与反馈装置等组成。伺服系统控制包括数控机床的主轴

伺服系统和进给伺服系统。主轴伺服系统包括直流主轴伺服系统和交流伺服系统。进给伺服系统包括电液伺服系统和电气伺服系统，也可以分为开环伺服系统和闭环伺服系统，其中闭环伺服系统又分为全闭环伺服系统和半闭环伺服系统。伺服系统主要由以功率放大为重点的电子电路单元、以驱动电动机为主的执行单元及配合伺服系统正常及稳定工作的机械传动单元等组成。

　　主轴伺服系统主要由主轴伺服驱动器、主轴伺服电机及速度检测元件等组成。主轴运动主要完成切削任务，其功率消耗占整台机床功率消耗的70%至80%。正反转、准停及自动换挡无级调速是主轴的基本控制功能。主轴伺服系统用于控制主轴的旋转运动，实现在宽范围内速度连续可调，并在每种速度下都能提供切削所需要的功率。它接受来自CNC的驱动指令，经速度与转矩（功率）调节输出驱动信号驱动主电动机转动，同时接受速度反馈实施速度闭环控制。它还通过PLC将主轴的各种现时工作状态输入CNC用以完成对主轴的各项功能控制。主轴驱动系统自身有许多参数设定，这些参数直接影响主轴的转动特性，其中有些是不可丢失或改变的，例如指示电动机规格的参数等，有些是可根据运行状态加以调改的，例如零漂等。通常CNC中也设有主轴相关的机床数据，并且与主轴驱动系统的参数作用相同，因此要注意二者取一，切勿冲突。

　　进给伺服系统由进给传动装置，进给伺服电机及其驱动器，速度、位置检测元件等组成。进给伺服系统用于控制机床各坐标轴的切削进给运动，提供切削过程中所需要的转矩，并可以任意调节运动速度，再配以位置控制系统，可实现对工作台和刀具位置的精确控制。它接收来自CNC对每个运动坐标轴分别提供的速度指令，经速度与电流（转矩）调节输出驱动信号驱动伺服电动机转动，完成工件或刀具的X、Y、Z等方向的精确运动，同时接收速度反馈信号实施速度闭环控制。它也通过PLC与CNC通信，通报现时工作状态并接收CNC的控制。进给伺服系统速度调节器的正确调节是最重要的，应该在位置开环的条件下做最佳化调节，既不过冲又要保持一定的硬特性。它受机床坐标轴机械特性的制约，一旦导轨和机械传动链的状态发生变化，就需要重调速度环调节器。

　　数控装置发出的指令信号与位置或速度反馈信号比较后产生的控制指令，经过驱动单元的功率放大、整形处理后，转换成机床执行部件的直线位移或角位移运动，对其定位精度和速度进行控制。由于伺服系统是数控机床的最后环节，其性能将直接影响数控机床的精度和速度等技术指标，因此，对数控机床的伺服驱动装置，要求具有良好的快速反应性能，准确而灵敏地跟踪数控装置发出的数字指令信号，并能忠实地执行来自数控装置的指令，提高系统的动态跟随特性和静态跟踪精度。指令信息是脉冲信息的体现，每个脉冲使机床移动部件产生的位移量叫作脉冲当量。

（六）检测反馈装置

检测反馈装置将数控机床各坐标轴的实际位移值检测出来并经反馈系统输入到机床的数控装置中，数控装置对反馈回来的实际位移值与加工程序给定的指令值进行比较。如果比较出有误差，数控装置将向伺服系统发出新的修正命令，以控制机床有关机构向消除误差的方向进行补偿位移，并如此反复进行，达到消除其误差的目的。

通常按有、无检测反馈装置将其伺服系统分为开环、闭环及半闭环系统。开环系统无检测反馈装置，其控制精度主要取决于系统的机械传动链和步进电动机运行的精度，而闭环系统的控制精度则主要取决于检测反馈装置的精度。

速度测量通常由集装于主轴和进给电动机中的测速机来完成。它将电动机实际转速匹配成电压值送回伺服驱动系统作为速度反馈信号，与指令速度电压值相比较，从而实现速度的精确控制。这里应注意测速反馈电压的匹配连接，并且不要拆卸测速机。由此引起的速度失控多是由于测速反馈线接反或者断线所致。

位置测量较早期的机床使用直线或圆形同步感应器或者旋转变压器，而现代机床多采用光栅尺和数字脉冲编码器作为位置测量组件。它们对机床坐标轴在运行中的实际位置进行直接或间接的测量，将测量值反馈到 CNC 并与指令位移相比较直至坐标轴到达指令位置，从而实现对位置的精确控制。位置环可能出现的故障多为硬件故障，例如位置测量组件受到污染、导线连接故障等。

二、数控机床电气控制系统的特点

数控机床电气控制系统的发展与数控系统、伺服驱动系统及 PLC 的发展密切相关，现代数控机床的电气控制系统呈现下述特点。

（一）通用化、标准化和模块化

随着微电子技术和计算机技术的迅猛发展，数控机床电气控制系统的硬件（数控系统、伺服电机及其驱动器、PLC 等）和控制软件结构已实现通用化、标准化和模块化。选择不同的标准化模块可组成各种数控机床的控制系统。

（二）智能化

现代数控系统具有自适应控制、自动编程、设备故障自诊断等功能，智能化的伺服系统能自动识别负载和优化、调整参数，确保 AC 系统处于最佳切削状态。

（三）网络化

数控系统的网络化，主要指数控系统与外部的其他控制系统或上位计算机进行网络连接和网络控制。随着网络技术的成熟和发展，越来越多的国内用户在进口数控机床时要求具有远程通信服务等功能，即所谓的数字制造，它是机械制造企业现代化的目标之一，是国际先进机床制造商当今的一种标准的配置供货方式。

（四）高速度、高精度、高可靠性

随着微处理器位数及其运算速度的提高，数控系统的处理能力和处理速度大幅度提高，使伺服电机能够高速、准确地运转。另外，主轴转速、刀具交换、工作台交换的高速化，使整个生产系统也实现高速化。

当前国外数控系统的平均无故障时间值已达 6000h 以上，伺服驱动系统的 MTBF 达 30000h 以上。

第四节　进给伺服驱动系统

伺服控制系统就是以被驱动机械物体位置（姿态）、速度、加速度等变量为被控量，使之能随指令的任意变化以一定的鲁棒精度实现稳定与追踪的控制系统。就系统中的执行元件来看，其发展先后经历了步进电动机、电液脉冲马达、直流小惯量电动机、直流大惯量电动机、交流伺服电动机等几个阶段。在20世纪70年代末80年代初，开始了交流伺服电动机为执行元件的交流伺服控制系统的新时代，已经逐渐取代直流伺服电动机。在交流伺服控制系统中，先后出现了感应式交流伺服电动机驱动系统、永磁交流伺服电动机的伺服系统以及磁阻交流电动机等驱动系统，在20世纪90年代初，又出现了具有直接驱动能力的各类直线伺服电动机及其驱动系统，揭开了交流直线伺服控制系统取代交流旋转伺服控制系统的序幕，其中以永磁交流伺服电动机驱动系统发展最快，在当前已经占据了主动地位。谈交流伺服控制系统的发展问题，永磁式（包括永磁旋转式和直线式电动机两种伺服系统）交流伺服控制系统是当前交流伺服控制系统研究和应用的热点。

一、步进电机

步进电机（Stepping Motor）是一种将电脉冲信号转换成相应的角位移的控制电机，主要用于开环系统、普通机床数控改造及精度要求较低的场合。

（一）步进电机的基本结构

步进电机的种类很多，常用的有永磁式步进电机、反应式步进电机和混合式步进电机三种。单定子径向分相三相反应式步进电机的基本结构：定子上有6个均匀分布的磁极（夹角为60°），每个磁极上均布5个齿（齿间角为9°），直径上相对两个磁极的线圈串联成一相控制绕组。转子上无绕组，只均布40个齿。

（二）步进电机的工作原理

反应式三相步进电机的工作原理：当定子绕组按顺序轮流通电时，A、B 和 C 三对磁极依次产生磁场，并每次对转子的某一对齿产生电磁转矩，使转子按一定方向一步步转动。例如 A 相通电，则转子的 1、3 两齿被磁极 A 产生的电磁转矩吸引转动，当 1、3 齿与 A 中心对齐时，磁阻最小，转矩为零，转动停止；此时，B 相通电，A 相断电，磁极 B 又把距它最近的一对齿 2、4 吸引转动，转子按逆时针方向转过 30°，2、4 齿与 B 中心对齐时，转动停止；接着 C 相通电，B 相断电，转子按逆时针旋转 30°。以此类推，定子按顺序通电时，转子就一步一步地按逆时针方向转动，每步转 30°。若改变通电顺序，转子则按顺时针方向每步转 30°。这种控制方式称为单三拍控制方式，因每次只有一相绕组通电，在平衡位置附近容易产生振荡，而且通电切换瞬间电机失去自锁转矩，容易丢步。实际生产中常用三相六拍控制方式，工作稳定且步距角为单三拍方式的一半。

（1）步进电机的每相绕组不是恒定通电，而是脉动式通电，由专用电源供给电脉冲。

（2）每输入一个电脉冲信号，转子即转过一个角度，称为步距角。

（3）反应式步进电机可以按特定指令旋转某一角度进行角度控制，也可以连续不断地转动，进行速度控制。

（4）步进电机具有自锁能力。当控制脉冲停止输入，让最后一个脉冲控制的绕组继续通直流电时，电机转子可以保证停在此固定的位置上，从而可使步进电机实现停车时转子定位。

（四）步进电机驱动器

步进电动机不能单独工作，它必须和其专用设备——步进电动机驱动器一起使用。步进电动机驱动器的基本功能是：按照一定的顺序和频率接通和断开步进电动机的励磁绕组，按照要求使电动机启动、停止；提供足够的电功率；提高步进电动机运行的快速性和平稳性。

环形分配器接收到指令脉冲信号和方向信号以后，将指令信号按照电动机的导电相序分配脉冲信号，这些分配后的指令脉冲信号经过功率放大器驱动步进电动机工作。在实际应用中，还涉及如电路保护、细分驱动等问题。

细分驱动的原理是在每次输入脉冲切换时，不是将绕组电流全部通入或切除，而是只改变相应绕组中电流的一部分，电动机的合成磁势也只是旋转步距角的一部分。细分驱动时，绕组电流不是一个方波而是阶梯波，额定电流是台阶式地投入或切除。比如电流分成 n 个台阶，转子则需要 n 次才转过一个步距角，即 n 细分。细分驱动的主要目的是使步进电动机运行更加平稳，提高匀速性，减弱或消除振荡，但同时也使驱动器的结构变得复杂。目前市场上步进电动机驱动器型号繁多，它们可以接收脉冲加方向信号或双路脉冲信号（CW 和 CCW），能够实现细分驱动，有过电流保护功能以及自动半电流（在没有指令脉冲 1s 后将相电流减半）等功能。

二、直流伺服电机

（一）直流伺服电机（DC servo motor）的基本结构

直流伺服电机主要有电磁式和永磁式两类，为了减少惯性，其转子做得细而长。此外，定子和转子间气隙较小。由于直流伺服电机电枢电流很小，换向并不困难，因此无须安装换向磁极。永磁式直流伺服电机定子磁极是由永久磁铁或磁钢做成的；电磁式直流伺服电机的定子由硅钢片冲制叠压而成，它实质上就是一台他励直流电动机。电枢绕组（转子绕组）和磁极绕组（定子绕组）由两个独立电源供电。

（二）直流伺服电机的工作原理

直流伺服电机的工作原理与一般直流电机工作原理完全相同，即定子绕组通直流电流以产生恒定磁场；转子绕组通直流电流时，在定子磁场的作用下产生带动负载旋转的电磁转矩。

（三）直流伺服电机的主要特性

（1）机械特性 当控制电压 U 一定时，输出转矩 T 与转速 n 的关系为机械特性。机械特性是静态特性，即稳定运行时电机带动负载的性能。稳定运行时，电磁转矩与负载转矩相等。当电机带动某一负载时，电机转速与理想空载转速之间会有一个差值 Δn 其值表明了机械特性的硬度，Δn 越小，机械特性越硬。Δn 的大小与调速范围有密切关系，Δn 值大，不可能实现宽范围的调速。数控机床进给系统要求调速范围宽，为此常用永磁式大惯量宽调速直流伺服电机。

（2）空载始动电压在空载和一定励磁条件下，使转子在任意位置开始连续旋转所需的最小控制电压 U_{s0} 称为空载始动电压。U_{s0} 一般为额定电压的 2%~12%，U_{s0} 小，表示伺服电动机的灵敏度高。

（3）调节特性在一定励磁条件下，当输出转矩恒定时，稳态转速与电枢控制电压的关系称为调节特性。调节特性的线性度越高，系统的动态误差越小。

（4）机电时间常数电动机在空载和额定的励磁电压下，加以阶跃的额定控制电压，转速从零升到空载转速的63.2%所需的时间 τ_j 称为机电时间常数，一般 $\tau_j < 0.03s$，τ_j 值小，可提高系统快速性。

（四）直流伺服电机的特点

目前在数控机床进给驱动中应用较多的是永磁式大惯量宽调速直流伺服电动机，它除了具有一般电动机的性能之外，还具有以下特点。

（1）能够承受高的峰值电流，以满足快的加减速要求。

（2）高的热容量，可以允许较长的过载工作时间。

（3）低速高转矩特性和大惯量结构，使其可以与机床进给丝杠直接连接。

（4）通过仔细选择电刷材料和精心设计磁场分布，可以使其在较大的加速度下仍具有良好的换向性能。

（5）绝缘等级高，从而保证电机在经常过载的情况下仍具有较长的寿命。

（6）在电机轴上装有精密的速度和位置检测元器件，可以得到高精度的速度和位置检测信号，容易实现速度和位置的闭环控制。

（五）直流伺服系统的驱动器

直流伺服系统通过编码器的位置及速度反馈实现闭环控制。目前直流伺服电动机大都采用PWM（脉宽调制）驱动器驱动。PWM通过改变周期性脉冲信号的占空比来改变加在电动机上的平均电压实现调速。这种调速方法具有恒转矩的调速特性，机械特性好，调速范围宽。美国Copley公司生产全系列的直流伺服电动机及其驱动装置，包括有刷直流伺服电动机及驱动、无刷直流电动机及驱动、无刷交流电动机（永磁同步交流电动机）及驱动和基于DSP芯片全数字式伺服驱动器。它采用DSP技术、最优化自动调节功能和高品质的通信算法，提供的驱动功率范围在 250W~5kW。在其有刷直流伺服驱动中，可以选择用转矩控制的伺服驱动器或速度、转矩控制都有的伺服驱动器。

雷信数控公司提供的直流伺服电动机及其驱动装置采用 32 位 DSP 和先进控制算法等先进技术，其控制指令信号与步进驱动器兼容，用户不用更换控制器，就可将所用步进驱动升级为直流伺服驱动系统，可广泛应用于步进产品的升级改造。其主要产品特性有：供电电压 +18~80V DC，最大额定输出电流 10A，最大峰值电流 20A；可驱动低压 24V/36V/48V/60V、功率范围 20~400W 直流有刷伺服电机；采用最新高性能 32 位 DSP 和高平稳性直流伺服控制算法；位置控制模式，可接收单端或差分脉冲+方向指令；可接收单脉冲（脉冲+方向）或双脉冲（CW+CCW）控制指令；内置电子齿轮功能，可调范围 1~255；内置梯形波速度测试模式；可靠性强，采用光电耦合器隔离技术；过压、过流、缺相、超差、编码器异常等保护功能，可保存 10 个历史故障信息；支持 RS-232 及 MODEBUS 通信协议。

三、交流伺服电机

（一）交流伺服电机（AC servo motor）的基本结构

永磁交流伺服电机控制驱动系统代表了交流伺服控制系统的主流，数控机床广泛采用永磁交流伺服电机，主要包括定子、转子和编码器三大部分。其中定子有齿槽，内有三相绕组，形状与普通感应电动机的定子相同，但其外圆呈多边形，且无外壳，利于散热，避免电机发热对机床精度的影响。

（二）交流伺服电机的工作原理

定子三相绕组通三相交流电后产生的旋转磁场以同步转速 n_s 旋转，由于磁极同性相斥、异性相吸，定子旋转磁极与转子的永久磁极相互吸引，并带动转子以同步转速 n_s 旋转。

由于转子惯量及负载的存在，交流伺服电机启动时，转子可能不再以同步转速旋转（丢转），甚至可能不转。为解决该问题，交流伺服电机设计时，一方面减小转子惯量或采用多极转子，以降低定子旋转磁场的同步转速，缩小定子、转子磁场之间的转速差；另一方面，可在速度控制单元中采取措施，让电机先在低速下启动，然后再提高到所需要的速度。

(三)交流伺服电机的性能特点

(1)工作特性。

和直流伺服电机一样,交流伺服电机的工作特性可用转矩-转速特性曲线来表示,厂家电机样本都提供这样的曲线,A 为连续工作区,B 为断续工作区。断续工作区的特性会因供电电压而变动。

交流伺服电机的机械特性要比直流伺服电机硬,断续工作区范围更大,尤其是在高速区,有利于提高电机的加、减速能力。

(2)高可靠性。

用电子逆变器取代了直流电动机换向器和电刷,工作寿命由轴承决定。而且由于无换向器及电刷,保养和维护简单。

(3)能量主要损耗在定子绕组与铁芯上,故散热容易,便于安装热保护;而直流电动机损耗主要在转子上,散热困难。

(4)转子惯量小,系统快速性好。

(5)相同功率下,交流伺服电机的体积和质量比直流伺服电机小。

(四)永磁交流伺服系统的驱动器

永磁交流伺服系统的驱动器控制的 U/V/W 三相电形成电磁场,转子在此磁场的作用下转动,同时电机自带的编码器反馈信号给驱动器,驱动器根据反馈值与目标值进行比较,调整转子转动的角度。伺服电机的精度决定于编码器的精度(线数)。

永磁交流伺服系统的驱动器经历了模拟式、模数混合式的发展后,目前已经进入了全数字的时代。全数字伺服驱动器不仅克服了模拟式伺服的分散性大、零漂、低可靠性等缺点,还充分发挥了数字控制在控制精度上的优势和控制方法的灵活性,使伺服驱动器不仅结构简单,而且性能更加可靠。现在,高性能的伺服系统大多数采用永磁交流伺服系统,其中包括永磁同步交流伺服电动机和全数字交流永磁同步伺服驱动器两部分。交流永磁同步伺服驱动器大体可以划分为功能比较独立的功率板和控制板两个模块。

功率板(驱动板)是强电部分,其中包括两个单元,一是功率驱动单元 IPM,用于电机的驱动;二是开关电源单元,为整个系统提供数字和模拟电源。功率驱动单元首先通过三相全桥整流电路对输入的三相电或者市电进行整流,得到相应的直流电。经过整流好的三相电或市电，再通过三相正弦 PWM 电压型逆变器变频来驱动三相永磁式同步交流伺服电机。目前，功率器件普遍采用以智能功率模块（IPM）为核心设计的驱动电路，IPM 内部集成了驱动电路，同时具有过电压、过电流、过热、欠压等故障检测保护电路，在主回路中还加入软启动电路，以减小启动过程对驱动器的冲击。

控制板是弱电部分，是电机的控制核心，也是伺服驱动器技术核心、控制算法的运行载体。控制算法是决定交流伺服系统性能好坏的关键技术之一，也是技术垄断的核心。控制单元是实现系统位置控制、速度控制、转矩和电流控制的。控制板通过相应的算法输出 PWM 信号，作为驱动电路的驱动信号，来改变逆变器的输出功率，以达到控制三相永磁式同步交流伺服电机的目的。所采用的数字信号处理器（DSP）除具有快速的数据处理能力外，还集成了丰富的用于电机控制的专用集成电路，如 A/D 转换器、PWM 发生器、定时计数器电路、异步通信电路、CAN 总线收发器以及高速的可编程静态 RAM 和大容量的程序存储器等。伺服驱动器通过采用磁场定向的控制原理（FOC）和坐标变换，实现矢量控制（VC），同时结合正弦波脉宽调制（SPWM）控制模式对电机进行控制。永磁同步电动机的矢量控制一般通过检测或估计电机转子磁通的位置及幅值来控制定子电流或电压。这样，电机的转矩就仅与磁通、电流有关，与直流电机的控制方法相似，可以得到很高的控制性能。对于永磁同步电机，转子磁通位置与转子机械位置相同，这样通过检测转子的实际位置就可以得知电机转子的磁通位置，从而使永磁同步电机的矢量控制比起异步电机的矢量控制有所简化。

（五）交流伺服系统发展趋势

配置良好、控制与驱动该系统，可以达到十分优良的性能：低速平稳、可靠，弱磁实现高速，大大提高了调速范围，加速性能优良，动态反应快，控制相对简单容易，电机体积小，转矩大。近年来永磁材料价格大幅度下降，市场供应充分，这些都是发展永磁交流伺服控制系统的物质基础和技术基础。交流伺服系统发展趋势主要表现在以下几个方面。

1. 永磁化

无论是旋转式同步伺服电动机，还是直线式伺服电动机，目前从其性能方面来看都要求实现永磁化，特别是我国稀土永磁材料产量高、价格低，作为电机的永磁材料具有独特的优势。目前其居里温度（磁性转变点）提高较大，耐振动，可弱磁调速，已成为交流伺服电动机的主要机型，并且扩展到其他领域中应用，如电动汽车、电梯等。

2. 全数字化与软件化

伺服控制技术经历了模拟、混合式、全数字化的发展历程，目前，早已是由硬件伺服控制技术转到软件伺服控制阶段，许多先进控制算法都可以由计算机软件实现，控制的修正、更新方便灵活。

3. 高度集成化

IPM 功率智能模块将保护、驱动、功率开关集成到一个模块上。将控制环——电流环、速度与位置环集成到一起，成为独立单元或计算机内部的独立计算模块，不再单独设计。

4. 通信网络化

融入局域网络中，可以控制多台交流伺服控制系统，以利于车间自动化加工技术的发展，易于实现综合自动化。

目前永磁直线电动机的直接驱动正在兴起，将以其零传动的优势，与旋转伺服驱动一争高下。

第五节　主轴变频伺服驱动系统

主轴伺服驱动系统（Spindle Servo System）控制机床主轴的旋转运动，为机床主轴提供所需的驱动功率。主轴伺服驱动系统一般应具有足够的功率、宽的恒功率调速范围。主轴伺服驱动系统分直流驱动系统和交流驱动系统。20 世纪 80 年代中期之前，在数控机床上，直流驱动系统占主导地位。目前，数控机床主轴驱动多用交流主轴驱动系统即交流主轴电机配备变频器或主轴伺服驱动器控制的方式，具体控制方式如下。

1. 普通笼型异步电机配通用变频器

目前进口的通用变频器，除具有 V/F 曲线调节功能外，一般还具有无反馈矢量控制功能，对电机的低速特性有所改善，配合两级齿轮变速，基本上可以满足车床低速（100~200r/min）、小加工余量的加工，但同样受电动机最高速度的限制。这是以往经济型数控机床比较常用的主轴驱动系统之一。

2. 变频电机配通用变频器

一般采用有反馈矢量控制，低速甚至零速时都可以有较大的力矩输出，有些还具有定向甚至分度进给的功能，这是目前经济型数控机床比较常用的主轴驱动系统之一。通用变频器在我国经过十几年的发展，在产品种类、性能和应用范围等方面都有了很大提高。目前，国内市场上流行的通用变频器品牌多达几十种，如欧美国家的品牌有西门子、ABB、Vacon（瓦控）等十几个，日本的品牌有富士、三菱、安川、三垦、日立等十几个，韩国的品牌有LG、三星、现代等。国产的品牌有康沃、安邦信、惠丰、森兰等十几个。欧美国家的产品以性能先进、适应环境性强而著称。日本的产品以外形小巧、功能多而闻名。我国港澳台地区的产品以符合国情、功能简单实用而流行。国产的品牌则以大众化、功能简单、功能专用、价格低的优势而广泛应用。中档数控机床主要采用这种方案，主轴传动两挡变速甚至仅一挡即可实现转速在100~200r/min时车、铣的重力切削。一些有定向功能的主轴驱动系统，还可以应用到要求精镗加工的数控镗铣床上，但应用在加工中心上就不很理想，必须采用其他辅助机构完成定向换刀的功能，而且也不能达到刚性攻螺纹的要求。

3. 交流伺服电机配专用交流伺服主轴驱动装置

专用交流伺服主轴驱动系统具有响应快、速度高、过载能力强的特点，还可以实现定向和进给功能，当然价格也是最高的，通常是同功率变频器主轴驱动系统的2~3倍以上。专用伺服主轴驱动系统主要应用于加工中心上，用以满足系统自动换刀、刚性攻螺纹、主轴C轴进给功能等对主轴位置控制性能要求很高的加工。

4. 电主轴（Electric Spindle）

电主轴是主轴电机的一种结构形式，驱动器可以是变频器或交流伺服主轴驱动装置，也可以不要驱动器。电主轴由电动机和主轴合二为一，没有传动机构，因此大大简化了主轴的结构，提高了主轴的精度，但是抗冲击能力较弱，而且功率还不能做得太大，一般在10kW以下。由于结构上的优势，电主轴主要向高速方向发展，一般在10000r/min以上。安装电主轴的机床主要用于精加工和高速加工，例如高速精密加工中心。另外，在雕刻机和有色金属以及非金属材料加工机床上应用较多，这些机床由于只对主轴高转速有要求，因此往往不用主轴驱动器。

一、变频电机主轴驱动装置

（一）变压变频调速原理

在进行电动机调速时，常须考虑的一个重要因素就是希望保持电动机中每极磁通量为额定值不变。三相异步电动机定子每相电动势的有效值是 $E_g=4.44f_1N_1K_1\Phi m$，其中，N_1 为定子每绕组串联匝数；K_1 为基波绕组系数；Φm 为每极气隙磁通量。由上式可见，在 E_g 一定时，若电源频率乃发生变化，则必然引起磁通 Φm 变化。当 Φm 变弱时，电动机铁芯就没被充分利用，导致电动机电磁转矩减小；若 Φm 增大，则会使铁芯饱和，从而使励磁电流过大，增加电动机的铜损耗和铁损耗，降低了电动机的效率，严重时会使电动机绕组过热，甚至损坏电动机。因此，在电动机运行时，希望磁通 Φm 保持恒定不变。所以在改变 f_1 的同时，必须改变 E_g，即必须保证 $E_g/f_1=$常数。因此，在改变电动机频率时，应对电动机的电压进行协调控制，以维持电动机磁通的恒定。为此，用于交流电气传动中的变频器实际上是变压变频器，即 VVVF（Variable Voltage Variable Frequency）。

（二）变频调速系统基本组成

静止式变频调速装置又叫变频器，是将固定的工频电源变换成任意频率的交流电源，利用交流电机同步转速随定子电压频率变化而变化的原理，实现电机变速运行的电力变换装置。由控制电路、整流电路、滤波电路和逆变电路四部分构成。整流电路将工频电源的交流电变换成直流电；滤波电路对直流电进行平滑滤波；逆变电路把直流电变换成任意频率的交流电；控制电路完成对主电路的控制，有规则地控制逆变电路的导通与截止，使之向异步电机输出可变的电压和频率，驱动电机运行。

从变频器主电路的结构形式分，有交—交型、交—直—交电流型、交—直—交电压型三种形式。

1. 交—交直接变换型变频器

交—交直接变换方式采用两组逆变器反并联，直接变频省去中间环节，故效率较高，但所用开关器件较多，且输出频率只能低于电网频率，输出频率范围一般不高于电网频率的1/3~1/2，适用于低速、大容量且对调速范围要求不大的场合。

2. 交—直—交电压间接变换型变频器

电压型变频器中，整流电路一般采用全桥不可控电路产生逆变电路所需要的直流电压，并通过直流中间电路的滤波电容 C 进行平滑后输出。整流电路和直流中间电路起直流电压源的作用，而电压源输出的直流电压在逆变电路中被转换为具有所需频率的交流电压。逆变电路一般采用6只可以自关断的 GTO（可关断晶闸管）、GTR（大功率晶体管）或 IGBT（绝缘栅双极晶体管）作为功率器件，全部接有反并联快恢复二极管，可以将能量回馈给直流中间电路的电容。因此，在发电机运行状态下，还需要有专门的制动放电单元电路，以防止换流器件因电压过高而被损坏。

3. 交—直—交电流型间接变换型变频器

在电流型变频器中，整流电路给出直流电流，并通过中间电路的平波电抗器 L 将电流进行平滑后输出。整流电路和直流中间电路起电流源的作用，而电流源输出的直流电流在逆变电路中被转换为具有所需频率的交流电流并提供给电动机。电机定子电压的控制是通过检测电压后对电流进行控制的方式来实现的。在电机制动过程中，电流型变频器可通过对直流中间电路的电压反向的方式，使整流电路变为逆变电路，并将负载的能量回馈给电源。故主电路中整流和逆变的功率器件一般采用过零自关断器件晶闸管（SCR）实现可逆运行。

由于在采用电流控制方式时可以将能量回馈给电源，而且在出现负载短路等情况时也更容易处理，因此电流型控制方式更适合于大容量变频器。

（三）交—直—交电压型 PWM 逆变器的工作原理

1. 单相逆变桥工作原理

单相逆变桥电路由 V1~V4 四个逆变晶体管构成。P、N 为直流母线电压端子，输入直流电压为 E。规定当 a 端为 "+" b 端为 "−" 时，输出电压以 U_{ab} 为 "+"；反之，U_{ab} 为 "−"。前半周期，控制信号使 V1、V4 导通，而 V2、V3 截止，$U_{ab}=+E$；后半周期，V1、V4 截止，而 V2、V3 导通，$U_{ab}=-E$。如此循环下去，a、b 两端便输出交流电压 U_{ab}。

2. 三相逆变桥工作原理

三相逆变桥电路由 6 个功率晶体管 V1~V6 组成。U、V、W 为逆变桥的输出端。交替打开/关断开关 V1~V6，就可以在输出端得到相位差 120° 的三相交流电源。为改变逆变相序，从而改变电机转向，只要改变其中任意两组（V1 和 V4、V3 和 V6、V5 和 V2）功率晶体管开通/关断的序即可。

（四）正弦脉冲宽度调制（SPWM）原理

PWM 是在输出脉冲电压幅值恒定的情况下，通过改变输出电压脉冲的占空比来调整输出电压的幅值。SPWM（Sinusoidal Pulse Width Modulation）是用正弦波与三角波相交，得到一组脉冲宽度按照正弦规律变化的矩形脉冲，用这一组矩形脉冲作为逆变器各开关元件的控制信号，则在逆变器输出端可以获得一组其幅值为逆变器直流母线电压 E 而宽度按正弦规律变化的脉冲电压。

调制三角波通常被称为载波，其频率通常称为载波频率，一般用 f_s 来表示。载波频率 f_s 与参考正弦波频率 f_c 之比为载波比，用 M 来表示。参考正弦波 u_a、u_b、u_c 的幅值 U_c 与三角波的幅值 U_t 之比为调制比，用 M 来表示。此外要说明的是，逆变器输出基波电压的幅值 U_T 与直流母线电压之比在数值上与 M 是相等的，这就是采用 PWM 实现 VVVF 变频调速的本质。

（五）SPWM 型变频器的主电路

SPWM 型逆变器所需提供的直流电源，除功率很小的逆变器可以用电池外，绝大多数要从市电电源整流后得到，整流器和逆变器构成变频器。整流器一般采用不可控的二极管整流电路。小功率变频器可以采用单相整流电路，也可以采用三相整流电路；中大功率变频器一般采用三相整流电路。当变频器的整流电路采用二极管整流时，因为输入电流和输入电压相比没有相位滞后，所以一般认为功率因数为 1。但这指的是基波功率因数，即位移因数。实际上，因为输入电流中含有大量的谐波成分，因此输入回路总的功率因数是小于 1 的。

当变频电路的负载为电动机时，其制动过程使电动机变成发电机，能量通过续流二极管流入直流中间电路，使直流电压升高而产生过电压（泵升电压）。为了限制泵升电压，在电路中的直流侧并联了电阻 R_0 和可控晶体管

V_0,当泵升电压超过一定数值时,V_0 导通,让 R_0 消耗掉多余的电能。

(六)交流电机速度控制系统

其控制原理与直流调速系统类似,也是由速度外环和电流内环组成。速度指令信号由 CNC 系统给出,与速度反馈信号比较之后,通过速度调节器的运算给出转矩指令 T_m^*,T_m^* 与电流幅值指令 I^* 成正比。利用转子位置传感器 PC 产生的转子绝对位置信息,在单位正弦波发生器中产生出相位差为 120° 的两单位正弦波信号,指令 I^* 在交流电流指令发生器里分别与这两相单位正弦波相乘,得到交流电流指令 i_a、i_b 再经过电流调节器的运算,得到 u_a、u_b 电压指令,即是 U 相和 W 相的控制正弦波。V 相的控制信号由 $u_a+u_b+u_c=0$ 得到 $u_b=-u_a+u_c$,把这三相控制正弦分别供给三相脉宽调制器,三角波发生器发出的幅值和频率固定的三角波也供给三相脉宽调制器的输入,三相脉宽调制器输出的信号分别经过基极驱动电路,供给六个功率晶体管的基极,控制功率晶体管的开关状态,实现逆变器调频和调压的任务,从而控制电动机的转速。系统中的速度调节器和电流调节器以及整个系统的调节原理和直流调速系统类似。

(七)变频调速的控制方式

变频器根据电动机的外特性对供电电压、电流和频率进行控制。不同的控制方式所得到的调速性能、特性及用途是有差异的。按系统调速规律划分,变频调速主要有恒压频比(V/F)控制、转差频率控制、矢量控制和直接转矩控制四种控制方式。

1. 恒压频比(V/F)控制

早期的通用变频器大多数为开环恒压频比(V/F= 常数)控制方式,在控制电机电源频率变化的同时控制变频器的输出电压,并使 V/F 恒定,从而使电机的磁通基本保持恒定。由于电机控制属于开环速度控制,故控制结构简单、成本较低。其缺点是系统性能不高,特别是低速性能较差,这是因为在低速时异步电机定子电阻压降所占比重增大,定子电压和电机感应电动势不再近似相等,仍按 V/F 恒定控制已不能保持电机磁通恒定,因此常用低频磁通补偿方法进行 V/F 恒定控制。它主要用于要求不高的场合,如风机、水泵的节能调速。

2. 转差频率控制

转差频率控制方式是对 V/F 控制的一种改进，这种控制需要由安装在电动机上的速度传感器检测出电动机的转速，构成速度闭环，速度调节器的输出为转差频率，变频器的输出频率则依据电动机的实际转速与所需转差频率而被自动设定。由于通过控制转差频率来控制转矩的电流，与 V/F 控制相比，其加减速特性和限制过电流的能力得到提高。

3. 矢量控制

20 世纪 70 年代西门子工程师 F.Blaschke 首先提出异步电机矢量控制理论来解决交流电机转矩控制问题。矢量控制的实质是将交流电机等效成直流电动机，分别对速度、磁场两个量进行独立控制。通过控制转子磁链，以转子磁通定向，然后分解定子电流而获得转矩和磁场两个分量，经坐标变换，实现正交或解耦控制。但是由于转子磁链难以准确观测，以及矢量变换的复杂性，使得实际控制效果往往难以达到理论分析的效果，这是矢量控制技术在实践上的不足。此外，它必须直接或间接地得到转子磁链在空间上的位置才能实现定子电流解耦控制，在这种矢量控制系统中需要配置转子位置或速度传感器，这给许多应用带来不便。但是，矢量控制技术仍然在努力融入通用变频器中，矢量控制法的成功实施，使异步电机变频调速后的机械特性以及动态性能达到了足以和直流电机调压式调速性能相媲美的程度。

4. 直接转矩控制

它是继矢量控制之后发展起来的另一种高性能交流变频调速系统。直接转矩控制与矢量控制不同，它不是通过控制电流、磁链等量来间接控制转矩，而是把转矩直接作为控制量来控制，即直接在定子坐标系下分析交流电机的模型，控制电机的磁链和转矩。它不需要将交流电机等效成直流电机，因而省去了矢量旋转变换中的许多复杂计算。

直接转矩控制的优势在于：转矩控制是控制定子磁链，在本质上并不需要转速信息；所引入的定子磁链观测器能很容易地估算出同步速度信息，无须速度传感器，因而也称为无速度传感器直接转矩控制。但是这种控制依赖于精确的电机数学模型和对电机参数的自动识别（ID），通过 ID 运行自动确立电机实际的定子阻抗互感、饱和因数、电机惯量等重要参数，然后根据精确的电机模型估算出实际转矩、定子磁链和转子速度，并由磁链和转矩的 Band-Band 控制产生 PWM 信号对逆变器的开关状态进行控制。这种系统具有很快的转矩响应速度和很高的速度、转矩控制精度，但也带来了转矩脉动，因而限制了调速范围。

二、交流伺服电机专用主轴驱动装置

对于主轴位置控制性能要求很高的加工中心，如果采用通用变频器作为主轴驱动装置，很难满足系统自动换刀、刚性攻螺纹、主轴 C 轴进给功能等要求。因此，加工中心主轴驱动系统通常采用交流同步伺服电机配备专用交流伺服主轴驱动装置的控制方式。

它与通用变频器相比，专用交流伺服主轴驱动装置具有响应快、速度高、过载能力强的特点，还可以实现定向和进给功能，可以满足系统自动换刀、刚性攻螺纹、主轴 C 轴进给等功能，但价格较高。

专用交流伺服主轴驱动装置在电路原理上也采用了 SPWM 控制技术，只是更具针对性、专业性，即专门为大中型数控机床设计。目前数控系统生产厂商推出多个系列的交流伺服主轴驱动装置，比较著名的有 FANUC SPM 系列主轴驱动装置 SIEMENS 611U 系列主轴驱动装置等。

三、PLC 控制变频器的方法

在工业自动化控制系统中，最为常见的是 PLC 和变频器的组合应用，并且产生了多种多样的 PLC 控制变频器的方法。变频器的控制方式有面板控制、多功能端子控制、模拟量控制和通信控制等。

（一）通过操作面板控制

变频器的操作面板上具有启动、停止、频率上升、频率下降等按钮，还有直接以数据设定输出频率的窗口及以模拟量设定频率的电位器，可以由操作人员随机调节输出频率。

（二）通过多功能端子控制（也称为 PLC 的开关量信号控制变频器）

它利用 PLC 的数字量输出点，如果 PLC 是继电器输出，可以直接连接变频器的信号端子。如果是电压输出，可以通过继电器转换为无源触点后连接变频器的信号端子。这样控制 PLC 的输出与否就可以控制变频器的启动、停止或是多段速。例如 PLC（MR 型或 MT 型）的输出点、COM 点直接与变频器的正转启动、高速、中速、低速等端口分别相连。PLC 可以通过程序控制变频器的启动、停止、复位；也可以控制变频器高速、中速、低速端子的不同组合实现多段速度运行。但是，因为它是采用开关量来实施控制的，其调速曲线不是一条连续平滑的曲线，也无法实现精细的速度调节。这种开关量控制方法，其调速精度无法与采用扩展存储器通信控制的相比。

（三）通过模拟量输入接口控制（也称为 PLC 的模拟量信号控制变频器）

变频器设有输入模拟量电流或电压的接口，可通过改变输入量的大小实现频率调节。模拟量控制，可以用模拟量输入和输出模块，根据变频器的具体要求选择 0~10V 电压或 4~20mA 电流输出，控制变频器的频率，变频器的频率反馈根据要求可以选择模拟量输入进行采集（对于开环控制，也可以不采集反馈信号）。一般采用 PLC 加 D/A 扩展模块连续控制变频器的运行或是多台变频器之间的同步运行。例如，FX1N 型、FX2N 型 PLC 主机，配置 1 路简易型的 FX1N-1DA-BD 扩展模拟量输出板；或模拟量输入输出混合模块 FX0N-3A；或两路输出的 FX2N-2DA；或四路输出的 FX2N-4DA 模块等。

模拟量控制的优点在于 PLC 程序编制简单方便，调速曲线平滑连续、工作稳定。但是，在大规模生产线中，控制电缆较长，尤其是 D/A 模块采用电压信号输出时，线路有较大的电压降，影响了系统的稳定性和可靠性。同时，对于大规模自动化生产线，一方面变频器的数目较多，另一方面电机分布的距离不一致。采用 D/A 扩展模块做同步运动控制容易受到模拟量信号的波动和因距离不一致而造成的模拟量信号衰减不一致的影响，使整个系统的工作稳定性和可靠性降低。另外，从经济角度考虑，如控制 8 台变频器，需要 2 块 FX2N-4DA 模块，其造价是采用扩展存储器通信控制的 5 至 7 倍。

（四）通过通信口控制（也称为串行总线通信控制）

这是直接向变频器的频率存储单元送数据的控制方式。变频器一般都提供一定的通信方式完成频率控制，如 RS485、USS、Profibus-DP 等，可以通过 PLC 的通信端口（或通信模块）给定频率值，变频器和 PLC 间相互通信。利用总线通信的方式可以一个通信端口（或配备通信模块组件）的方式控制总线上所有的变频器（在总线地址范围内）。

PLC 采用 RS-485 无协议通信方法控制变频器，这是使用得最为普遍的一种方法，PLC 采用 RS 串行通信指令编程。PLC 与变频器之间采用主从方式进行通信，PLC 为主机，变频器为从机。一个网络中只有一台主机，主机通过站号区分不同的从机。它们采用半双工双向通信，从机只有在收到主机的读写命令后才发送数据。PLC 和变频器之间进行通信，通信规格必须在变频器的初始化中设定，如果不进行设定或设定错误，数据将不能进行通信。为了正确地建立通信，必须在变频器中设置与通信有关的参数，如"站号""通信速率""停止位长/字长""奇偶校验"等。采用 RS-485 无协议通信控制变频器的方案得到广泛应用，因为使用 RS-485 通信控制，仅通过一条通信电缆连接，就可以完成变频器的启动、停止、频率设定；并且很容易实现多电机之间的同步运行，可控制 32 台变频器。该系统成本低、信号传输距离远、抗干扰性强。但是，RS-485 的通信必须解决数据编码、求取校验和、成帧、发送数据、接收数据的奇偶校验、超时处理和出错重发等一系列技术问题。

PLC 还可以采用 RS-485 的 Modbus-RTU 通信方法控制变频器，三菱新型 F700 系列变频器使用 RS-485 端子利用 Modbus-RTU 协议与 PLC 进行通信。该方法的优点是 Modbus 通信方式的 PLC 编程比 RS-485 无协议方式要简单便捷。PLC 也可以采用现场总线方式控制变频器。例如三菱变频器可内置各种类型的通信选件，如用于 CC-Link 现场总线的 FR-A5NC 选件，用于 Profibus DP 现场总线的 FR-A5AP（A）选件，用于 DeviceNet 现场总线的 FR-A5ND 选件等。三菱 FX 系列 PLC 有对应的通信接口模块与之对接。该控制方法速度快、距离远、效率高、工作稳定、编程简单、可连接变频器数量多。

下面以三菱公司的 VS-616G5 变频器为例，说明其外部控制端子的功能和 PLC 对其控制方法。

1.VS-616G5 变频器外部接线图

VS-616G5 变频器属于电压型变频器，它有 4 种控制方式：标准 V/F 控制、带 PG 反馈的 V/F 控制、无传感器的磁通矢量控制和带 PG 反馈的磁通矢量控制。VS-616G5 只需简单的参数设置就可以用于众多领域。

（1）变频器主电路的连接。

1）主电路电源端子 R、S、T 经交流接触器、自动空气断路器与电源连接，无须考虑相序。变频器输出电源必须接到端子 U、V、W 上，如果接错，会损坏变频器。

2）变频器的保护功能作用时，相应的继电器线圈吸合，其常闭触点断开变频器电源侧主电路接触器的线圈电路，从而切断变频器主电路的电源。

3）勿以主电路的通断来进行变频器的运行、停止操作，须通过控制电路端子 1 或端子 2 来操作。

4）直流电抗器连接端子 ⊕ +1 和 ⊕ +2 是连接改善功率因数用电抗器的端子。这两端子在出厂时接有短路片，对于 30kW 以上变频器需配置直流电抗器时，请卸掉短路片后再连接。

5）对小容量变频器，内设制动电阻接在 B1 和 B2 端子上。对较大容量变频器，需连接外部制动电阻时，接在端子 B1、B2 上。制动电阻配线长度在 5m 以下，且用绞线。

从安全以及降低噪声的需要出发，变频器必须可靠接地。

(2) 控制电路端子的功能说明。

1）变频器的输入信号包括对运行/停止、正转/反转、点动等运行状态进行操作的数字操作信号。变频器通常利用继电器触点或者晶体管集电极开路形式得到这些运行信号，如 PLC 的继电器输出电路或 PLC 的晶体管输出电路。即 PLC 的输出端口可以和变频器的上述信号端子直接相连接，实现 PLC 对变频器的控制。

2）变频器的监测输出信号通常包括故障检测信号、速度检测信号、频率信号和电流信号等，它们分为开关量检测信号和模拟量检测信号两种，都用来和其他设备配合以组成控制系统。模拟量检测输出信号既可根据需要送给电流表或频率表，也可以送给 PLC 的模拟量输入模块。若是后一种情况，要注意 PLC 一侧输入阻抗的大小，以保证该输入电路中的电流不超过电路的额定电流。另外，由于这些模拟量检测信号和变频器内部并不绝缘，在电线较长或噪声较大的场合，应该在途中设置绝缘放大器。

对于开关量检测信号，由于它们是通过继电器触点或晶体管集电极开路的形式输出，额定值均在 24V/5mA 之上，完全符合 FX 系列 PLC 对输入信号的要求，所以可以将变频器的开关量检测信号和 FX 系列 PLC 的输入端直接相连接，从而实现信号的反馈控制。

2.VS-616G5 变频器多级调速的 PLC 控制

可以利用 PLC 的开关量输入输出模块对变频的多功能输入端进行控制，

实现三相异步电动机的正反转、多速控制。对大多数控制系统来说，这种多级速度控制方式不仅能满足其工艺要求，而且接线简单，抗干扰能力强，使用也方便，和利用模拟信号进行速度给定的方法相比较，成本低，并且不存在由于噪声和漂移带来的各种问题。

3. VS-616G5 变频器无级调速的 PLC 控制

变频器无级调速是指频率指令信号从变频器的模拟输入端子输入。变频器可以利用自身的频率设定电源来进行频率指令的设定。在生产实际中，频率指令信号一般来自调节器或 PLC。如果信号来自调节器，其输出一般是标准的 4~20mA，此信号可直接和变频器的输入端子 14、17 连接。如果频率指令信号来自 PLC，则意味着 PLC 必须配置模拟量输出模块，将输出的 0~10V 或 4~20mA 模拟量信号送给变频器相应的电压或电流输入端。这种 PLC 控制变频器的调速方法，优点是硬件上接线简单，可实现无级调速；缺点是 PLC 的模拟量输出模块价格较高。在 PLC 控制变频器的无级调速设计过程中，必须根据变频器的输入阻抗来选择 PLC 的模拟量输出模块，且尽可能使选用的 PLC 模拟量输出模块的信号范围和变频器的输入信号范围一致。

4. VS-616G5 变频器、PLC 在速度检测和位置控制时的接线

在工业控制中，可编程控制器既可以通过配置专用的高速计数模块来实现速度和位置的闭环控制，又可以使用专用的运动控制模块来达到同一目的。上述两种模块属于厂家开发的特殊功能扩展模块，它们无疑会增加系统的硬件投资。在 PLC/VVVF 控制系统中，如果将 PLC 基本单元内部的内置高速计数器和变频器的速度卡配合使用，也可以实现位置和速度的控制，从而节省硬件费用。

与电动机同轴相连的脉冲输出式旋转编码器 PG 会随着电动机的转动而发出相位互差 90° 的 A、B 两相脉冲，变频器速度卡 PG-B2 能够接收这两相脉冲，并将其转换为与实际转速相应的数字信号送给变频器，变频器将实际速度与内部的给定速度相比较，从而调节变频器的输出频率和电压，同时将 A、B 两相脉冲分频后作为 A、B 两相脉冲的监视输出。编码器起着检测运行速度、运行位置和运行方向的作用，它和 VS-616G5 变频器速度卡 PG-B2 之间用屏蔽电缆相连接，该电缆连接于 PG-B2 卡上的 TA1 端子上，TA2 端子为两相脉冲的监视输出端子，屏蔽端接在卡上的 TA3 端子上。TA1 端子的 1、2 分别为给

编码器供电的 +12V、0V 正负电源。为提高检测精度，应选用每转脉冲数多的旋转编码器。但每转脉冲数越多，旋转编码器的价格越贵。

PG-B2 卡的 TA2 输出端子的使用情况与 B2 程序中所使用的高速计数器有关。如果程序中使用的是一相一计数计数器 C235~C245 中的一个计数器，则 TA2 端子中只使用一相输出即可，例如使用 A 相，则把 TA2 的 2 号端子和 PLC 的输入端 COM 连接，而 TA2 的 1 号端子则需要根据所使用的计数器查相关 PLC 手册来定。如使用 C237，2 号端子就需和 X2 连接；如使用 C243，2 号端子就需和 X4 连接。至于一相一计数计数器的计数方向由 M8△△△的状态来决定。

如果程序中使用的是一相双向计数计数器 C246~C250 中的一个计数器，则 TA2 端子中也只使用一相输出，以使用 A 相为例，同样把 TA2 的 2 号端子和 PLC 的输入端 COM 连接，而 TA2 的 1 号端子则需要根据所使用的计数器的计数方向查手册来定。如使用 C246 的加计数时，TA2 的 1 号端子和 X0 连接，而使用 C246 的减计数时，TA2 的 1 号端子和 X1 连接；如 C248 的加计数时，TA2 的 1 号端子和 X3 连接，而 C248 的减计数时，TA2 的 1 号端子和 X4 连接。

如果程序中使用的是两相双向计数输入计数器 C251~C255 中的一个，则 TA2 端子的两相输出都需使用，TA2 的 2、4 输出端子连在一起后与 PLC 的输入端 COM 相连接，1、3 端子连接的 PLC 输入端口随计数器的不同而不同。如使用 C51，则 TA2 的 1、3 端子连接 PLC 的 X0、X1 端口；如使用 C255，则 TA2 的 1、3 端子连接 PLC 的 X3、X4 端口。运行前，要由数字操作器设置变频器参数 F1-05，以决定正转时 A、B 两相脉冲哪一相超前。设定值"0"的场合，意味着正转时 A 相输入在接通期间 B 相输入由断开变为接通，A、B 的这种相位关系使计数器加计数。通过上述设置，在电动机正转时，计数器自动加计数，反转时，计数器自动减计数。由 M8△△△的状态可以监视计数器的加减状态。

VS-616G5 变频器属电压型变频器，具有全程磁通矢量电流控制的特点。每一台变频器包含标准 V/F 控制、带 PG 速度反馈的 V/F 控制、无传感器的磁通矢量控制、带 PG 速度反馈的磁通矢量控制四种控制方式。所谓矢量控制，即磁场和力矩互不影响，按指令进行力矩控制的方式。上述系统为 PG 矢量控制方式，需要获得相关的电动机参数，所以必须在运行前通过自学习，由变频器自动地设定必要的电动机有关参数。总之，按变频器说明书的提示和方法，在电动机空载的情况下，通过变频器的键盘操作，使变频器完成对电动机相关参数的自学习。在电动机负载不能脱开的场合，可以通过计算设定电动机的参数。

第六节　PLC 在数控机床上的应用

一、数控机床 PLC 的功能

PLC 用于通用设备的自动控制，称为可编程控制器。PMC 用于数控机床的外围辅助电气的控制，称为可编程序机床控制器（Programmable Machine Controller/Programmable Tool Controller）。有些数控系统厂商，如 FANUC 将专用于数控机床的 PLC 称为 PMC；而另一些数控系统厂商，如 SIEMENS，还是将其称为 PLC。因此，可以把 PMC 看作 PLC 的一个子集。CNC 用于实现刀具相对于工件各坐标轴几何运动规律的数字控制，而可编程序逻辑控制器是机床各项功能的逻辑控制中心。机床辅助设备的控制是由 PLC 来完成的。

（一）操作面板的控制

操作面板分为系统操作面板和机床操作面板。系统操作面板的控制信号先是进入 CNC，然后由 CNC 送到 PLC，控制数控机床的运行。机床操作面板控制信号直接进入 PLC，实现机床的辅助功能控制。辅助功能控制主要是 S 功能、T 功能、M 功能。

S 功能的处理：在 PLC 中可用 4 位代码直接指定转速。例如控制某数控机床的最高、最低转速分别为 3150r/min 和 20r/min，CNC 送出 S4 位代码至 PLC，经十二进制数转换为二进制数后送到限位器，当 S 代码大于 3150 时，限制 S 为 3150；当 S 代码小于 20 时，限制 S 为 20。此数值送达 D/A 转换器，转换成 20~3150r/min 相对应的输出电压，作为转速指令控制主轴的转速。

T 功能的处理：数控机床通过 PLC 管理刀库，进行自动换刀。

M 功能的处理：M 功能是辅助功能，根据不同的 M 代码，PLC 可控制主轴的正、反转和停止，主轴齿轮箱的换挡变速，主轴准停，切削液的开关，卡盘的夹紧、松开，机械手的取刀、归刀等。

功能实现的过程：在 PLC 中首先对 M、S、T 代码进行译码，译码后的 M、S、T 代码即可在 PLC 程序里进行对机床的辅助功能进行控制（如控制主轴正反转、主轴定位、主轴换挡、转塔、刀库、尾台、卡盘、中心架、排屑、润滑等动作）。例如：加工程序给出 M03，PLC 首先将 M03 译码（假设译出的 M03 地址为 X0.0），那么梯形图里就可用 X0.0 的常开触点去接通主轴的正转继电器（假设为 Y0.0），再由 Y0.0 输出带动外部继电器，外部继电器带动接触器，接触器带动主轴电机正转。再如 CNC 系统送出 T 指令给 PLC，经过译码，在数据表内检索，找到 T 代码指定的刀号，并与主轴刀号进行比较。如果不符，发出换刀指令，刀具换刀，换刀完成后，系统发出完成信号。

（二）机床外部开关输入信号

将机床侧的开关信号送入 PLC，进行逻辑运算。这些开关信号包括很多检测元件信号（如按钮、行程开关、接近开关、压力开关、模式选择开关等）。

（三）输出信号控制

PLC 输出的信号经继电器、接触器或液压、气动电磁阀，实现对刀库、机械手和回转工作台以及冷却、润滑和油泵电动机等的控制。

（四）伺服控制

控制主轴、伺服进给及刀库驱动的使能信号。

（五）报警处理控制

当出现故障时，PLC 收集强电柜、机床侧和伺服驱动的故障信号，使数控系统显示报警号及报警文本以方便故障诊断。

二、数控机床中的信息交换

相对于 PLC，机床和 NC 就是外部。PLC 与机床以及 NC 之间的信息交换，对于 PLC 的功能发挥是非常重要的。可编程控制器（PLC）与数控系统（NC）

以及数控机床（MT）之间的信息交换通常有四个部分。

（一）机床侧至 PLC

机床侧的开关量信号通过 I/O 单元接口输入到 PLC 中，除极少数信号外，绝大多数信号的含义及所配置的输入地址，均可由 PLC 程序编制者或者是程序使用者自行定义。数控机床生产厂家可以方便地根据机床的功能和配置，对 PLC 程序和地址分配进行修改。

（二）PLC 至机床

PLC 的控制信号通过 PLC 的输出接口送到机床侧，所有输出信号的含义和输出地址也是由 PLC 程序编制者或者是使用者自行定义。

（三）CNC 至 PLC

CNC 送至 PLC 的信息可由 CNC 直接送入 PLC 的寄存器中，所有 CNC 送至 PLC 的信号含义和地址（开关量地址或寄存器地址）均由 CNC 厂家确定，PLC 编程者只可使用，不可改变和增删。如数控指令的 M、S、T 功能，通过 CNC 译码后直接送入 PLC 相应的寄存器中。

（四）PLC 至 CNC

PLC 送至 CNC 的信息也由开关量信号或寄存器完成，所有 PLC 送至 CNC 的信号地址与含义由 CNC 厂家确定，PLC 编程者只可使用，不可改变和增删。

三、数控机床 PLC 的类型

数控机床用 PLC 分为两大类：一类是专为数控机床应用而设计制造的内装型 PLC；一类是那些 I/O 口技术规范、I/O 点数、程序存储容量以及运算和控制功能等均满足数控机床控制要求的独立型 PLC。

（一）内置型 PLC

目前单机中小型数控机床普遍采用此形式。内置型 PLC 从属于 CNC 装置，PLC 与 NC 之间的信号传送在 CNC 装置内部即可实现；PLC 与 MT（机床侧）

之间则通过 I/O 接口电路实现信号传送。

内置型 PLC 有以下特点。

（1）内置型 PLC 是专门为数控机床设计制造的，其性能指标是根据所从属的 CNC 系统的规格、性能、适用机床的类型等确定的，其软硬件部分是被作为 CNC 系统的基本功能或附加功能与 CNC 系统集成在一起的，故系统软硬件整体结构十分紧凑，PLC 功能针对性强，性价比较高，适用于单台数控机床及加工中心等。

（2）内置型 PLC 可与 CNC 共用 CPU，也可单独使用一个 CPU。

（3）内置型 PLC 一般单独制成一块附加板，插到 CNC 主板插槽上，不单独配备 I/O 接口，使用 CNC 系统本身的 I/O 接口，减少了中间环节。

（4）内置型 PLC 所用电源由 CNC 装置提供，不另备电源。

（5）采用内置 PLC 型的 CNC 系统也可以具有某些高级控制功能，如梯形图编辑和传送功能等。

世界上著名的 CNC 生产厂家在其生产的 CNC 系统中，大多开发了内置型 PLC 功能，如 FANUC 系列数控系统、SINUMERIK 810/820 系统等。

（二）独立型 PLC

独立型 PLC 是独立于 CNC 装置之外，具有完备的硬件和软件功能，能够独立完成规定控制任务的装置。

生产通用型 PLC 的厂家很多，如西门子公司的 S7 系列、三菱公司的 FX 系列等。独立型 PLC 有以下特点。

（1）独立型 PLC 的功能与通用型 PLC 完全相同，可以直接采用通用型 PLC。

（2）数控机床用独立型 PLC 一般采用模块化结构的中型或大型 PLC，具有安装方便、功能易于扩展和变换等优点。

（3）独立型 PLC 的 I/O 点数可以通过 I/O 模块的增减灵活配置，一般在 200 点以上，还可通过多个远程终端连接器构成有大量 I/O 点的网络，以实现大范围的集中控制，适合于柔性制造系统（FMS）、计算机集成制造系统（CIMS）等。

（4）单台数控机床采用独立型 PLC 的性价比不如内置型 PLC 高。

第十一章 印刷机械系统中电气故障分析与维护

第一节　印刷机械电气维修的现状

印刷业是一个跟我们日常生活密切相关的行业，印刷品遍及日常生活的各个方面，一件精美的印刷品可以带来愉快的心情，相反印刷质量差的印刷产品会影响我们的心情，印刷质量的好坏跟很多因素有关，像原稿的选择、菲林片的质量、印版的质量、印刷机械的质量、操作者的水平等因素。虽然因素很多，但是印刷机械的质量是其中很重要的一个因素，印刷机械的好坏直接影响到印刷产品的好坏，性能优良的印刷机械不但有精密的机械系统，而且还需要有良好的控制系统，若不然经常发生电气故障，会影响到印刷机的正常使用，但无论多么先进的印刷控制系统，也会出现问题，因此电气维修工作显得尤为重要。在我国的各个地方都有印刷厂，每个印刷厂也都有自己的印刷机，在印刷生产中，印刷机的电气故障经常发生，发生电气故障如果不及时排除就会影响生产。有很多印刷厂有自己的电气维修人员，但是这些电气维修人员水平不一，维修时的方法各异，没有系统地进行电气维修方面的总结。进行电气维修方法系统归纳有很多好处：

（1）能够迅速判断出各种印刷电气故障产生的原因。

（2）能快速找到合适的电气故障维修方法。

（3）能快速排除电气故障。

（4）能够使非印刷机械电气维修人员快速适应印刷电气维修工作。

（5）能够减少印刷机械电气故障出现的频率。

印刷机械电气维修工作，不仅需要扎实的电学知识，像电力传动、可编程序控制器、模拟电子技术、数字技术、单片机等，而且也需要一些维修方面的经验，印刷机械电气维修工作有很多方面和普通的机电产品有相似之处，但印刷机械比一般的机电产品电气系统要复杂，在对印刷机械进行电气维修工作时，要对印刷机械的操作有一定了解，了解印刷机械的工作过程。因此电气维修工作不单纯的是进行电气维修，还要对印刷机械操作熟悉。

目前，印刷电气维修工作没有形成一个统一的理论指导和一些具体的维修方法，电气维修人员很多是凭经验进行维修的，有的电气维修人员水平高，可以较快地排除电气故障，但有的电气维修人员往往需要花费大量时间去排除一些电气故障，从事电气维修工作的人员理论水平也不一，有些是接受过高等教育的专业人才，具备扎实的理论基础，有些仅仅受过中等专业教育，理论水平较低。有些是从事专业印刷电气设计的维修人员，对印刷机械的控制有很好的理解，维修水平也非常高。有些是从维修其他类型的机电产品转行进行印刷机械电气维修的，他们对印刷机械电气的控制并不是很熟悉，往往是根据故障现象进行维修，遇到稍微复杂一点，跟机器的操作关系比较密切的故障，维修工作就往往难以进行。国内和国外的印刷机械电气维修人员水平也不一致，特别是一些国外的印刷机，其操作系统很多是厂家自己研制的，系统较为复杂，国内的一些维修人员难以解决，印刷厂往往需要从国外聘请维修人员进行维修，这样大大提高了维修的费用。

第二节　印刷中常用的低压电器和电动机

印刷机械是属于一类机电一体化产品，很多印刷机械产品的自动化程度比较高，国内外有些知名厂家都研制了自己的控制系统，有些控制系统机械和电气结合密切，结构复杂，但是这些控制系统也都由一些简单的电气元件组成，因为控制的对象主要是机械，因此像一些低压电器是必不可少的，有很多电气故障也是由低压电器引起的，因此我们要对一些低压电器有足够的了解，这也是能够迅速找出故障、排除故障的基本要求。

一、印刷机械中常用的低压电器

低压电器是电气控制中的基本组成部分，低压电器的性能直接影响控制系统的优劣，大部分电气故障也是由低压电器引起的，因此我们应该熟悉低压电器的结构、工作原理以及使用方法等。

额定电压等级在交流 1200V、直流 1500V 以下的电器叫低压电器。印刷机械中电机一般采用 380V 的交流电，控制电路采用 220V 的交流电。直流电作为动力电，常用的电压有 110V、220V 和 440V；6V、12V、24V 和 36V 主要用于控制；在电子线路中还有 5V、9V 和 15V 等电压等级。

（一）熔断器

熔断器在电路中主要起短路保护或严重过载的作用，当发生短路或严重过载时，熔断器会熔断，用于保护线路。

熔断器由熔体和安装熔体的绝缘底座（或称熔管）两部分组成。易熔金属材料铅、锌、锡、铜、银及其合金制成作为熔断器的熔体，形状常为丝状或网状。电流过大的电路不易灭弧，因此不能用由铅锡合金和锌等低熔点金属制成的熔体，铅锡合金和锌等低熔点金属制成的熔体多用于小电流电路；大电流电路多使用铜、银等高熔点金属制成的熔体，因为这些材料易于灭弧。

选用原则：熔断器的额定电流等于或稍大于各个支路熔断器额定电流之和；各条支路熔断器额定电流应等于或稍大于负载额定电流之和。

电动机：

单台：对于不经常启动的电机或启动时间较短的，熔断器额定电流等于电动机额定电流 1.5 倍；对于经常启动或启动时间较长的，熔断器额定电流等于电动机额定电流 2.5 倍。

多台：熔断器的额定电流 =（1.5~2.5）× 最大一台电动机额定电流 + 其余电动机额定电流之和。

一般电器：按实际负荷电流选择。

变压器：熔断器的额定电流等于变压器的额定电流。

（二）刀开关与转换开关

作为线路的总开关，作为隔离电源之用，维修电路时断开刀开关；作为电动机的开关，一般这类电机是容量比较小，并且不经常启动。刀开关使用时通过闸刀的闭合与断开，控制电路的接通与断开。

刀开关的额定电压大于等于工作电压。刀开关的额定电流大于等于线路的最大工作电流。

（三）交流接触器和中间继电器

交流接触器主要用印刷机械电路的主电路中，其作用主要用于控制电动机等一些功率大的用电设备，在印刷机械中得到了广泛的应用，可以频繁地接通或者断开主电路，具有低压释放保护的功能，实现远距离的自动控制。

（1）交流接触器主要由电磁机构、触点、灭弧装置和一些其他部件组成。交流接触器的电磁机构由线圈、静铁心和动铁心（衔铁）组成。交流接触器的触点包括主触头和辅助触头两种。主触点用于主电路；辅助触点用于控制电路。

交流接触器的工作原理是：当线圈中通入交流电后，会产生电磁力，吸引衔铁向下运动，带动触点，使常开触点闭合，常闭触点断开，断电时，反力弹簧会使衔铁向上运动，使常开触点断开，常闭触点闭合。

中间继电器和交流接触器的原理类似，有些外观也相似。主要区别在于：交流接触器的主触点可以通过较大的电流，而中间继电器的触点只能通过小电流，一般用在控制电路中，数量比较多，一般为四常开和四常闭触点。它的结构和接触器基本相同。

（四）热继电器

热继电器主要是用于电动机的过载保护。热继电器是电流产生的热量来工作的低压电器，电动机在使用时，有时候会发生过载现象，但过载时电路中电流虽然比正常值大，但是不足以使熔断器断开，这样如果不采取一定的保护措施，电路中电流还比正常值大，长时间工作会可能加快电动机的老化，甚至烧坏电机，因此在电动机的电路中要有热继电器作为过载保护。

（五）低压断路器

低压断路器俗称自动空气断路器或空气开关，常用来做电路的总开关，具有短路保护、过载保护、过压和欠压等功能，是同时具有保护和控制作用的一种电器。

低压断路器的种类非常多，按其用途和结构特点、可分为 DW 型系列断路器和 DZ 型系列断路器等类型。一般照明电路采用 DW 系列，保护电机采用 DZ 系列。

低压断路器的选择考虑以下几方面：

（1）一般情况下，选择低压断路器选用塑壳式，有些特殊情况、要根据使用场合选择，例如，短路的电流很大时，要选用限流型，控制有半导体器件或保护有半导体器件时，选用直流快速断路器，主要依据使用的场合和保护要求。

（2）线路中的最大短路电流要小于或等于断路器极限通断能力。

（3）设备的额定电压、额定电流应小于或等于断路器额定电压和额定电流。

（4）负载的额定电压等于断路器的使用的额定电压。

（六）行程开关

行程开关又叫限位开关，它的种类很多，按触点的性质分可为有触点式和无触点式，按运动形式可分为直动式、微动式等。

1. 有触点行程开关

有触点行程开关简称行程开关，用于控制生产机械的运动方向、行程或位置等，行程开关的工作原理和按钮相同，是利用产机械运动的部件碰压而使触点动作，它不是像按钮一样采用靠手的按压。其结构形式多种多样。

2. 无触点行程开关

无触点行程开关又称接近开关，在使用时，印刷机械的部件可以不触动接近开关，而只需靠近就可以，其工作稳定可靠，寿命长，能够在不同的检测距离发生动作，而印刷机械工作速度很快，有很多部分需要每印刷一次，就要检测一次，所以在印刷机械中应用广泛。

（七）时间继电器

时间继电器的主要作用是时间控制，在控制电路中使用。时间继电器的种类很多，按其动作原理可分为：电磁式、空气阻尼式和电子式等；按延时方式可分为通电延时型时间继电器和断电延时型时间继电器。

（八）按钮

按钮的机构简单，操作方便，是印刷机械电气系统最常用的一种主令电器。

1. 按钮的种类和结构

按钮从外形和操作方式上，可以分为平钮和急停按钮（也叫蘑菇头按钮）两种类型。从按钮的触点动作方式可以分为直动式按钮和微动式按钮两种。

其他较为常见的按钮还有旋钮、拉式钮、钥匙钮、带灯式按钮等一些类型。

按钮由按钮帽、桥式触点、复位弹簧和外壳等部分组成。触点包括常开触点（也叫动断触点）和常闭触点（也叫动合触点）两种。按钮触点的额定电流在5A以下。

大多数按钮式复位式按钮，自锁式按钮也比较常见，在印刷机械中最常见的是复位式平按钮，其特点是按钮和外壳平齐，好处是可防止异物的误碰。

（九）信号灯

信号灯也叫指示灯，主要用于在各种电气设备中显示设备的工作状态以及操作警示，以及线路中作电源指示等。

信号灯发光体主要有发光二极管和氖灯等。

信号灯有持续发光（平光）和断续发光（闪光）两种形式。断续发生，亮与灭的时间比一般在1:1~1:4之间，用较高的闪烁频率表示较优先的信息。

通常的情况采用平光灯，但是在以下一些场合要采用闪光灯：

（1）想要特别引起注意的场合。

（2）要必须采取行动的场合。

（3）当操作时，出现故障反映出的信息和指令不一致的场合。

（4）表示变化的过程。

在图形符号上如果标注信号灯的颜色，可以在图形符号的附近处标出相应的颜色，用字母来表示。

（十）报警器

印刷机械中常用的报警器有电铃、蜂鸣器和电喇叭等，一般电铃和蜂鸣器用于正常的操作信号（如设备起动前的警示）和设备的异常现象（如变压器的过载）。电喇叭则主要用于设备的故障信号（如线路短路跳闸）。

二、印刷中常用的电动机

印刷机械中有很多电动机，电动机是印刷机的动力源，这些电动机为机器的运转提供了动力，因此进行电气维修时，有必要对电动机的结构原理进行了解。

(一)直流电动机

直流电动机由转子和定子两部分组成。定子部分主要是产生磁场，转动的部分是转子。很多类型的印刷机械中有直流电动机，像海德堡、罗兰印刷机，调墨部分很多采用的就是小的直流伺服电动机。

(二)三相异步电动机

1. 异步电动机的构造

三相异步电动机主要由定子和转子两部分组成，定子部分由机座、铁心和定子绕组组成。

（1）定子。定子绕组是三相异步电动机产生旋转磁场的部分，有三个绕组按照一定的规则均匀排列，三个绕组共有六个接线柱，这六个接线柱按照一定的规则接起来，采用的接法有星型接法和三角形接法两种，一般 3kW 以下的电机采用星型接法，4kW 以上的电机采用三角形接法。

（2）转子。转子主要转轴、转子铁心和转子绕组三部分组成，转子是三相异步电动机的旋转部分，主要作用是带动机械旋转。根据三相异步电动机的构造不同，转子可分为绕线式和笼型两种类型。

2. 三相异步电动机的工作原理

当我们把一个线圈放入旋转磁场时，这个线圈当中会产生感应电流，线圈中产生的感应电流，相当于通电直导线，在磁场中又收到安培力的作用，这样就产生一个转矩，这个转矩会使线圈运动，三相异步电动机在定子当中通入三相交流电时，会产生一个选择磁场。

第三节 国产典型印刷机械的分析

国产印刷机比较典型的代表是北京人民印刷机械厂生产的对开单色胶印机 J2108，这种类型的印刷机也是我国自主研制的第一台印刷机，经过几十的发展其电气系统有了很大的改进，电路设计也经过多次改进，但其基本的控制过程未发生大的变化，随着科技的进步，PLC 和变频器在电路系统中也得到了广泛的使用。国产其他类型的印刷机在电气控制方面有很多方面和北人生产的 J2108 相似，因此，J2108 机能够作为国产胶印机的典型代表，掌握了此种类型印刷机的电气原理，能够对其他类型的国产印刷机电气原理有大概的了解。

一、老式不带 PLC 的 J2108 机

（一）概述

主电路总共有 5 台电机分别是：

M1：主电机，功率 5.5kW。位于传动侧输纸板下面。运转和定速时使用，M1 带动机器进行印刷。M1 是一台滑差电机，配有 ZLKIS 和 ZLK-10 型转差离合器自动调速控制装置，调速范围为 1:10，转速为 120~1200r/min。

M6：收纸气泵电机，功率 2.2kW。位于印刷机附近，和印刷机分离。收纸时使用。

M4：主收纸升降电机，功率 0.55kW。位于印刷机附近，和印刷机分离。收纸堆升和收纸堆降时使用。

M7：副收纸进出电机，功率 0.55kW。位于收纸装置下面，收纸板前面。副收纸板收纸时使用。

二、新式带 PLC 的 J2108 机

（一）概述

（1）供电电源为三相四线制，交流 380V、50HZ。

（2）全机只有一个电气箱，安放在收纸传动面的下墙板上，既作为安放电气元件的箱体又作为分布在机器各处的电气元件的分线箱。

（3）主传动电机采用 7.5kW 的变频电机，带有制动器，制动器采用断电制动方式，变频器安放在电机的底盘下，通过变频器对电机进行速度调节。调速范围可从 4~166.6 转 / 分（10000 转 / 时）。

（4）控制电路采用了可编程控制器，从而使电器控制简单、可靠、稳定。

（5）给纸堆电机和收纸堆电机均采用带三相交流制动器的电机，制动方式为断电制动。

（二）操作方法

（1）按"正点""反点""运转""低速"钮，若蜂鸣器响 3s 后停止，再次按此钮（操作间隔在蜂鸣器停止讯响不超过 10s），既可实现相应的操作。若蜂鸣器发出间断的响声，说明有停锁，再次按此钮。蜂鸣器停止讯响，可到收纸界面相应的停锁显示中查看停锁点。从第一个亮的指示灯查起，逐个解除停锁点，直到所有的指示灯全灭为止，说明停锁已全部解除，即可重新开车。停锁线指示灯依次为：①变频器异常；②主操停锁钮；③手盘车开关；④中车（安全打、停锁钮）；⑤收纸停锁钮。

（2）按"运转"后，机器以 3000 转 / 小时速度运行，再按"定速"钮；机器以预先设定的速度运行，实现了速度预置的功能。

（3）机器在通电后，如果没有停锁，主电机的制动器吸合。机器处在不制动的状态，机器运转后，若按"正常停车"钮，机器在无制动的状态下停车。若整机出现"停锁钮"或"安全杠开关"或"手盘车开关"或"变频器异常"动作，则机器均在有制动的状态下停车。

（4）在给纸机处，按"纸堆升"当纸堆触及"纸堆转换开关"（两个）时，给纸堆停止手动上升，转换为自动上升，当触及"压纸脚开关"时，停止上升。按"纸堆降"钮，给纸堆下降，当触及下降限位开关时，给纸堆停止下降。

（5）按"给纸机"钮，在无互锁的状态下，给纸机电磁铁吸合，给纸机按钮灯亮；在有互锁的状态下，只有在机器运转后，前规检测时间到，给纸机电磁铁才吸合，同时，给纸机按钮灯亮。在给纸机输纸板上，设有"双张检测开关"，当纸张出现双张时，给纸机停。

（6）机器在运转后，按"合压"钮，前规检测时间到，合压电磁铁吸合，同时，水墨电磁铁吸合，机器合水、合墨、合压：当纸张到达收纸时，收纸风扇、收纸泵自动开。

（7）在机组操作面按钮盒上，可进行手动水墨控制。第一次按水或墨钮，按钮灯亮，水或墨电磁铁吸合；第二次按此钮，水或墨电磁铁断电。

（8）在收纸处，设有"风扇"开关，可进行四台风扇与八台风扇的转换控制。通过旋转风扇钮，可对风扇的速度进行调节。

（9）在主操盒上，设有大小张检测开关，可对检测纸张的大小进行选择。

（10）在输纸饭的传动面下侧，安装有与机器同步旋转的磁开关片来调整前规检测的时间，前规检测的时间是以磁开关片的后沿刚离开磁开关（以磁开关绿色灯刚熄灭为准）作为前规检测时间。

（11）在主操盒上设有"给纸泵"选择开关，可实现给纸泵的"手动""停""自动"控制。给纸泵自动开的时间可通过调整给纸机上的磁开关来确定。

（12）在收纸处，按"纸堆升"钮，收纸堆上升，当触及"上升限位开关"时，纸堆停止上升。按"纸堆降"钮时，收纸堆下降，当纸堆触及"下降限位开关"时，纸堆下降停止。

（13）在收纸处，设有"收纸泵"开关，可实现对收纸泵的"手动""停""自动"控制。

（14）在机器运转后，当纸张到达收纸处，触动"自动下降"开关，收纸堆自动下降约10mm。

（15）收纸人机界面

1）主菜单：有"印速""停锁""异常""计数""负载""保养"画面名称，同时为翻画面按钮，按这些按钮之后，可以翻到相应名称的画面。当出现"停锁"画面中的各种故障时，"停锁"按钮上的灯亮；当出现"异常"画面中的各种故障时，"异常"按钮上的灯亮；按风扇按钮可控制风扇的开停。

2）印速画面："印速显示机器实际转速（0~10000 张/时）。"

3）停锁画面："变频器"灯亮表示变频器有故障。"主停锁""中车""收停锁"灯亮表示相应区域有停锁钮被按下或安全杠动作。"手盘车"灯亮表示手盘车触动手盘车限位开关。

4）计数画面：按下"班产计数"钮后，机器印刷时自动计数，按"班产回零"钮将"班产计数"清零。按下"预置计数"钮后翻到预置计数画面当按预置计数数字时弹出一个按键，输入想要印刷的张数后，按启动按钮，预置计数数字传给当前计数。当机器正常印刷时，当前计数依次递减为"0"时，自动停止给纸机。

5）负载画面：显示机器目前的负载状况。

6）异常画面：当机器由于"输入缺相""输出缺相""加速过流""变频过流""电机过流"五种原因导致停车时，相应的钮将亮。

7）"保养"画面为友情保养提示，以机械说明书为准。

8）电气系统的操作界面应保证正确的使用方法。

界面操作比较灵敏，只要轻触即可完成操作功能，因此，不要用力过大，以防损坏屏幕。界面上有一层保护膜，用于保护屏幕，不要破坏或撕下；如果损坏可更换。

9）保证电气设备正常运行的电源条件：交流（AC）电源电压值为 0.9 至 1.1 倍额定电压。

频率：0.99~1.01 倍额定频率。

双色胶印机和单色胶印机操作基本相同，不同值处在于双色胶印机比单色胶印机多了一个色组。

第四节　国外典型印刷机控制系统简介

一、海德堡印刷机控制系统简介

自从 1977 年德国海德宝公司在德鲁巴国际印刷博览会上首次推出 CPC 油墨集中遥控系统以来，随着技术的不断进步，其他一些公司也相继推出了自己的印刷控制系统。目前在国际印刷设备市场中 90% 以上的多色胶印机都配有控制系统。例如海德堡的 CPC、CP TRONIC 控制系统，曼罗兰 PECOM 控制系统，高宝公司的 COLORTRIC 控制系统。这些控制系统虽然名称各不相同，结构各不相同，控制所用的软件和硬件各具特色，但控制系统的内容、原理、功能基本相似。

CPC（Computer Print Control）计算机印刷控制系统是一种可扩展式系统。主要由 CPC1 给墨量和套准遥控装置、CPC2 印刷质量控制装置、CPC3 印版图像测读装置、CPC4 套准控制装置和 CP Tronic（CP 窗）自动监测和控制系统组成。

（一）给墨量和套印遥控装置 CPC1

（1）CPC1-01 是给墨遥控装置和套准系统遥控装置，CPC1-01 主要作用是控制区域墨量，控制墨斗辊墨条的宽度，控制轴向和轴向的套准。CPC1-01 供墨装置，在墨斗辊的轴向安装了 32 个计量墨辊，这样把墨斗辊的给墨区域等量分成了 32 个小区域，每个区域的宽度为 32.5mm，这些计量墨辊使用偏心柱结构。使用微型的伺服电机来转动计量墨辊，改变计量墨辊和墨斗之间的间隙来控制墨量的大小。

（2）CPC1-02 比 CPC1-01 增添了存储器、盒式磁带、处理机以及光笔。使用光笔和按钮可度墨量进行局部遥控调节，也可度整体墨量进行快速调节，且具有储存记忆功能。光笔还具有向存储器中输入相应区域墨层厚度和墨条宽度的功能，这样可以在印刷时进行调用；盒式磁带可用来预调数据（存储 CPC3 印版测读装置提供）。CPC1-02 能够迅速地预调整给墨量，比 CPC1-O1 准备工作时间短，能够提高生产率。

（3）CPC1-03 比 CPC1-02 多了随动控制，还有随动自动控制装置。增加了这些装置以后扩大了 CPC1 的用途。CPC1-03 和 CPC2 印刷质量控制装置经常一起配合使用，CPC2 装置能够测定每个区域的墨层厚度，然后换算成给墨量调整值，传给控制中心，显示在控制台显示器上，与标准值进行比较得出偏差，再根据偏差值校正。能够快速、准确地得到合格印刷品的印刷值进行印刷。

（4）CPC1-04 不是前面几个海德堡遥控墨区和套准控制装置系统的改进，而是进行了重新设计的一套新的系统，可完全取代前面的系统，能够完全取代的 CPC1-02 和 CPC1-03。CPC1-04 使用了显示器，所有的信息可用图像表示，其功能也增加了很多，和海德堡的 CP 窗比较相似，可以使一些工序更趋简捷，例如操作诊断等，提高工作效率。CPC1-04 墨区遥控伺服电机控制做了很大的改进，同时也对印版滚筒套准电机控制做了很大的改进。如果能够确定印刷品墨量的分布值，CPC1-04 系统能够同时控制 120 个墨区电机，用来进行墨量控制，这样能够使上墨和水墨平衡的时间比以前缩短 50% 以上，CPC1-04 不光能够控制更多的墨区电机，也能够控制更多套准用伺服电机，这样会减少很多印刷准备工作时间和换版时间。

（二）印刷质量控制装置 CPC2

CPC2 装置可通过质量控制条来确定所要印刷产品的质量标准。CPC2 对质量测控条进行测量，测量值通过数据传输线输送到 CPC1-03 或者 CPC 终端设备。CPC2 与 CPC1-03 配合使用，可以减少印刷时更换不同印刷产品的时间，降低印刷产品的废品率，可测得实际的光密度值进行计算转换为控制给墨量的大小，以便保证高度稳定的印刷质量。

CPC2 装置的同步测量头可对控制条上的颜色进行全部扫描，扫描的速度很快，可以测量六种颜色，并可以将所测试数据与预定的基准值进行比较，得到的差值通过 CPC1-03 装置将对印刷机各色墨斗进行墨量调整。

（三）印版图像测读装置 CPC3

CPC3 能够测量印版的亲墨层所占面积百分率，测量印版型号的范围非常广泛，可测量所有型号的印版，测量结果的准确性跟印版的质量有很大的关系，其好坏直接影响测量的结果，尽量使用印版涂层材料涂胶层均匀的，越均匀的越准确。海德堡利用光电测量头测定印版上各个墨区的网点覆盖率，并对测量的结果进行存储或者打印。印刷前，CPC1 控制台将调用存储的墨量数据，印刷机进行自动的墨量调节，这样会大大缩短预调的时间。

（四）套准控制装置 CPC4

CPC4 主要用来测量印刷品的周向和横向偏差，并且可以将测量结果进行存储，印刷时，自动进行套准调节。使用时，CPC4 装置放置在印刷品的上方，对十字线标记进行测量，可测量出误差，并对误差进行记录，下一步把 CPC4 装置装在 CPC1 控制台上，放在控制板上方，这时操作按钮就可以把存储的数据传给 CPC1，CPC1 通过驱动步进电机，带动印版滚筒转动到计算的位置。

二、曼罗兰印刷机控制系统简介

罗兰胶印机使用的印刷控制系统是 PECOM。PECOM 印刷控制系统包括电子控制处理器（PEC）、电子归纳处理器（PEO）和电子管理功能系统处理器（PEM）三个部分。

PECOM 控制系统采用编程方式编制印刷机控制程序，很多印刷过程都是通过程序完成，印刷的过程采用全自动控制，机器动作过程可以在通过配备的显示器显示出来，控制过程的全自动化和准确性，能够提高生产效率，保证印刷产品的质量。

（一）电子控制处理器（EPC）

电子控制处理器 PEC 的主要功能有：控制调整印刷机组，调整控制压印机组，是 PECOM 系统组成的基本部分。每个机组单元的机身墙板中都安装有 PEC 控制系统，这个机组的 PEC 控制系统均有自己的 CPU，印刷时需要传输的数据可以通过机组与机组之间进行传递，也可以机组和控制中心传递，印刷时出现的故障能够自动在显示屏上进行显示，并给出故障产生的原因，以及故障的排除方法。罗兰 600 和罗兰 700 等系列胶印机采用了 PECOM 控制系统，其主要控制功能如下。

1. 自动定位装置（ASD）

自动控制装置主要用来控制输纸机和收纸机。印刷时，先将纸张尺寸输入到控制中心，控制中心会发出指令，控制纸堆定位和吸嘴位置自动调整。侧规装置和收纸装置会根据输纸堆相关部件的位置情况，自动跟踪输纸堆的调整而调整。在纸堆的两侧有传感器，用于检测纸堆所在的位置，保证在输纸过程中，并进行自动调整，用来保证侧规能够正常的工作。

在输送纸张的过程中，传感器会随时检测纸张输送情况，并把数据传动计算机中显示纸张的位移情况，当出现输纸故障时，例如纸张发生输纸过早、输纸过晚或歪斜时，都会在显示器显示出来，以便及时准确处理相应的输纸故障，保证输纸的顺利进行。

2. 压力自动调节装置（APD）

在印刷时，把纸张的厚度输送到控制中心，控制中心根据纸张的厚度，调整橡皮滚筒与压印滚筒的距离，控制中心可调节每个机组橡皮滚筒与压印滚筒的距离。橡皮滚筒和印版滚筒的压力也是自动调节的，但跟橡皮滚筒和压印滚筒的压力不同，它是在印刷过程中进行调节的，控制中心也可对每一个机组进行分别调整。

3. 滚筒自动定位装置（ACD）和自动换版系统（PPL）

当印版需要更换时，按下相应按钮，印版滚筒自动定位装置会将印版旋转到合适位置，然后将印版放入印版的版夹，再次按下相应按钮，通过自动换班系统 PPL 可以准确紧固地把印版固定在印版滚筒中。自动换版装置 PPL 或者全自动换版装置 APL 能够根据不同的纸张，进行周向和轴向的调节，用来满足不同纸张尺寸的变化。

4. 印版定位和质量放大器（RQM）

可通过印刷品套准线进行版位校正，也可通过印品局部放大，放大情况显示在控制中心的显示屏上，通过显示屏的套准情况进行校正。在进行套准时有两种方法：一是可通过印刷品的套准情况，进行手动印版套准；二是可以通过键盘启动 RQM 进行调版。在使用 RQM 进行印版套准时，可使用画面的细微部分作为放大参考，并且把参考值传动到印刷部分，自动计算偏差，然后启动键，这样能够自动完成对印版横向和纵向定位。

5. 橡皮滚筒自动清洗装置（ABD）

清洗橡皮滚筒时使用此装置，此装置采用气动控制的带有特殊涂层的辊子。可对橡皮布上纸毛进行清洗，也可对使用专色油墨印刷完毕后的橡皮布进行清洗，在清洗时，可对每个色组进行独立控制，对每个色组改变清洗时所用的溶剂量和水量。在使用 ABD 装置时，可在印刷控制中心存入多重清洗程序，在使用时进行调用。

6. 墨辊自动清洗装置（ARD）

ARD 装置主要用来清洗墨辊和印版，若与橡皮滚筒配合使用，可进行组成程序的设计，根据需要设计成多种清洗的程序，存入印刷控制中心，印刷时根据实际情况来调用相应的程序，适应各种清洗使用时，溶液和洗涤水分开放置。

（二）电子归纳处理器（PEO）

PEO 电子归纳处理器主要协调印刷机各个控制部分的工作，例如印刷机的传感器、印版 EPS 扫描装置、检查印刷功能、各个印刷机指令准备情况等。

（三）电子管理功能系统处理器（PEM）

PEM 电子管理功能系统处理器用于连接 TPP 技术工作准备站，还可以连接到 PED 和 PEC 上。利用 PEM 软件可以收集到印刷厂中所有的印刷过程，并且能够对这些印刷过程进行处理，组成一个强大的信息系统，PEM 电子处理器的数据库能够存储多达 5000 条指令，测量数据以及各种参数，并对他们进行管理，在工作时，可从 PEM 电子处理器的数据库进行调取各种资料和数据。

第五节　印刷机械常见的电气故障排除方法

一、电气故障排除的基本原则

印刷机属于一类机电设备，因此它的电气故障排除跟其他机电设备的电气故障排除有很多相同之处，也有一些不同的地方，根据其他机电设备的电气故障排除，结合印刷机械本身的特点，本章总结了印刷机械电气故障的排除要遵循的一些原则。

（一）印刷电气故障排除的基本原则

印刷机使用过程中，有时会出现一些电气故障，这些故障若不及时排除就会影响生产，造成一定的经济损失，因此要及时进行电气维修。电气维修是一项复杂的工作，不仅要求维修人员具备坚实的理论基础，还要具备丰富的实践基础。俗话说："机械是身体，电气是灵魂"，说的就是电气的重要性，当电路出现故障时将导致机器不能正常运行，电气维修工作最主要的是找出电路中出现问题的故障点，下面介绍在印刷电气维修中所遵循的一些原则。

（1）先动口，再动手。对于有问题的印刷机，先要询问操作人员，机器发生故障的现象，发生故障的部位，有无异味等。根据操作人员的描述，做出初步判断。

（2）先断电检测，后通电检测。印刷机使用的电源一般为380V的动力电，因此使用的时候一定要注意。在断电的情况下，维修人员才可以放心地查看电路，对于有故障部位的电气元件进行检测，例如交流接触器的触头损坏，在断电的情况下就可以直接检测，一般交流接触器用于电机的控制，如果在通电的情况下进行检测，就有可能因为电机缺相而损坏电机。

（3）先电源检测，后线路检测。有些不通电的电气故障，可能是电源故障，也可能是电路故障，对于这一类故障，要先进行电源检测，例如自动空气断路器是否跳闸，熔断器是否熔断等故障。确定电源部分没有问题时，再进行线路检测。

（4）先外围后内部。先不要急于更换损坏的电气部件，在确认外围设备电路正常时，再考虑更换损坏的电气部件。对于有 PLC 和变频器的一些印刷机械，这时候要更加注意，一定要确认好外围电路没有故障，这类设备进行维修时比较复杂，也费时费力，因此必须确定电气故障确实是由这类设备产生的，才能把他们从机器上拆卸下来进行维修。

（5）根据现象，判断故障。记住一些常见电气故障的现象。例如三相异步电动机缺相时，电机转动的速度很慢，并且有较大的响声，变频器出现故障时，会出现一些错误代码，总结这些常见的故障现象，可以快速地判断电气故障。

（6）查找线路故障时，要着重注意接线部位。一个合理完整的电气原理设计，在线路中都要加保护装置，这样即使线路发生短路时，也不至于把导线烧坏烧断，因此，我们在检查线路时，对线路是否会烧断这样的故障可以不予考虑，要着重检查线路接线位置。在检查接线位置时，可以采用平分法，即先从整条线路的中间开始检测，这样可以检测出有问题的线路的一半，再从有问题的一半线路检测，又可以检测出有问题线路的一半，直至查处故障。使用平分法可以快速查处出现故障线路部位。

（7）对于可能导致的电气故障，要从最易产生故障的部位查找。有些现象往往多个故障都可以导致，例如印刷机不能进行正点，可能导致的这个故障的原因很多，例如控制线路出现问题，电磁离合器出现问题，电动机出现问题等，但最常见的故障是电磁离合器线路中的熔断器熔断，我们在排除故障时，最好先查看这个熔断器。

二、印刷电气故障的常用检查方法

（一）直观故障检测法

直观故障检测法是直接观察分析电气故障，通过外观、气味、声音等一些手段来进行检查、判断故障的方法。

1. 检查步骤

（1）调查情况。向操作者和发生故障时在场人员询问情况，主要包括故障的发生时的机器的状态，出现故障的现象，是否违反机器的操作，机器是否是正常使用时出现故障，有无一些外部因素的出现使机器出现故障，机器出现故障时发生了什么现象，是否有人修理过机器，修理机器的内容有哪些等。

（2）初步检查。根据调查的情况和机器的电气原理图，查看相关的电气元件是否有损坏，相关的线路是否断开，连线是否断路、松动、绝缘、有无烧焦等问题。

（3）试车。若发现电气元件的损坏、电路断开、绝缘烧焦等一些问题，先初步排除电气故障，更换电气元件，连接线路，更换导线等，并且根据电气原理来确认开机不会造成机器的进一步故障，来进行试车，试车过程中若出现机器不正常工作，电机不能够正常运转，保险丝继续熔断，出现异常声音等现象，应立刻停车。

2. 检查的方法

（1）观察火花。开关量电器元件的触点在闭合和断开的过程中会产生电火花，我们可以根据电火花来判断电器元件是否有问题。例如，开关量电器元件触点在闭合或者断开的过程中没有电火花，则可能线路不通电，或者电器元件损坏，导线连接部位出现电火花，则说明导线松动，或者接触不良，控制电机的交流接触器，若其中两个触点有电火花，第三个触点没有电火花，则说明三相电只通了两相，第三相没有通。若三相中两相的电火花比较大，第三相的电火花比较小，则说明电机相间短路或接地。

（2）动作程序。机器的动作应符合机器的操作说明书和电气说明书，若出现不一致的情况，说明线路有问题，根据初步情况来分析机器电路的实际情况，确定机器的故障原因。

（二）测量电压故障检测法

测量电压故障检测法是根据测量电路各点的电压值和电流值与正常电压值和电流值进行比较来判断故障。包括分阶测量法和点测法。

（三）元件对比故障检测法

如果排查到一些怀疑有问题的电气元件，可对该电气元件进行检测，并把检测的数据和厂家给定的数据或者平时记录的数据进行比较，来判断该电气元件是否有问题。对于一些无资料也无平时记录的电气元件，可用同型号的电气元件进行替换来测量替换型号的数据，跟怀疑的电气元件比较。电路中有其他的和该问题元件相同的元件，可用该相同的电气元件进行替换操作。例如，印刷机不能进行正点操作，若怀疑控制正点的交流接触器有问题，则可进行反点，来看反点线路是否有问题，若反点也有问题，说明整条线路有问题，若反点无问题，可极有可能是控制正点的交流接触器出现问题了。

（四）置换元件故障检测法

若某些线路的故障不容易确定，或者该线路有问题但长时间不用时，为了保证该条线路能够正常工作，可以用新的相同型号的电气元件进行替换，若线路正常工作，说明故障出现在替换的元件上，若线路正常，则故障可能出现在其他地方。在替换元件的时候要主要，看替换的元件是否损坏，并且这种损坏是本身的原因损坏的，不是因为电压过高等外部原因损坏的，如果是本身原因损坏的，则可进行元件替换，如果是外部原因损坏的，则不能进行替换，要把外部原因排除掉，才能进行替换元件。

（五）逐步开路（或接入）故障检测法

当机器的电路有多条支路且并联时，若其中一条线路有问题，则可采用此种方法。

1. 逐步开路法

若是短路或接地故障点很难查找，则可重新更换熔断器，并把并联的多条线路，一条一条的线路断开，或者先断开重点怀疑的线路，再断开其他线路，直到熔断器不再熔断，说明问题线路是刚才断开的线路。

2. 逐步接入法

这种方法和逐步开路法相反，是把并联的线路一条一条接上，或者先接上重点怀疑的线路，直到线路中的熔断器熔断，则可判断是刚才接上的那条线路出现了问题。

（六）强迫闭合故障检测法

在进行印刷故障检测时，在使用直观检查法检查没有检查到故障，并且手头也没有适合的仪器时，可用绝缘的物体将有关的继电器、接触器、电磁铁等进行外力闭合，然后观察印刷机的运行情况，例如电动机不转动，现在转动了，则说明控制线路有问题，线路中相应的继电器、接触器、电磁铁不得电。

（七）短接故障检测法

短接故障检测法主要用来检测线路是否存在断路故障。断路也是常见的印刷电气故障，像导线的断开、虚连、松动、触点接触不良、熔断器熔断等一些故障。除了电压测量法以外，我们还可以采用短接法，其方法是用导线将所怀疑的断路部位进行短路连接，如果短接到某处，电路接通恢复正常，则说明该处断路。

三、印刷机械设备中电路板故障的常用检查方法

对于印刷机上的电路板的维修，首先确定是否是电路板出现问题，对于有信号灯的电路板，可根据信号灯来初步判断电路板是否出现故障，查看电路板是否有信号输出，查看电路板控制的部分是否正常工作，查看电路板上元器件是否烧毁发黑，电路板出现故障后，就要对电路板进行维修，否则机器不能够正常工作。

（1）对于电路板上的电阻，一般是低阻值电阻和高阻值电阻较易损坏，100Ω 以下的小电和 $100k\Omega$ 以上的阻值的大电阻，而中间阻值的电路极少损坏，我们维修时可先不予考虑。电阻烧坏时，不同阻值的电阻，其特点也不相同，阻值低的电阻烧坏时，外观是烧焦发黑。高阻值电阻外观没有改变。电阻类型不相同时，其烧坏时外观也不一样，例如圆柱形线绕电阻烧坏时，呈现也各不相同，有些外观会发黑，有些外观表面爆皮、裂纹，有些外观没有痕迹。水泥电阻烧坏时，外观有些没有可见痕迹，有些会断裂。保险电阻烧坏时，外观有些没有痕迹，有些外观掉一块皮，但其外观上没有烧焦发黑这些现象。在查找损坏的电阻时，可以根据电阻的特点，快速查找出损坏的电阻。

（2）对于电路板上的电容，电容的损坏有以下几种情况：①电容容量变小或者无容量；②漏电现象；③容量发生变小或者无容量，并且伴随漏电现象。对于电容是否损坏的鉴别可采用下列的方法：①二观察电容的外观，若出现电容外表有油渍或者鼓起等现象，则电容极有可能损坏；②触摸电容，有些电容在使用时触摸会感到电容严重发热，这类电容或已损坏，必须更换；

③电容当长时间温度过高时，也会出现损坏的情况，因此，当电路板离一些功率比较大的元件的电容，也极易发生损坏，对这类电容要格外注意。

（3）对电路板的上二极管和三极管，一般是 PN 结击穿或者开路，击穿多见一些，还有就是热稳定性变差或者 PN 结特性变差。可用万用表测量 PN 结，确定其是否损坏。

（4）集成电路的损坏，集成电路判断其是否损坏，主要查看其引脚输出是否正常，可根据其型号查阅相关资料，确定引脚输出的情况，或者找到同型号的集成电路，测量其引脚情况，然后再测量怀疑的集成电路，确定其是否损坏。

总之，在维修印刷机电气故障时要根据机器的故障情况，要活学活用，采用最简单的方法进行维修，但不论采用哪种方法都要遵守安全操作，争取尽快把电气故障排除，使机器能够正常工作，尽快投入到生产当中去，提高企业的效益。

四、印刷中常见的电气故障排除实例

（一）点车和低速操作无法进行

按完电铃后，按正反点按钮，不能点车。直观检查故障检测法，发现低速电机运转，说明控制电路没有问题，排除交流接触器 KM2，KM3 损坏，以及通入电机三相电线路是否断开等问题。根据电气原理图，电磁离合器的损坏或者不得电，都可能造成机器不能进行点车，可以判断是电磁离合器线路或者电磁离合器出现了问题，经检查发现，电磁离合器线路中的熔断器损坏了，因此造成电磁离合器不得电，无法进行点车。

（二）安全杠问题

机器电铃响，但机器无法启动，根据电气原理图分析，最可能的原因是停锁线路发生断路，发生断路可能是按钮的接线发生脱落，或者滚筒安全杠和摇车保护限位开关发生断开，以及中间继电器 KA3 的常闭触点断开等。采用测量电压故障检测法，经检查发现 SQ8 接线发生脱落，脱落后，被不懂电路的人将两根线接在一起了，使 KA3 得电，KA3 常闭断开，造成停锁线路断开。

（三）输纸气泵工作不正常

输纸停时，闭合气泵开关，气泵可以打开，输纸开时，闭合气泵开关，气泵打不开。分析电气原理图，原因可能是输纸气泵线路中的接近开关 SQ5 线路断开，接近开关 SQ5 可能损坏，或接线可能出现了问题。采用测量电压故障检测法，经检查发现 SQ5 发生了接线脱落，使得 SQ5 线路断开，产生了上述故障。

（四）电铃不响

如果 1 和 0 两线有电的话，则 KA1 得电，因此采用直观故障检测法，观察与电铃并联的中间继电器 KA1 工作否，如果不得电，可考虑 1 和 0 线不带电，检测 1 和 0 线，如果带电，再检查电铃及电铃线是否断了。

（五）运转失效

运转失效的情况很多，首先我们先采用直观检测法观察按下运转按钮，主电机是否得电，若主电机不得电，就要先检测运转线路，检查交流接触器 KM1 是否得电，若 KM1 不得电，则考虑 1 和 0 两线是否有电压，可用电压表进行检测。若交流接触器 KM1 得电，则要查看主要路。如果主电机得电，运转不能进行，则要检查 EA2 调速装置，查看调速指针是否转动，如果调速指针不转动，则要着重对 EA2 进行维修，EA2 是一块电路板，可采用一般电路板的维修方法。

（六）不能输纸

首先检查电磁铁 YA02 是否得电，因为 YA02 容易出现问题，若 YA02 不得电，检查输纸线路，是否出现问题，找到故障点，排除故障。如果 YA02 得电，则主要查看离合器是否损坏，这种情况一般是机械故障，离合器损坏。

（七）双张故障

输纸过程中发生双张故障时，输纸会停止，输纸停止后，因为不输送纸张，前规检测到空张，机器由定速变为运转，不进纸，水停，墨停，滚筒离压。若输纸时，纸张不能正常输送，例如出现多张纸张输送时，机器并没有进行相应的控制。这时我们应该检查是否双张控制器出现故障，一种是机械调节，也就是双张控制器检测间隙没有调节好，另外一种就是双张控制器接线脱落，也就是电路出现问题了。

第六节 印刷机械的电气维护与保养

一、印刷机械的电气维护管理

印刷机跟其他类型的机器一样，随着使用时间的增长，机器往往会出现一些电气故障，这些电气故障要及时排除，若不及时排除将会影响生产，造成经济损失。如何尽快排除电气故障，建立完善的电气维修制度，是电气维修工作人员面临的一个难题。一个印刷厂机器的种类很多，这些机器的电气维修工作主要靠电气维修人员，作为一名电气维修人员要对这些机器进行合理安排维修工作，要做到机器坏了能够尽快维修，要把机器尽快修好，保证生产的正常进行。一名优秀电气维修人员不但要对机器的电气维修工作精通，能够解决复杂的电气故障，而且还能够善于对机器的电气维修工作进行管理。

印刷厂的印刷设备很多，出现电气故障的机器也可能很多，要求电气维修工作人员对这些电气故障进行管理，才能尽快排除电气故障，减少出现电气故障的频率，这需要建立完善电气维修管理制度。

（一）对机长进行印刷机电气知识的培训

机长作为一个机器管理者，不仅要对机器的操作熟悉，还要对机器的结构和电气有一定的了解，特别是电气部分，但是在实际中很多机长对电气并不熟悉，甚至一些简单的印刷机电路也不熟悉。所以对机长培训是有必要的，要让他们了解机器的电气原理，做到一些小故障可以自己排除。另外具备一定的电气知识，当遇到电气故障时，也能避免一些误操作，进一步使机器的故障加重，甚至引起一些新的电气故障，例如电动机缺相，如果出现电动机缺相这种故障，不及时断电，还继续给电机通电的话，就有可能把电机烧坏，造成更大的损失。

（二）保存好机器随机说明书，特别是电气说明书

一般的印刷机器都有随机说明书，说明书中有机械说明书和电气说明书等，作为电气维修人员就要收集保存好这些说明书，当机器出现电气故障时，能够根据说明书，找出电气故障产生的原因，尽快排除电气故障。

（三）对电气元件要做到定期清洁，检修

机器在长时间使用时，机器在运行过程中会产生振动，一些接线位置，特别是振动比较强烈的接线位置容易松动，甚至脱落，造成电气故障，还有许多电气故障都是由脏污及导电尘块引起的，因此建立检修制度是必要的，对机器不同部分，根据其易损程度进行分类，对于容易损坏的部分检修时间可短些，对于不容易损坏的部分检修时间可长点。

（四）印刷厂要有常用的电器备用件

对于一些易损部件，要有备用件，像交流接触器、中间继电器、熔断器等一些常用的低压电器。这些低压电器在使用过程中损坏的频率比较高，若出现故障，而又临时没有的话，则会影响正常的生产。所以最好要备用一些常见的备用件。

（五）对相同类型的故障进行归类

一些常见的故障要进行分类，比如说，机器出现什么现象，是什么故障产生的，当机器再次出现故障时，就可以根据现象能够快速诊断出故障产生的原因，及时排除故障。

（六）对每台机器建立电气维修记录卡

对每台机器出现的电气故障要做到详细记录，把故障产生的时间、产生

的原因、维修的过程、使用的电气元件的型号记录清楚，这样有利于了解机器的电气维修情况，对机器再次出现问题可以作为参考，使电气维修人员能够准确了解机器的电气维修情况，根据这些电气维修情况，相同的故障可以做到尽快排除，当产生新的故障时，要在记录卡中进行详细的记录，为今后能够快速诊断和及时排除电路故障做准备。

二、印刷机械的电气保养

印刷机的电气系统要进行维护和保养，进行良好的维护和保养可以缩短机器出现电气故障的时间，减少机器出息电气故障的概率。

印刷机使用时，要保证设备的供电可靠，印刷机使用的是三相交流电，机器要进行良好的接地，电源不稳定和接地不可靠会使机器产生故障，因此印刷企业首先要保证的就是，电源稳定可靠，保证电源的质量，保证机器可靠的接地。电源情况可向当地的供电所进行咨询，了解电源的情况。

因国外的一些高档印刷的电气系统精密，很多电气系统上面还有很多电路板，为了保证人身安全，保证消除机器的静电带来的危害，机器要进行良好的接地，地线对于国外的高档印刷来说，最好是一台机器采用一台地线系统，和其他国产印刷机的地线系统分开。并且要使机器的地线系统远离避雷地线系统，切不可与避雷地线系统共用。若是印刷企业中有多台国外的高档印刷机，则这些高档印刷机可共用一套接地系统，其他的机械设备进行单独的接地。

对于国外的高档印刷机的地线系统可以这样进行设计：挖 7.5m 长、0.5m 深的长槽，以 2.5m 的间距垂直埋进 3 根 2.5m 长的镀锌（或铜棒）地线钎子，在每个地线钎子的上面埋 2kg 的盐粒，地线钎子的顶端使用镀锌扁钢或扁铜板进行焊接，再在焊接处刷上防锈漆，在其公共端引出铜线，作为一台高档印刷机的地线。每月浇一次盐水，每年要用检测仪测试对地电阻，电阻要求小于 4Ω。

对于普通类型的印刷机械，电气系统不含一些精密器件的印刷机械，可以采用按照普通的机电一体化设备进行接地。

对于精密的印刷机械电气系统，清洁的时候要小心，这些电气系统的有很多组成部分，很多部分有精密的电路板，要定期进行清洁，以免印刷时产生的一些灰尘落入其中，造成一些电气故障。

在清洁国外高档印刷机时，把墨量调回零，把台板降到最低端，把台板尺寸设定到最大值，然后关闭总电源，时间15分钟以上。

在进行清洁工作时，有些机器有很多电路板插在机器的主面板上，可以将这些电路板拔下来进行全部清洁。清洁时，一块电路板清洁完成后，还原回去，再进行另一块电路板的清洁，注意不能一次全部拔出来清洁。

在清洁每一块电路板时，可以采用叶轮式风筒将其吹干净，电路板很脏的地方可以用镊子夹着有些潮湿的棉球进行细心擦拭，最好用专门电路板清洁喷雾进行清洁，将会为更加方便、高效。

电路板清洁后需要复位前，可以使用普通的风扇吹1小时，这样能够使水分全部挥发掉，但注意切不可用压缩空气去吹电路板，因为压缩空气气压大，并且可能会还有水分，有可能损坏电路板。

整个清洁工作完成，要把所有的装置进行复原，暂时先不要开机，机器的有些地方用酒精擦过，这时上面会有液体，为了避免损坏电子元件，要等一段时间，待液体完全挥发后，再开机。

此后就可以合闸通电，让控制系统自行检查整机状态了，机器便可以使用了。

第十二章 公司设备电气节能控制设计与应用

第一节　建筑设备电气自动化系统节能控制模式

伴随时代的进步与科技的发展，经济与资源的矛盾日益尖锐，节约能源已成为当今世界的共同话题，我国也立志于创造"节约型社会"。建筑能耗占总能耗的比重极大，在我国建筑能耗占总能耗的27%以上，并且呈现不断递增的趋势，其中建筑电气设备占到建筑总能耗的67%以上。相关资料显示，通过对建筑设备进行节能优化，可实现15%~40%的节能效果，加强建筑设备电气节能已势在必行。

通过建筑设备电气自动化系统不仅对办公楼的电气设备控制达到智能、自动控制的目的，还能有效节约能耗，一直是当前办公建筑建设研究的重点领域。建筑设备电气自动化系统通过智能化的手段，摸清能耗现状，并再次通过智能化手段优化运行方式，从而达到节能改造的目的，大量实践案例证明通过建筑设备电气自动化系统可有效减少建筑能耗。

一、空调节能自动化控制

中央空调系统耗能量最多的为空调基础与冷冻站相关设备，通过 BAS 利用终端的负荷计算调节机组的工作时间和输出的冷热风量，从而达到机组的最优运行。现代社会科学不断进步，各个中央空调机组与冷冻站相关设备的生产厂家利用微机技术，实现了相关设备的数字元控制，为实现自动化控制提供了良好的设备基础。传统的双位元控制压缩机能量调节已升级为多台联动控制、变速控制、无极卸载控制等更为先进的控制方式，使调度愈加准确。机组负荷调度也由传统的控制方式发展为多变量输入模糊控制，增强了机组的工作效率。

二、变流量系统电气自动化控制模式

中央暖通空调系统通常占据了建筑总能耗的五成以上，某些地方的建筑甚

至在七成以上。就目前而言，大部分的中央暖通空调系统是针对全负荷工作状态下进行设计的，然而现实使用中往往是处于部分负荷的状态，这必定会造成能耗的浪费，不利于节能。如何在保证舒适性的前提下尽量节约能耗？变流量系统应运而生。变流量系统主要分为 Variable Air Volume System（变风量系统，以下简称为 VAV）, Variable Water Volume（变水量系统，以下简称 VWV），VarialeRefrigerant Volume（变制冷剂流量系统，以下简称为 VRV），变流量系统是实际工程运行通过系统进行控制，从而达到舒适性与节能性的双重效果，由于变流量系统的优越性，近年来在中央暖通空调系统运用中已日加广泛。

（一）Variable Air Volume System 系统

室内的热湿度低于标准值（由设计时选取）时，VAV 系统可在维持送风参数不变的情况下，通过减少送风量来维持温度。和传统的定风量系统比较VAV 不但减少了冷量与再热量，并且会伴随送风量的更改使得整个系统的送风量发送相应更改，避免过量送风，从而降低风机工作能耗。通过 VAV 系统的运行在控制整个空调系统负荷的同时，还可以兼顾到每个室内的实际负荷发送情况，实现同时性，进而根据实际需求情况，适当增减风机容量。

VAV 系统主要是由变风量机组与终端两部分控制而组成，一个运行优秀且能达到良好控制效果的 VAV 系统，不但要经过系统的设计、精确的技术、合理的布局与安装，而且最为重要的一点是选取最合适的控制方法，在实际应用中，常用到的控制方法有直接数字控制法、变静压控制法与定静压控制法等。

变风量控制系统应用灵便，并且容易进行改装，特别适合建筑空间结构多变的建筑物，如出租的办公楼。当建筑物内办公室发生隔断现象或参数发生变化时，只需要通过移动终端装置，改变出风口位置，即可达到要求，甚至在某些情况下只需要重新设定下办公室内的温控器。

变风量空调系统是一种全空气的空调技术，从属于全空气系统，因此变风量空调系统具备较强的空气过滤能力，并在春秋季节实现全新风运行，有效降低能耗，并且避免了霉菌与凝水等问题。

变风量系统并不是完美无缺的，在实际运行中有可能产生噪音过大、室内正压与负压过大、新风不足、工作状态不稳定等问题，需要引起相关技术人员重视，通过科学、合理的设计与施工，经过认真的调试与管理，才能使变风量系统发挥出真正的效应。

变风量系统的关键在于完成变风量原理的终端送风设备，尤其是终端设备与整个变风量空调系统自带控制设备。变风量系统主要分为 AHU-VAV 系统与 FCU-VAV 系统两种，AHU-VAV 系统是 AHU 风管系统中的空调机变风量系统，它的空调系统风管送风是固定不变的，通过风量的调节来达到控制房内负荷变化；而 FCU-VAV 是 FCU 系统中的风机盘管空调系统，利用室内 FCU 加无段变功率控制器来控制 FCU 热交换率，并固定其冷水量以控制室内负荷变化。上述两种方式通过风量的调整从而降低风机的耗能，并且也增强了热源机的工作效率，降低其能耗，实现热源与送风双重节能的效果。

（二）Variable Water Volume 系统

VWV 系统通过一定的供水温度来加强热源机的工作效果，并且通过专业水泵供水的方式来实现节约水泵能耗。VWV 系统的节能效果主要依靠 VWV 的应用比例及其水泵的控制防范。通常变水量系统的主要控制方式为 SP（无段变速）和双向阀，通过对阀门、管路与管件集中设置流体供应的冷气来达到控制空调节能，通过有效的组合，不但能设计出符合要求的空调系统，并且也实现了节约能耗的效果。

（三）Variable Refrigerant Volume 系统

从结构来看，VRV 系统与分体式空调很相似，通过一个房外机与一组房内机相对应，房内机可达 16 台。利用变频控制技术通过房内机的开启情况来控制房外机压缩机转速，实现控制制冷剂流量。该空调控制系统与其他控制系统相比，能更好地满足个性化的空调使用，并且设备占地面积小、节能效果较好，尤其适用于经常需要加班的办公楼。

现今绝大多数的 VRV 系统产品制造商已生产出拥有 BACnet 协议网关的相关接口设备，利用此接口可以将变制冷剂系统加入电气自动化控制系统。

变制冷剂系统的终端设备通过 BACnet 接口将相关信号发送至自动化控制中心，该中心通过网关接口将信号、指令传输到终端设备，从而实现对变制冷剂系统的管理。

三、空调风机盘管电气自动化控制模式

空调风机占据了整个空调系统能耗的 50% 左右，利用 VAV 系统技术，

科学控制风机的工作时间,可实现节约能耗的目的,中央空调终端风机盘管主要是通过以下手段来进行控制:

(1)调整公共区内部的温度设置,在温度较高的季节从外而内的降低办公楼内的温度设置值。

(2)对晚上的温度进行设置,降低晚上室内的温度控制值,降低能耗。

(3)实行自然冷却,在适当的条件下,使用室外新风,以降低空调负荷。

(4)利用远程温控设备,监测办公楼内温度与设置温度之差,以实现自动控制二通筏及其风机转速。

四、供配电系统电气自动化控制模式

供配电系统的电气自动化控制主要分为以下两方面:

(一)公共区照明

在许多建筑物中公共区照明往往存在能源浪费的情况,如何进行有效控制,以下列举三种方法来达到控制节能的效果。

(1)以季节变化为准,进行公共区照明状态的时刻表编制。

(2)对公共区照明进行回路设计,在一般情况下,特别是晚上对公共区照明系统实行最低供电回路。

(3)利用光电感应方式自动控制照明回路。

(二)办公区域

办公区域内的用电浪费情况往往属于人为因素,例如下班之后电器设备未关闭,不仅造成能源的浪费,而且也存在安全隐患,容易导致火灾等事故的发生。但是由于办公楼存在加班的情况,下班之后不可能实行拉闸限电,基于此种情况,可以进行分区电量监测与控制的防范,例如当办公室内已处于下班时间,并且确认无人加班,可以远程关闭电源,利用技术与管理相结合的方式实现办公区域的节能用电。

第二节　N公司办公中心建筑设备电气自控系统设计

一、建筑功能与特点说明

N公司办公中心主要由6栋建筑组成，该项目电气设备自动化控制系统由于N公司办公中心功能分区的差异性而进行不同的设计，其主要功能分区为以下几部分。

（一）地下部分

在东部地下部分主要分为停车场及其设备用房，例如配电中心、空调机房等。各类电气设备有冷冻水泵与冷却水泵各四台，直燃机两台，热水泵和冷却塔各设置两台，其中冷却塔设置在屋面，积水坑20个、潜水泵共计38台，并配置了相关设备等。

西部的地下部分大致与东部地下部分空间配置相同，其设置配置也一致。

在地下车库的位置还设置了通风机14台，由于地下部分设备较为集中，在东、西两部分各设有独立工作的控制器XL500。

（二）地面部分

地面部分主要为6栋办公楼：

其中A办公楼长、宽均为140m，分为6层，在各楼层空调机房内配置了柜式空调器38台，整栋楼配置电梯6部，其机房设置在顶楼，公共照明区域主要为走廊及其楼道。

B办公楼长、宽均约60m，分为6层，在各层空调机房中配置有空调机6台，变频空调8台，整栋配置电梯共计3部，其机房设置在顶楼，公共照明区域主要为走廊及其楼道。

C办公楼长度在140M，宽度为170m，分为6层，在各楼层空调机房内配置了柜式空调器36台，整栋电梯共计9部，其机房设置在顶楼，公共照明区域主要为走廊及其楼道。

D办公楼长、宽均约60m，分为6层，在各楼层空调机房内配置了空调机组6台，整栋电梯共计4部，其机房设置在顶楼，公共照明区域主要为走廊及其楼道。

另有两栋建筑为会议中心与接待中心。

会议中心长度为160m，宽度为60m，主要是进行各类会议的召开，在建筑结构上分为一个大型会议中心（可容纳千人）与一些中、小型会议厅，分为6层，在各楼层空调机房内配置了空调机组18台，整栋电梯共计4部，其机房设置在顶楼，公共照明区域主要为走廊及其楼道。

接待中心长度为136m，宽度为60米，主要进行接待服务工作及其用餐等服务，分为4层，在各楼层空调机房内配置了空调机组17台，整栋电梯共计5部，其机房设置在顶楼，并且在屋顶设置了风机3台，公共照明区域主要为走廊及其楼道。

（三）N公司办公中心电气设备特点

在东部与西部的地下空调机房中分别设置了冷冻站，在该项目中是利用DDC直接数字控制的方式，并配备大型控制器对电气设备进行监控，其大型控制器选用XL500控制器。再经由系统软件设置达到自动、节能控制的效果，根据冷冻站的现场情况选用modbus接口，再利用电气自动系统进行相关信息参数的监控。

由于N公司办公中心位于广东地区，其湿度较大，在进行中央空调控制方案时，对降湿采取一定措施，本方案中采用低温降湿的方法。

由于N公司办公中心面积较大，其主要建筑群呈分散状，电气自动化控制系统在每栋楼的机房地区设置DDC直接数字控制器，再经由小规模通信系统连接到位于A办公楼的控制中心。

二、用户需求分析

该电气自动化控制系统对办公中心的电气、机电设备进行管控，并且根据建筑物的功能区域分布进行不同的环境控制，电气自动化控制系统利用空调自动化控制系统来实现不同功能分区所需要的环境差异，应系统和EBI集成管理系统依据 N 公司办公中心的实际情况，对其需求进行了重点考虑，并对用户需求进行了如下分析：

（1）会议厅、办公室等对环境舒适性需求较高的功能分区，要求自动化控制系统对空调系统进行高精度的控制，以满足舒适性的需要，提供给此类功能分区最为合适的温、湿度。某开放性或半开放性的空间（如接待中心、大堂或开放式办公厅等）在确保舒适性的同时，应兼顾节能方面的考虑，以发挥出该系统的管理作用。

（2）尽可能地降低电气、机电设备的运行成本，并提高管理效率，该自动化系统在实现自动控制的同时，要能有效地控制设备、能源的消耗，起到节能控制的作用。

（3）N 公司办公中心运用的各类电气、机电设备较多，该系统要在保证满足其建筑功能与舒适性的条件下，合理分配设备的负荷，从而减少设备的磨损率，起到延长设备使用时间的目的。

三、建筑设备电气自动化系统的设计要求

（一）确保自动化控制系统的稳定、可靠运行

该项目的设备自动化控制系统要具备较高的稳定性与可靠性，在进行控制器的选择时，要选择具备全天可持续运行、低故障率的产品，出于节能、节约空间、气候及其后期维护、保养的考虑，该项目中的控制器及其传感器要求具备体积较小、节能且"三防"（防尘、防湿、防震），在满足上述条件下尽量选用安装、操作较为简单的产品。

在进行设计时，应考虑到系统的扩展性，便于后期功能的添加。在进行 DDC 控制器位置分部时要进行科学的选址，确保系统的稳定性，尽量降低风险，并应考虑安装的便利与否，尽量降低安装成本。其建筑设备电气自动化控制系统其性能应较为先进，组态便捷，具备健全的控制能力，其界面符合人体工程学，在满足需求的情况下尽可能地选用安装、操作、维护较为简单的系统，以降低今后的人工成本。

在 N 公司办公中心电气控制系统中其中心工作站为电脑机，负责集中监测和整个系统的优化、控制。DDC 控制器来进行现场控制，应具备兼容性较强的网络接口，以便于机电设备的微机联网。

（二）确保自动化控制系统的经济性、先进性与开放性

该建筑设备自动化控制系统要在充分考虑 N 公司办公中心实际需求及其今后发展趋势的前提下，其经济性要达到同类系统中的最优。要充分考虑到自动化控制系统建设成本、运行后获取的效益、运行过程中所产生的费用等。

现今科学技术发展十分迅速，在确保系统在当前同类系统中先进性的前提下，要具有较强的开放性，其他硬件、通信、操作系统等应符合国际标准，以便于系统今后功能的添加，使其具有较强的可改造、优化能力。

确保系统的开放性不但能实现不同生产厂家设备的兼容，还能协调各类设备、管理程序的工作，同时开放性强的系统也有助于提高系统的经济性，对设备的选择更为广泛，可根据自身实际情况自由选取性价比最高的产品供应商。

由于该项目中，建筑物较多，且位置不同，系统的控制对象繁杂、距离远，而且项目要求对每个设备实现灵活、分散的管控，同时管理中心又能实现统一管理，这就要求系统要有一定先进性，具备健全、可靠的控制及其网络功能。

四、建筑设备电气自动化控制系统设计

（一）N 公司办公中心设备自动化控制系统的重点内容

1. 设备节能运行方案

在 N 公司办公中心自动化控制的首先任务就是在确保满足建筑物舒适性的前提下，尽可能做到节能控制。

现今电气自动化系统的发展趋势为全局优化控制，此种控制方式正能达到该项目的需求，在满足舒适性的条件下，实现建筑设备节能。根据室内实际的负荷情况，提供准确的所需的风量/水量，实现精细化控制从而达到节能的目的，这也是当前智能建筑发展的主要需求点。

在该项目中利用了空调分区管控、冷冻机组群控、空调温/湿度控制、设备寿命平衡控制等一系列先进的节能手段，来实现节能，降低后期运行费用。

在建筑能耗中，除了空调能耗之外，其灯光能耗所占比例也较大，在项目设计时我们利用照明灯光控制系统对公共区域的灯光进行调节，并装备了自然光照检测设备，根据实际气候光照条件进行定时调度，更有效的降低能耗。

2. 系统的现场控制功能利用 DDC 控制器编程组态进行

为了确保建筑设备电气自动化系统的可靠性，在该系统中的控制、检测点都利用 DDC 控制器进行接入，其监测工作站和监测目标之间不建立直接的输入/输出的关系，确保现场的实时控制功能在 DDC 控制器编程组态进行。DDC 控制器可以独立于网络进行工作，因此这种组态方法可以大为提高电气自动化系统的稳定性。在项目工程中，将送风机、空调机与照明监测点进行放在一起处理，实现提高系统稳定性的同时又便于编程、组织控制功能的进行。

3. 科学、合理地进行闭环控制方案设计

在该工程项目中主要是空调机组等设备需要进行闭环控制，要应用制定 PID 闭环控制。

（二）冷冻站控制

1. 冷水系统控制分析

冷却机系统机组监测及其冷水系统的其他相关设备监测这两大块为冷却机系统监测的主要内容。

在该项目的冷冻站构建了群控系统，建筑设备电气自动化控制系统利用相关数据接口即能从冷冻站获取相关的运行信息与参数，根据项目要求，增加了 DI/DO 点对机组进行开启、停止、手动运行、自动运行、故障情况等一系列的监测及其控制。

实现的监控功能如下：

启动流程如下：冷却水塔风机开启 → 冷却塔电动蝶阀开启 → 冷冻机冷凝器电动蝶阀开启 → 冷却水泵开启 → 冷冻机蒸发器电动蝶阀开启 → 冷冻水泵开启 → 制冷机组开启。

关闭流程如下：进行延迟三分钟制冷机关闭 → 冷冻水泵关闭 → 冷冻机蒸发器电动蝶阀关闭 → 冷却水泵关闭 → 冷冻机冷凝器电动蝶阀关闭 → 冷却水塔电动蝶阀关闭 → 冷却塔风机关闭。

如何实现机组的优化控制：冷冻回水温差 × 总流量 = 冷水源系统的总负荷量，我们依据总负荷量对机组进行运行控制，确定运行台数使其运行负荷与实际需求相符合。通过水箱水温的浮动，计算出系统热负荷的变化，其负荷计算公式是 $Q=K\times M\times(T_2-T_1)$，其中 Q 为冷负荷，K 常数，M 为流量，T_1 为回水管总温度，T_2 为供水管总温度，由此为依据来控制冷源机与热源机的控制台数，从而实现节能运行。

实现平衡控制：详细记录与存储机组的运行时间，在进行启动时，会优先安排工作时间较少的机组，尽量使得运行时间均等，从而延长设备使用时间，维持系统的完整、稳定性。

对冷冻站机组、水泵等设备的运行情况及其故障情况实现动态显示，并能显示各类开关、阀门的开启情况。

对各类运行信息、传输数据进行记录和管理，包括运行情况、报警信息、开启/停止时间、运行时间及其历史数据等，并能在中央站进行显示。

由于该项目为办公中心，建筑使用的规律性较强，可根据上下班及其节假日等时间段对不同的设备进行时序控制，在不同的时间内合理的运行设备，从而节约能耗。

2. 冷冻水泵控制

对水泵的运行情况、故障情况及其手动自动情况进行控制监测；记录并存储水泵的运行时间；实现历史记录的存储；利用电力控制箱发出水泵的控制及其状态信号。

3. 冷却水泵控制

对水泵的运行情况、故障情况及其手动自动情况进行控制监测；记录并存储水泵的运行时间；实现历史记录的存储；利用电力控制箱发出水泵的控制及其状态信号。

4. 压差旁通控制

进/回水总管道配置压力传感器由此进行进水回水之间的压力差计算，把压差和设定值进行分析判断，再采用 PI 方式来控制阀门，把差压控制在允许范围内，当冷水系统关闭时，旁通阀全处于关闭状态。

5. 水箱的监测与控制

监测控制水箱液面位置，当液面位置过低或者过高时发出警报信息。对水箱运行状态进行数据记录。

6. 冷却塔控制

对水泵的运行情况、故障情况及其手动自动情况进行控制监测；根据需供水温对冷却塔运行数量进行控制，需供水温温度低于设定值时减少运行数目，当需供水温温度高于设定值时则增加运行数目；对进水阀门实现监测与自动控制；对运行时间进行记录，并根据运行时间进行保养和维护提醒。保持冷却水供水温度，加强其运行效率。

7. 设备自动化控制系统和冷水机组通信接口、协议

通常冷水机组的控制系统主要为以下两类：一为专业控制器；二为可编程控制器。专业控制器是利用单片机进行独立开发，可提供工作情况、控制信息传输及其警报情况等，并可读取出水温度、室外温度、机组运行时间等参数，记录多项警报信息，提供的接口较多例如 LON、RS232/RS422 等。根据不同厂家的产品接口略有不同，可以采用 BACnet 及其 Talk 等多种通信协议；可编程控制器其功能和独立开发控制器类似，当设备自动化控制系统和机组进行通讯可对机组进行以下控制：

自控系统利用联网可实现对冷水机组的远程监测控制；自控系统可了解机组的运行情况，并可以对其传输进行修改；自控系统可监测到机组的环境温度、回/出水温度等各项数据。

当电气自动化控制系统和冷水机组连接不但可以实现以上监测、控制功能，还可以根据项目后期实际情况增加参数信息的收集，只需要进行软件的开发，就可以增加更多的信息显示。

（三）空调、新风机组控制

实现控制功能包括：判断回风温度和设置温度之间差异，利用 PID 调节热水阀和冷水阀开启面，实现送风温度的控制；一旦回风温度提高调节水阀开启面则加大，温度降低时其调节水阀开启面减少；监测二氧化碳含量，以控制新风阀门的开启面；连锁风机与水阀的控制情况自动调节新风阀门与回风阀门的开启面，风机停止时则关闭新风阀和水阀，风机开启时，风阀延迟开启；实现过滤网差压监测，以提醒用户对过滤网进行维护清洗；通过时序编程安排风机的开启停止，并记录工作时间；中央站可对设备进行温度监测和设置；监测与控制设备的自动与手动情况；自动采集建筑物外温度与湿度，以实现优化其自动控制及其焓值控制，并有助于提高节能效果。

中央站可利用图形对各个参数、信息进行查阅，可利用报表的形式进行导出或者打印。

(四)排风系统

排风系统的主要监测控制功能为风机的运行情况及其开启/关闭控制、过载警报,并且可以记录风机运行时间,中央站可显示并记录上述参数,进行导出或者打印。

(五)给排水系统

给排水系统的主要监测控制为监控水泵运行情况、故障情况及其手动、自动情况;水泵的开启或停止;水坑液面位置高低,当液面位置过低时排水泵停止工作,当液面位置过高时则进行警报,并利用排水泵进行排水;生活水箱液面位置高低,当液面位置过低时排水泵停止工作,当液面位置过高时则进行警报,并利用排水泵进行排水;消防水池液面位置高低,当液面位置过低时排水泵停止工作,当液面位置过高时则进行警报,并利用排水泵进行排水。中央站中央站可显示并记录上述参数,进行导出或者打印。

(六)变配电系统监控

在该项目中利用集中电力监测系统来进行变配电的监测,利用集中电力监测系统的接口和电气自动化系统实现集成,在网络层进行数据共享,电气自动化控制系统利用以太网和 TCP/IP 协议,使用集成软件,通过电力监测系统的接口对所需数据进行读写。用户通过建筑设备电气自动化系统来监测和读取变配电系统的运行信息及其相关参数,可进行相应修改、操作,如读取信息、传输超出设定值,则会发出警报,自动进行相应逻辑控制。中央站可显示并记录上述参数,进行导出或者打印。

为了尽可能地扩大节能效果,我们加强了对用电的控制管理,在自动化控制系统中增添了电量监测及其管理的功能。

当主站对集中器发出指令时,集中器通过相应分析进行相应处理,例如抄读数据、实时监测等。利用电力线载波传输指令到终端器,采集相关数据后再传输到建筑设备电气自动化控制系统。集中器具有核心芯片,能对数据进行处理并进行数据通信,同时接收终端收据并发出控制指令。

五、建筑设备电气自动化控制系统集成

（一）概述

建筑设备电气自动化控制系统集成是实现管理的核心工作，因为 N 公司办公中心建筑群较为分散且功能分区复杂，自动化控制系统下有诸多子系统，实现各类系统的协调运行是项目的关键，它直接影响 N 公司办公中心的环境控制与节能效果，并和管理效率、今后运行成本、运行安全关系重大。本工程自控系统集成是利用 EBI 集成系统，上层通信网络是基于 TCP/IP 协议的以太网，通过此网与办公中心局域网进行链接。控制网的骨架是由控制网络（C-BUS）把 EBI 工作站、区域网络管理器及其 DDC 数字控制器进行链接而构成。以 DDC 数字控制器和区域网络管理器为起点还构建了第三层现成网络，以实现分散监控的目的。在确保系统集成要求的前提下，依据设备差异配置不同的通信方案，从而进行集成。其中 DDC 数字直接控制器可以实现与控制中央、其他 DDC 控制器之间的直接通信。

该系统具有工业标准协议及其多个类型接口，通过协议与接口可将第三方设备进行网络链接；同时系统也具有开放性的通信接口，以满足各类设备电气的通信需要，通过 EBI 网络结构可以便于系统的扩展，并且可以设置分布式的控制单位，实现现场控制的多样化。EBI 系统问世以来，已经在世界各个地区的建筑上得到了成功的应用，技术先进、成熟、可靠。

（二）系统集成方式

采用 EBI 系统集成平台，上层通信网络为 TCP/IP 协议的以太网，可以和大楼局域网连接。控制网络为 C-BUS，数据传输速率为 78k~1Mb/s，它把 EBI 工作站和 DDC 控制器、区域网络管理器连接起来，构成控制网主要骨架。从 DDC 控制器和区域网络管理器出发还有第三层分布式现场网络，构成更为分散的监控。根据他方设备的不同情况分别配置符合系统集成要求的通信方案，以完成设备管理的系统集成。DDC 能和控制中央直接通讯，DDC 之间也能进行直接通信。

利用 EBI 作为集成方式，还可与其他建筑系统进行集成，例如安保系统等，基本实现办公中心的全面管理与监控，与其他应用系统兼容性强，也有利于

后期功能的扩展。

（三）系统结构

由于 N 公司办公中心建筑群分散、功能各异并对集成化要求较高，为了满足其管理要求，建筑电气自动化控制系统以 TCP/IP 协议的以太网为基础，通过 EBI 集成平台集成，每个子系统实现就地上网，所有设备的信息、传输统一由现成进入数据库，利用服务器方式与软件授权、逻辑分区、系统划分等方法，对整个办公中心及其各建筑物进行集中与分别控制。

（四）系统配置

从本质上来说，电气自动化控制系统是计算机网络及其计算机应用技术结合而产生的，利用网络技术把不同类型的系统信息进行传递、共享，再经由应用技术平台进行管理，符合边缘性学科的特点。

在进行系统集成时应在各系统进行规划及其方案设计时就考虑系统集成的需要，以确保系统集成的有效性、可靠性与简便性。

在该项目中，采用 EBI 建筑集成管理系统作为 N 公司办公中心，不但实现了电气自动化系统的控制功能，达到了不错的节能效果，并实现了实时控制系统、完备的管理功能，并为后续系统的扩展性提供了较好的可改造的空间。

六、管理软件

（一）系统功能描述

系统采用开放式的结构，服务器利用 Windows NT 操作系统，操作人员对 Windows 系统界面大多较为熟悉，并且具有一定的操作能力，降低了技术人员培训方面的支出。其系统架构以以太网为基础采用 TCP/IP 协议。其信息管理系统获得数据可利用 DDE、OPC 及其 ODBC 等途径，并同步支持 BACnet 及其 LonMark 标准设备协议，利用此操作系统可实现以下功能：

具有图形化的操作界面，各类数据参数、事件、报警以图形或者醒目的显示方式呈现在屏幕上，其界面与人体工程学相吻合，减少操作人员疲劳感的产生；实现迅速的报警信息传达，有利于对各类报警信息进行有效处理；可显示的趋势与历史数据图显示，对系统以前与现今的运行状态有清晰了解，利于进行系统的进一步提升；可打印相关报表，报表可设置为标准格式或者进行自定义设置，满足各类复杂报表的要求。

具有良好的应用程序开发环境。例如有 C、C++ 等应用程序编程语言，有 UNIX、Windows 等操作系统。

基于工业标准的广域网及其局域网，具有数种系统数据收集方法，方便今后物业公司其他系统获取各类信息。

利用实时数据库对近期数据及其历史数据进行存储，有利于系统的实时性，并且可以有效减少网络负荷，可在系统中实现的功能如下：

（1）对近期数据进行记录。该系统中所有控制点及其系统收集到的数据，利用后台运行的方法存储到实时数据库里，在对进行相关数据查询时，可直接通过实时数据库进行调用，不再需要从控制器中获取，有效降低通信负荷，减少冗余数据传送提高通信效率，并增强了数据的稳定性。

（2）进行灵活的设置。依据数据库容量设置信息、数据存储位置、类型、获取时间，并可保存数据 1 年以上。

（3）提供集成系统所需的实时数据。集成系统使用提供 API（Application ProgralmmeInterface），通过网络从实时数据库中获取数据，不影响系统本身的运行。

（4）对报警信息进行存储。所发送的所有报警数据信息及其处理信息进行存储，就算控制器处于离线的情况下，监控室内可以查阅离线前的全部数据、信息。

（5）对趋势图提供相关数据。趋势图可以为操作人员提供图形的方式，便于直观的了解相关设备工作情况，所运用的数据通过数据调用，避免占用后台通信控制系统资源。

（6）显示图形中数据刷新速度快。在工作站中所有的图形画面数据刷新快，工作人员可第一时间获取设备的工作情况信息。

（7）数据查询方式多样化。利用实时数据库的特点，操作人员可根据需求，对数据查询方式进行多样化设置，以准确获取所需数据。

（8）通过下拉式菜单与工具条，操作人员可随时获取重要的信息数据。

（9）该系统在权限方面可以对不同权限的管理人员进行指定区域与操作的限制，可因操作人员或者工作站的不同而不同，最多可实现 6 个级别的操作。

（10）该系统还实现了预设显示功能，如控制点的详细信息数据、报警总表等，加强系统操作效率，降低客户安装与预备安装时间。并且还具备了绘图软件 Display Builder，利用该软件操作人员可制作需要的平面图与三维立体图，便于操作人员收集资料。

上述绝大多数功能在本工程中得到了实施，对目前不需要的系统功能预留了增加及其扩展空间，有利于今后进一步提升该系统功能。

（二）操作系统

在该项目系统中文名采用的系统软件为 Windows NT 4.0，该网络操作系统是 32 位多任务系统，并支持网络管理、安全控制、标准网络协议、系统冗余及其网络冗余，并且大多数人熟悉 Windows 系统的操作流程，简单易上手，性能可靠。

该网络操作系统的硬件驱动方式是内核设备驱动层再经由调度层再达到应用程序，如此可以确保硬件层的非法访问，加强系统的稳定性。

NT 网络操作是采用抢先任务管理方式，不同的任务独立的分配地址空间及其内存空间，使其互不影响，抗毁能力强。其寻址能力可高达 4GB，支撑 4GB 的内存空间，并且对中央处理器和内存资源可以达到较高的使用效率，并自带系统工具便于监测系统资源的使用情况。

第三节 结论

社会、经济在不断发展，人们对生活水平的要求也在不断提高，能源需求量剧增，节能是目前缓解能源危机的重要手段。建筑能耗占社会总能耗的比重较大，因此加强建筑节能已势在必行。通过对建筑设备电气自动化系统节能控制设计展开研究，以N公司办公中心为例，设计出符合N公司办公中心建筑设备电气自动化控制节能系统，其主要取得的成果如下：

（1）对建筑设备电气自动化控制系统的相关控制技术与模式展开研究，例如变流量技术、供配电系统优化模式等，在此基础上提出适合办公中心的节能控制模式。

（2）针对N公司办公中心的相关特点与需求，将提出的节能模式进行实际应用，通过对暖通空调、通风与变配电等方面进行优化控制，以达到节约能耗的目的。

（3）通过EBI系统集成，将N公司办公中心设备电气自动控制系统进行系统集成，从而进行统一管理与控制。

（4）通过测算N公司办中心的运营成本每平方米每年为人民币12001600元，其成本构成大致是：固定成本73.22%；能源9.11%；维护10.85%；清洁6.82%，采用BAS后节能效果明确，仅空气机组系统即可节约经费168918元。建筑设备电气自动化系统可为N办公中心节能20%左右，节能效果明显，并还具备较大优化空间。

参考文献

[1] 刘金生. 基于虚拟仪器的水下设备测控系统设计和实现 [D]. 北京：北京工业大学, 2014.

[2] 陈一凡. N 公司办公中心设备电气自动化系统节能控制设计 [D]. 长春：吉林大学, 2014.

[3] 张卫芳. 办公建筑室内用电设备综合节能控制研究 [D]. 济南：山东建筑大学, 2014.

[4] 王铮. 建筑设备电气自动化系统的节能控制研究与工程设计 [D]. 郑州：郑州大学, 2011.

[5] 杨华. 基于嵌入式系统的多功能信号设备电气参数测试仪研究与设计 [D]. 成都：西南交通大学, 2011.

[6] 吕凌雪. 医疗设备电气安全分析仪的设计 [D]. 哈尔滨：哈尔滨理工大学, 2011.

[7] 吴尚明. 基于 MYCAN 协议的剩余电流和测温式电气火灾监控系统 [D]. 杭州：杭州电子科技大学, 2012.

[8] 周收. 漏电流安全评估仪的研制 [D]. 武汉：武汉理工大学, 2012.

[9] 周立新. 机采井电气设备配置优化系统研究 [D]. 大庆：东北石油大学, 2012.

[10] 洪丹. A 石化公司电气节能优化措施研究 [D]. 青岛：中国石油大学 (华东), 2013.

[11] 理明明. 选矿过程设备逻辑控制程序电气测试平台的设计与开发 [D]. 沈阳：东北大学, 2014.

[12] 韩毅. 基于物联网的设施农业温室大棚智能控制系统研究 [D]. 太原：太原理工大学, 2016.

[13] 赵春晓. 基于变频调速系统的冷却塔风机优化节能研究 [D]. 天津：天津

科技大学,2015.

[14] 戴日俊.基于紫外光信号的发电厂高压电气设备放电检测方法研究[D].北京：华北电力大学,2012.

[15] 高国强.高速列车运行状态暂态过电压机理与抑制方法的研究[D].成都：西南交通大学,2012.

[16] 李卫国.智能开关控制的中低压电气设备过渡过程分析与控制[D].北京：华北电力大学,2013.

[17] 陈俊.基于气体分析的SF_6电气设备潜伏性缺陷诊断技术研究及应用[D].武汉：武汉大学,2014.

[18] 李建生.基于电气信息的变电设备状态渐变过程分析方法研究[D].济南：山东大学,2014.

[19] 付东.基于DSP的液态肥料施肥测控系统研究[D].青岛：中国石油大学(华东),2015.

[20] 刘建松.高海拔环境对火电厂发电机及其升压站电气设备的影响研究[D].西安：西安理工大学,2016.

[21] 贾锐.扁线材收排线系统的开发与研究[D].广州：广东工业大学,2015.

[22] 田雨石.建筑电气设备自动化的节能技术研究与应用[D].长春：吉林建筑大学,2015.

[23] 张卓琳.基于大数据思维的上海服装销售与经济统计数据的相关关系研究[D].上海：东华大学,2015.

[24] 毛宇.裂解—聚合法橡胶颗粒改性沥青机理及技术性能研究[D].西安：长安大学,2017.

[25] 胡翠.水闸液压启闭设备电气控制系统的研究[D].江门：五邑大学,2015.

[26] 江溪.本溪地区高压设备电气故障的特征分析及试验判定[D].北京：华北电力大学,2017.

[27] 刘葵.铜带坯水平连铸生产线电气项目风险管理研究[D].北京：北京邮电大学,2009.

[28] 陈广洋.基于嵌入式技术车载设备电气监控系统研究[D].淮南：安徽理工大学,2009.

[29] 吴刚.跨座式单轨车转向架分离装置的研究与设计[D].重庆：重庆大学,2008.

[30] 宣旭初. 基于 PLC 和变频器的印染设备电气控制系统的设计和应用 [D]. 杭州：浙江大学, 2008.

[31] 吴雅夫. 基于信息熵的电气设备维修复杂系数的研究 [D]. 长春：吉林大学, 2007.

[32] 李剑敏. 基于直升机载稳瞄设备电气检测技术的应用研究 [D]. 西安：西安工业大学, 2012.

[33] 沈学锋. 电除尘电气控制设计与实施 [D]. 上海：华东理工大学, 2013.

[34] 吴震宇. 总线技术在烟气脱硫电气控制系统中的应用 [D]. 上海：华东理工大学, 2013.

[35] 郑华栋. 高精多步检验装置控制系统的研究和应用 [D]. 郑州：郑州大学, 2013.

[36] 乔卉. 面向电力培训的虚拟仿真理论及应用 [D]. 武汉：武汉大学, 2012.

[37] 徐栎. 面向可靠性的含分布式电源配电系统相关问题研究 [D]. 天津：天津大学, 2015.

[38] 杜星光. 楼宇控制系统优化与改进设计 [D]. 武汉：武汉科技大学, 2012.

[39] 魏祥. 铁道客车发电机移动式试验设备应用研究 [D]. 成都：西南交通大学, 2012.

[40] 沈威. 生物质燃料成型设备关键技术研究 [D]. 合肥：合肥工业大学, 2012.

[41] 邢贵宁. 工学结合模式下电气自动化专业课程开发的研究 [D]. 石家庄：河北师范大学, 2012.

[42] 李彩珍. 基于多目标遗传算法的油田配电网优化研究 [D]. 哈尔滨：哈尔滨理工大学, 2013.

[43] 程晟. 电泳涂装生产线自动化控制系统的设计及应用 [D]. 上海：华东理工大学, 2014.

[44] 朱浩. 台达 PLC 控制系统在钢厂专用设备上的应用研究 [D]. 天津：天津科技大学, 2015.

[45] 陈金豹. 基于工业平板计算机电气火灾实时监控系统设计 [D]. 扬州：扬州大学, 2016.

[46] 盘龙. 基于 PLC 与变频器技术的清花控制系统设计 [D]. 南宁：广西大学, 2013.

[47] 陆九如. 基于并联机构的力触觉反馈系统机理研究 [D]. 上海：上海工程

技术大学,2015.

[48] 侯军洋. 机载用电设备对飞机电网的影响分析与测量研究[D]. 天津：中国民航大学,2015.

[49] 姚广. F热电厂新供热机组电气一次设计[D]. 长春：吉林大学,2016.

[50] 荣月. 服先农业大棚30MW光伏电站电气设计[D]. 长春：吉林大学,2016.

[51] 廖长春. 吉林瑞科汉斯电气股份有限公司发展战略研究[D]. 长春：吉林大学,2016.

[52] 谢丽文. 高压换流阀水冷测试装置研究[D]. 广州：华南理工大学,2016.

[53] 王新强. 陕西省装备制造业产业集群化水平测度研究[D]. 西安：西安理工大学,2009.

[54] 路婷婷. 基于ZigBee技术的在线监测系统的研究[D]. 北京：北京交通大学,2011.

[55] 张军. 基于CAN总线的电气火灾监控系统[D]. 杭州：杭州电子科技大学,2011.

[56] 杨丽娟. 镇雄电厂电气一次设计分析[D]. 昆明：昆明理工大学,2008.

[57] 孙庆. 基于图形数据库的电力网络拓扑方法的研究与应用[D]. 南京：南京理工大学,2008.

[58] 马超. 剑杆织机计算机控制系统研究与实现[D]. 西安: 西北工业大学,2005.

[59] 文波. 配电楼—电气设备系统的地震反应及减震控制研究[D]. 西安：西安建筑科技大学,2008.

[60] 赵振兵. 电气设备红外与可见光图像的配准方法研究[D]. 保定：华北电力大学（河北）,2009.

后　记

笔者在书稿写作过程中思考了许多从前未涉及过的问题，学习了许多新理论、新思想、新知识，自身传统认知与这些新鲜事物的碰撞是很激烈的，可以说书稿的写作历程也是我的一次成长和改变。在此我要感谢我的领导和同事，在研究思路混乱需要沟通的时候，他们站在我的身后支持我；在研究资料匮乏需要收集的时候，他们伸出援手从国外、网络等渠道帮助我收集；在研究遇到阻碍的时候，他们与我共同探讨和分析问题，提供多种思路。感谢我的家人和朋友，是他们陪伴我走过了人生中难忘的一段心路历程。这一路有艰辛苦涩，也有开心快乐；这一路有过沮丧苦闷，也有过喜悦成功。

正所谓"宝剑锋从磨砺出，梅花香自苦寒来"。本书倾注了我很多的精力，希望本书的一些论点建议能对设备电气控制与应用方面的研究起到一点参考作用，体现一点本人对此次研究的价值。限于个人时间和能力的局限，书之中难免有不足和有待商榷之处，还希望各位专家和老师多提宝贵建议和意见。

微信号：Waterpub-Pro

唯一官方微信服务平台

ISBN 978-7-5170-7457-1

定价：89.00元